U0156699

机器学习导论与实践

饶 泓 主 编

徐子晨 邱睿韫 副主编

清华大学出版社

北京

内 容 简 介

本书详细介绍了人工智能发展史中的一些里程碑级的算法，为每个算法精心设计了应用案例，并给出了基于 Python 的实现代码，相应算法与应用案例的设计与实现能帮助读者从编程实现的角度理解机器学习的核心算法，建立起使用机器学习算法解决实际问题的方法论。

本书可作为高等院校计算机科学与技术、人工智能、数据科学等专业相关课程的教材和人工智能通识教育的教材，也可作为广大 IT 从业人员的参考书。

图书在版编目（CIP）数据

机器学习导论与实践 / 饶泓主编. —北京：清华大学出版社，2023.11
ISBN 978-7-302-64928-1

Ⅰ. ①机… Ⅱ. ①饶… Ⅲ. ①机器学习-教材 Ⅳ. ①TP181

中国国家版本馆 CIP 数据核字（2023）第 223631 号

责任编辑：贾　斌
封面设计：刘　键
责任校对：胡伟民
责任印制：刘海龙

出版发行：清华大学出版社
　　　网　　　　址：https://www.tup.com.cn, https://www.wqxuetang.com
　　　地　　　　址：北京清华大学学研大厦 A 座　　　邮　　编：100084
　　　社　总　机：010-83470000　　　　　　　　　邮　购：010-62786544
　　　投稿与读者服务：010-62776969，c-service@tup.tsinghua.edu.cn
　　　质　量　反　馈：010-62772015，zhiliang@tup.tsinghua.edu.cn
　　　课　件　下　载：https://www.tup.com.cn，010-83470236
印　装　者：三河市铭诚印务有限公司
经　　　销：全国新华书店
开　　本：185mm×260mm　　　　印　张：19　　　字　数：475 千字
版　　次：2023 年 12 月第 1 版　　　　　　　　印　次：2023 年 12 月第 1 次印刷
印　　数：1～1500
定　　价：59.80 元

产品编号：084927-01

机器学习是人工智能研究领域中一个重要的方向，是一门研究机器怎样模拟或实现人类学习行为以获取新知识或技能，并重新组织已有知识结构使之不断改善自身性能的学科。机器学习算法在计算机视觉、数据挖掘、自然信息处理、个性化推荐等领域具有广泛的应用，不仅是计算机科学与技术、人工智能、数据科学领域专业人士的常用手段，还成为各行各业解决实际问题的有力工具。

本书深入浅出地介绍了机器学习的核心算法，为每个算法精心设计了应用案例，并基于 Python 给出相应算法案例的实现代码，通过对基本理论的介绍和案例的设计与实现，读者能对机器学习基本算法有一个较深入的理解，并能理论联系实际建立起使用机器学习方法解决实际问题的思路。

由于深度学习近年来在众多领域取得了飞跃性的进步和突破，解决了传统方法难以解决的问题，本书给出一定的篇幅专门介绍深度学习理论。飞桨是百度提供的国内首个开源深度学习框架，是最适合中国开发者和企业使用的深度学习工具，本书基于飞桨框架给出了深度学习应用案例的设计与实现过程。

本书适用于但不局限于对人工智能和机器学习算法感兴趣的读者，适合作为高等院校计算机科学与技术、人工智能、数据科学等专业相关课程的教材和人工智能通识教育的教材，也可供广大 IT 从业人员参考。

全书共 15 章，第 1 章至第 5 章由饶泓编写，第 6、7 章由段文影编写，第 8、9 章由樊莉莉编写，第 10 至 11 章由徐子晨编写，第 12 至 15 章由邱睿韫编写。饶泓负责（徐子晨、邱睿韫协助）全书的组织和统稿工作。由于作者水平有限，书中难免有错误与不妥之处，请读者多多指正。

作　者
2023 年 10 月

CONTENTS 目录

第 **1** 章

绪　论

1.1　机器学习的定义

人工智能是一门用于研究、模拟、延伸和扩展人的智能的理论、方法、技术及应用系统的一门新的技术科学,近年来快速崛起。研究方向包括机器人、图像识别、自然语言处理、专家系统等。根据当前人工智能的效果可将其分为强人工智能和弱人工智能。强人工智能是指机器能够真正实现推理和解决问题并且具有知觉和自主意识;弱人工智能指的是不能够真正实现推理和解决问题,只是像有智能,但并不具有真正智能和自主意识。虽然强人工智能是未来发展的目标,但当前我们还是处于弱人工智能部分——只能赋予机器感知环境的能力。而这一部分的成功主要归功于一种实现人工智能方法——机器学习(Machine Learning)[1]。

机器学习简单来讲就是让机器从历史数据中学习知识,并用所获得的知识去解决相应问题的过程。机器学习过程中涵盖了概率论知识、统计学知识、近似理论知识和复杂算法知识,研究如何有效利用信息,从海量的数据中获得隐藏的、高效的、可理解的知识。从算法角度出发,机器学习算法是一类从数据中获得规律,并利用规律对未知数据进行预测的算法。机器学习支持用户向计算机输入大量数据,然后让计算机分析这些数据,并根据数据训练模型。在整个过程中,模型会不断进行调整从而改进未来决策。例如俗语"朝霞不出门,晚霞行千里"便体现了这种学习的思想,人们根据每天的观察和总结不断调整经验的归纳,慢慢"训练"出这样一种能够分辨是否下雨的"分类器"。本书用"模型"泛指从数据中学得的结果。

1.2　基本术语

了解完机器学习的定义之后，再来进一步了解所有机器学习算法都会涉及到的一些基本概念。要进行机器学习，先要有数据。假定收集了一批关于天气的数据，这个数据的集合称为一个**数据集**，其中的每条记录是关于一个事件或对象（这里指某一时间段内的天气）的描述，成为一个**示例**或**样本**。反映事件或对象在某方面的表现或性质的事项，如"是否出现了朝霞""是否出现了晚霞""温度""空气湿度""云量"称为**属性**或**特征**；对应属性上的取值称为**属性值**。属性形成的空间称为**属性空间**，通常为了能够进行数学计算，把这些属性或特征表示为一个 d 维的特征向量，记作 $\boldsymbol{x} = [x_1, x_2, \cdots, x_d]^{\mathrm{T}}$，向量的每一个维度表示一个特征，共选取了 d 个特征。

一般地，令 $D = \boldsymbol{x}_1, \boldsymbol{x}_2, \cdots, \boldsymbol{x}_m$ 表示包含 m 个样本的数据集，每个样本由 d 个属性描述，则每个样本可以表示为 $\boldsymbol{x}_i = [x_{i1}, x_{i2}, \cdots, x_{id}]^{\mathrm{T}}$ 在第 i 个属性上的取值，d 为样本 x_i 的维数。

从数据中学习模型的过程称为**学习**或**训练**，训练过程中所用的数据称为**训练数据**，训练数据中的每一个样本又称为**训练样本**，由训练样本组成的数据集称为**训练集**，而用于测试所学得的模型的性能的数据集称为**测试集**。就拿上面的例子来说，如果希望学得一个能够帮助判断今天到底会不会"下雨"的模型，还需要一组带有判断结果的数据，这个所谓的判断结果称为**标记**。拥有了标记的示例称为**样例**，一般可以用 $(\boldsymbol{x}_i, y_i)$ 表示第 i 个示例，其中 y_i 是属于示例 $\boldsymbol{x}_i$ 的标记。

若预测的是离散值，例如"下雨""不下雨"，则此类学习任务称为**分类**，其中如果涉及的分类类别仅有"正类""反类"则称该分类任务为**二分类**，如果涉及到多个类别的分类，如"晴天""阴天""下雨"等多个类别的分类任务则称为**多分类**；如果预测的是连续值，例如降雨量 5.8mm、10.5mm，则称此类学习任务为**回归**。

学得模型后，使用该模型进行预测的过程称为**测试**，被预测的样本称为**测试样本**。如在学习 f 后，对测试样本 $\boldsymbol{x}$，可得到其预测标记 $y = f(\boldsymbol{x})$。

若将训练集中的天气情况分成若干组，每个组别便称为一个**簇**，这些自动形成每个簇的过程就叫**聚类**。这些簇可对应一些潜在的分类，比如"小雨""中雨""无雨"等，这些类别可能事先我们并不知道，也就是说，这些类别是学习算法在聚类分析的时候自动产生的，而这种类型的训练往往也不需要标记信息。

根据训练数据是否具有标记信息，一般可以将学习任务分为两大类，一类是**监督学习**，另一类则是**无监督学习**。其中前面所说的分类与回归是监督学习的代表，聚类则是无监督学习的代表。

值得注意的是，机器学习的目标是不仅在训练样本上工作得很好，同时也能够很好地适用于新样本，这种能够很好地适应新样本的能力称为**泛化能力**。评价一个模型的好坏主要是看该模型的泛化能力是否强大。其中导致模型泛化能力不高的原因通常有两种——**过拟合和欠拟合**。通常数据集中的样本还需要保证一个基本特性——**独立同分布假设**，即每个所获得的样本都是独立地从同一个分布上获取，样本之间不存在依赖关系且数据分布一致，从而使得在训练集上的训练结果对于测试集来说也是适用的。例如，当训练集的数据都是"地球上的天气",而测试集中都是"月球上的天气",这很明显是非常不合理的。一般而言,训练过程中所用的训练样本越多,越有可能学得强泛化能力的模型。

1.3 模型评估与选择

1.3.1 经验误差与过拟合

通常情况下,将分类错误的样本数占总样本数的比例称为"错误率",即如果 N 个样本中有 m 个样本被错误分类的话,其错误率便为 $e = m/N$,与之对应 $1 - m/N$ 称为"精度"。在机器学习中将学习器的实际预测输出与样本真实输出之间的差异称为"误差",将学习器在训练集上的误差称为"训练误差"或者是"经验误差",在新样本上的误差称为"泛化误差"。显然我们希望得到一个泛化误差足够小的学习器,但往往实际情况是对新样本的情况一无所知,因此要尽最大可能使得经验误差最小化。在很多情况下,会学得一个在训练集上表现很好的学习器,甚至在极端情况下对所有训练样本都分类正确,对训练集样本的分类精度为 100%。但是这类学习器并不是我们所期望的,因为这样的学习器在多数情况下泛化能力并不高。

我们实际希望的是泛化能力强的学习器,即在新样本上能表现得很好的学习器。因此,需要从训练样本中尽可能学得能够适用于所有可能样本的普遍规律,从而对新的输入样本做出正确的判断。但是,又不希望学习器把训练集样本学得太好了,因为很有可能会把训练样本自身的一些特点也当作了一般性质,这会导致泛化性能的下降,这种现象在机器学习中称为"过拟合"。与之相对的便是"欠拟合",欠拟合一般指的是没有将训练样本的一般性质学好。

有很多因素会导致过拟合现象的发生,其中最普遍的情况是由于学习器学习的能力过于强大,把一些不是训练样本的一般特性都学到了;而欠拟合通常是由于学习器的学习能力不足。一般来说,欠拟合是比较容易克服的,比如可以在决策树学习中扩展分支,在神经网络学习中增加训练迭代轮数等,而处理过拟合则很麻烦。对于模型的训练来说过拟合是其面临的关键障碍,但是过拟合又是无法完全避免的,因此只能想办法降低过拟合的风险。

1.3.2 评估方法

通常,通过实验测试来对学习器的泛化误差进行评估进而做出最终决策。因此,需要使用一个测试集来测试学习器对新样本的判别能力,然后再以测试集上的测试误差作为泛化误差的近似。这里我们通常假设测试样本的采样服从数据独立同分布原则。需要注意的是,所采用的测试集应该尽可能与训练集互斥,即测试样本应尽量未曾在训练集中出现过。然而,在模型的训练中,可用的数据往往很有限,只能利用已有的这些数据。假设一个仅包含 m 个样本的数据集 $D = \{(x_1, y_1), (x_2, y_2), \cdots, (x_m, y_m)\}$,既要用这个数据集来训练又要用来测试,怎样才能同时做到呢?答案是:通过对数据集 D 进行适当的处理,从中产生训练集 S 和测试集 T。下面将介绍几种常用做法。

1. 留出法

"留出法"（Hand-Out）将数据集 D 划分为两个互斥的集合，一个集合用来作训练集 S，另一个集合用来作测试集 T，可以表示为 $D = S \bigcup T, S \bigcap T = \Phi$。利用训练集 S 训练出模型后，然后用测试集 T 来评估模型的测试误差，并将该测试误差作为泛化误差的估计。利用留出法的常见做法是将大约 2/3~4/5 的样本用于训练，将剩下样本用于测试。

2. 交叉验证法

交叉验证法是将数据集 D 划分为 k 个大小相似的互斥子集，即 $D = D_1 \bigcup D_2 \bigcup \cdots \bigcup D_k, D_i \bigcap D_j = \Phi(i \neq j)$，每个子集尽可能保持数据分布的一致性。每次使用 $k-1$ 个子集的并集作为训练集，剩下的那个子集作为测试集。这样就有了 k 组训练集与测试集，从而可进行 k 次训练和测试，最后返回 k 个测试结果的均值。根据前面的介绍，可以知道交叉验证法评估的稳定性和真实性很大程度上取决于子集的个数 k，因此，又通常把交叉验证法称为"k 折交叉验证法"（k-Fold Cross Validation）。k 折交叉验证法中最常使用的是 10 折交叉验证。图 1.1 给出了 10 折交叉验证的示意图。

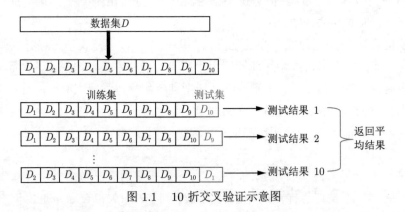

图 1.1　10 折交叉验证示意图

3. 自助法

"自助法"是一种直接以自助采样法（Bootstrap Sampling）为基础的方法。对于给定 m 个样本的数据集 D，对其进行采样生成数据集 D'：每次随机从数据集 D 中挑选一个样本，将其复制并放入数据集 D' 中，然后再将该样本放回初始数据集 D 中，使得该样本在下次采样时仍有可能被采样到，重复 m 次该采样过程，最后便得到了一个包含 m 个训练样本的数据集 D'，这便是最后自助采样得到的结果。对于该采样过程很显然会有一部分样本在数据集 D' 中会多次出现，当然也会有另一部分样本在数据集 D' 一次都未出现过。该方法能弥补留出法和交叉验证法中存在的不足。更多关于统计学习或机器学习方法可以参阅文献 [2-6]。

1.4　机器学习解决问题的基本思路

机器学习解决问题的基本思路如图 1.2 所示：

（1）将实际生活中的问题抽象成数学模型，同时理解模型中不同参数的作用；

（2）利用数学方法对该数学模型进行求解；

（3）对这个数学模型进行评估，评估该模型是否很好地解决了实际生活中的问题；

（4）根据评估情况调整该数学模型以便达到最好的效果。

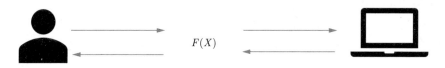

将实际问题抽象为数学问题　　机器求解数学问题，从而解决现实问题

图 1.2　机器学习方法问题解决一般步骤

1.5　Python 语言

1.5.1　Python 简介

Python 是一门人工智能时代的编程语言，具有解释性、交互性、编译性。与其他编程语言相比，Python 的设计具有很强的可读性，更加简单明确定义的语法。它具有相对较少的关键字结构和相对易于学习的特点，同时易于阅读和维护，具有良好的可移植性，支持 GUI 编程等多种优点。此外，Python 具有丰富的第三方扩展包，例如 NumPy、SciPy、Matplotlib 等第三方库使得 Python 能够快速写出高性能的代码。

在深度学习框架中，Python 成为首选语言，常用的 Caffe、Keras、TensorFlow 和 Pytorch 等流行的深度学习框架都使用了 Python 接口，使开发者在大规模的计算中从内存分配等繁杂的工作中解放出来。目前，Python 有两个版本：Python 2.x 版本和 Python 3.x 版本。其中 Python 3.x 仅对部分 Python 2.x 语法支持，因此建议读者使用 Python 3.x 版本，以避免后期学习过程中遇到一些不必要的麻烦。

Python 的安装非常方便，读者可以登录 Python 官方网站找到针对 Windows、Linux 和 macOS 不同操作系统的安装教程。其中 Windows 和 macOS 用户可以直接下载官方安装包，Linux 用户可以通过命令安装或者本地编译安装。

除了官方提供的安装方式，还可以安装 Python 的发行版本 Anaconda。Anaconda 是一个开源的包和虚拟环境管理器，它内部集成了 conda、Python 等 180 多个科学包以及其依赖项，也可以很方便地管理你在不同需要情况下所创建的虚拟环境，避免后期由于环境配置问题所引起的一系列不必要的麻烦，安装 Anaconda 的步骤很简单，只需前往 Anaconda 的官网（https://www.anaconda.com）选择对应的版本并下载安装。

1.5.2　Python 基础语法

Python 采用交互式编程因此无须创建脚本文件，能够实现用户与 Python 的"对话"编程。Linux 上，在命令行中输入 Python 命令，即可启动交互式编程；Windows 上，在安装 Python 时已经安装了交互式编程客户端，打开命令行窗口，输入 python –version

命令便会显示已安装的 Python 版本信息。在本书中，我们使用集成在 Anaconda 中的 Jupyter Notebook 来编写示例，Jupyter Notebook 是基于网页的用于交互式计算的应用程序，它是一个交互式的笔记本，便于创建和共享程序文档，支持实时代码、数学方程、可视化和 Markdown。

下面将介绍本书中所用到的一些 Python 功能，仅对这些功能做一个简单演示介绍而不做详尽描述。本节还将介绍 Python 中定义的五个标准数据类型、几种容器类型和控制结构。

数据结构类型

内存中存储的数据有很多类型，与 C、C++、Java 中变量的定义不同，Python 中变量的定义无须声明变量类型，每个变量在内存中创建，都包括变量的标识、名称和数据这些信息。在 Python 中，在每个变量使用之前都必须赋值，因为变量赋值后该变量才会被创建。在 Python 中只要定义了一个变量且该变量被赋值了，则该变量的类型也随即得以确定，无须开发者去主动说明变量的类型，系统会自动辨别。

Python 中定义了五个标准的数据类型：

- Numbers（数字）
- String（字符串）
- List（列表）
- Tuple（元组）
- Dictionary（字典）

现在来逐一认识一下这些数据类型。

1. 数字

数字类型用于存储数值，是不可变的数据类型，这表明改变数字数据类型的话系统将会重新分配一个新的对象。Python 支持多种数字类型，如 int（有符号整型）、long（长整型）、float（浮点型）和 complex（复数），如果想查看数据的具体类型可使用 Python 中的 type() 方法。

```
In  [1]: print(type(5))
         <class 'int'>
In  [2]: print(type(3.14))
         <class 'float'>
```

2. 字符串

字符串或串（String）是由数字、字母以及下画线组成的一串字符，在编程语言中一般用来表示文本。在 Python 中可使用 [m:n] 输出字符串位置 m 开始到位置 n 之前的字符，因此在 Python 中字符串列表有两种取值方式，一种是从左到右默认从索引 0 开始，其最大范围是字符串长度少 1；另一种则是从右到左默认从索引 −1 开始，最大范围是字符串开头。**[头下标**:] 尾下标为空表示取到尾；[: **尾下标**] 头下标为空，表示从头开始截取。

```
In  [1]: s = 'happy'
         s[1:3]
Out [1]: 'ap'


In  [2]: s[:4]
Out [2]: 'happ'
```

3. 列表

列表（List）是 Python 中最基本的数据结构，也是在后续学习中使用频率较高的数据类型。列表中的数据项无须类型一致，它可以用来汇总数字、字符、字符串等不同类型数据。列表用 [] 标识，里面的元素用逗号分隔，列表中的每个元素都分配一个索引位置，第一个索引是 0，第二个索引是 1，以此类推。此外，列表可以进行的数学操作也很多，包括索引、切片、加、乘和检查成员。创建一个列表并访问列表中的值：

```
In  [1]: list1 = ['one',20,3.14,'apple']
         list1
Out [1]: ['one', 20, 3.14, 'apple']


In  [2]: list1[2]
Out [2]: 3.14
```

列表中的截取可以用到 [**头下标：尾下标**] 的方式截取相应的子列表，其截取的子列表是从头下标位置开始到尾下标位置之前的字符。此外列表对 + 和 * 的操作符与字符串相似，列表可以用 + 来对列表进行组合，用 * 来对列表进行重复，具体示例如下：

```
In  [1]: list1[1:3]
Out [1]: [20, 3.14]


In  [2]: list1[2:]
Out [2]: [3.14, 'apple']


In  [3]: m = ['abc','11']
         print(m * 2)
         ['abc', '11', 'abc', '11']


In  [4]: print(list1 + m)
         ['one', 20, 3.14, 'apple', 'abc', '11']
```

同时可以直接对列表的数据项进行修改和更新，也可以使用 append() 方法来添加列表项，还可以使用 del 语句来删除列表的元素。如下所示：

```
In  [1]: m.append('17b')
         m
Out [1]: ['abc', '11', '17b']

In  [2]: m[0] = 'lily' # 替换
         m
Out [2]: ['lily', '11', '17b']

In  [3]: del m[1]
         m
Out [3]: ['lily', '17b']
```

此外，Python 列表中还包含一些函数和方法，如判断某个元素是否存在于列表中的操作符 in，获取列表长度的 len() 方法，以及计算某个元素出现次数的 count() 方法等。如下所示：

```
In  [1]: n = [2,3,1,4,5,7,3]
         6 in n
Out [1]: False

In  [2]: len(n)
Out [2]: 7

In  [3]: n.count(3)
Out [3]: 2
```

4. 元组

Python 中的元组（Tuple）与列表类似，但它们的区别在于元组内的元素不能修改，相当于只读列表，元组使用 () 标识，而列表使用 [] 标识。元组的创建很简单，只需在括号中添加元素然后用逗号隔开即可。但需注意的是，只包含一个元素时，需要在元素后面添加逗号。同样也可以对元组进行重复、连接组合等操作，也可以使用 len()、in 等函数和方法。

```
In  [1]: p = ('abc')
         p
Out [1]: 'abc'

In  [2]: p = ('abc',)
         p
Out [2]: ('abc',)
```

```
In  [3]: q = ('abc',10)
         p + q
Out [3]: ('abc', 'abc', 10)


In  [4]: q * 2
Out [4]: ('abc', 10, 'abc', 10) # 得到的是新元组，元组本身的元素未发生变化


In  [5]: 10 in q
Out [5]: True


In  [6]: q[0]=2 # 元组是非法应用
```

5. 字典

在 Python 语言中，字典（Dictionary）是一个存放无序的键值映射（key/value）类型数据的容器，键的类型可以是数字或者字符串，字典是除列表以外最灵活的内置数据类型。与列表不同，列表是通过索引进行存取，而字典是无序的对象集合，它可以通过键值对来存取数据。

字典存储的数据可以是任意对象，字典用 {} 标识，字典中每个键值对由索引（key）和它对应的值（value）组成，key 与 value 用冒号分隔，每个键值对之间用逗号分隔。字典中的键是唯一的，但值可以不唯一。获取字典中的元素时，可以通过 keys() 方法获取字典中所有的 key，同理，可以通过 values() 方法获取字典中所有的 value。如下所示：

```
In  [1]: dic = {}#生成一个空字典
         dic['fruit'] = 'apple' # 添加元素
         dic
Out [1]: {'fruit': 'apple'}


In  [2]: dic['name'] = 'lily'
         print(dic.keys()) # 输出所有键
         dict_keys(['fruit', 'name'])


In  [3]: print(dic.values()) # 输出所有值
         dict_values(['apple', 'lily'])
```

可以用一条命令来完成上述功能：

```
In  [1]: dic = {'fruit':'apple','name':''lily}
```

除此之外也可以通过把相应的键放入方括号 [] 中来访问字典里的值，但如果字典里没有这个键便会输出错误，像列表和元组一样，可以通过 len() 方法来获取字典中键值对的个数，也可以通过 del 语句来删除字典的条目。如下例所示：

```
In  [1]: dic['name']
Out [1]: 'lily'

In  [2]: dic['sex']
Out [2]: KeyError        Traceback (most recent call last)
         <ipython-input-40-28b33ffa3ec5> in <module>
         ----> 1 dic['sex']
         KeyError: 'sex'

In  [3]: len(dic)
Out [3]: 2

In  [4]: len(dic)
Out [4]: 2

In  [5]: del dic['name'] # 删除键即可删除相应整个键值对
         dic
Out [5]: {'fruit': 'apple'}
```

控制结构

Python 与其他语言最大的区别就是，Python 的代码块不使用 {} 来控制类、函数以及其他逻辑判断。Python 最具特色的是使用行缩进来写模块。Python 中的缩进非常重要，但这点也常引来不少人的抱怨，然而严格遵守缩进标准能够迫使开发人员编写出干净、可读性强的代码。在 for 循环、while 循环或 if 语句中，以相同的缩进来表示同一个代码块。现在来看一下常用控制语句的写法：

1. 条件语句

条件语句也称为判断语句，如果满足条件则判断条件为 True，若不满足条件则判断条件为 False。在 Python 的 if 语句中，通过判断一个或多个返回值为布尔类型的条件，选择不同的处理逻辑分支。示例如下：

```
In  [1]: age = 25
         if age < 20:
             print(age)
         else:
             print(age-5)
Out [1]: 20
```

由于 Python 并不支持 switch 语句，所以当对多个条件进行判断时，只能用 elif 来实现，如果多个条件需要同时进行判断时，可以使用 or，表示两个条件有一个成立时判断条件成功；使用 and 时，表示只有当两个条件同时成立的情况下，判断条件才成功。示例如下。

```
#elif用法
In  [1]: num = 5
         if num == 3:              # 判断num的值
             print('boss')
         elif num == 2:
             print('user')
         elif num == 1:
             print('worker')
         else:
             print('roadman')      # 条件均不成立时输出
Out [1]: 'roadman'
```

```
#if语句多个条件示例
In  [1]: num = 6
         if num >= 0 and num <= 10:
             print('hello word')
         # 输出结果为: hello word


         num = 10
         if num < 0 or num > 10:
             print 'hello'
         else:
             print('undefine')
         # 输出结果为: undefine
```

2. 循环语句

循环语句允许多次重复执行某个语句，根据具体数据的不同设置更加复杂的控制结构和执行路径。Python 语言中的循环语句包括 for 语句和 while 语句，下面将以列表、字典为例来介绍 for 循环以及 while 循环的用法。具体示例如下：

```
In  [1]: names = ['jack','alice','lily']
         for name in names: # 遍历列表
             print(name)
Out [1]: jack
         alice
         lily
```

```
In  [1]: nn = {'dog':'dalmatian','age':2,'hobby':'play'}
         for item in nn: # 遍历字典
             print(item,nn[item]) # item得到的是键, nn[item]获取的是相应的值
Out [1]: dog dalmatian
```

```
            age 2
            hobby play

In  [2]: count = 0
         while (count < 5):
             print('The count is:', count)
             count = count + 1
         print("Good bye!")
Out [2]: The count is: 0
         The count is: 1
         The count is: 2
         The count is: 3
         The count is: 4
         Good bye!
```

1.5.3　NumPy 快速入门

在上一节中认识了 Python 的基础语法，接下来将介绍机器学习中常用的两大库——NumPy 库和 Matplotlib 库。本节将着重介绍 NumPy 库，Matplotlib 库将会在下一节进行介绍。NumPy 是一个第三方的 Python 包，是一种开源的数值计算扩展包，它提供了高性能的多维数组对象以及许多高级的数值编程工具。NumPy 实际上包含了两种基本的数据类型：数组和矩阵。

NumPy 是 Python 开发环境的一个独立模块，其本身并不包含在标准的 Python 中，所以在使用前需使用 import 语句将 NumPy 导入。在导入时，将 NumPy 命名为 np，之后便可通过 np 来调用 NumPy 的方法。

```
In  [1]: import numpy as np
```

NumPy 数组创建与访问

NumPy 提供一个 N 维数组 ndarray，它描述了相同类型数据的集合，以 0 下标为开始进行集合中元素的索引。ndarray 对象便是用于存放同类型的多维数组。

创建一个 ndarray 只需调用 NumPy 的 array 函数即可，因此可以使用 np.array() 方法生成 NumPy 数组，np.array() 接受 Python 列表作为参数。参数说明如表 1.1 所示。

表 1.1　np.array() 方法参数描述

名称	描述
object	数组或嵌套的数列
dtype	数组元素的数据类型，可选
copy	对象是否需要复制，可选
ndmin	指定生成数组的最小维度

```
np.array(object,dtype = None,copy = True,ndmin = 0)
```

此外，可以利用方括号访问数组元素，也可以像 Python 列表一样以切片索引的方式截取数组。

```
In  [1]: import numpy as np
         arr = np.array([1,2,3]) # 生成一维数组
         print(arr)
Out [1]: [1 2 3]


In  [2]: print(arr[0]) # 通过[]访问数组元素
Out [2]: 1


In  [3]: print(arr[0:2]) # 切片索引，得到的是子数组
Out [3]: [1 2]


In  [4]: arr1 = np.array([[1,2,3],[4,5,6],[7,8,9]]) # 创建多维数组
         print(arr1)
Out [4]: [[1 2 3]
          [4 5 6]
          [7 8 9]]


In  [5]: print(arr1[1][1]) # 多维数组中元素可以像列表中一样访问
         print(arr1[1,1]) # 也可以用矩阵方式访问
Out [5]: 5
         5


In  [6]: arr2 = arr1[1:,1:3] # 第一维从位置1到末尾，第二维从位置1到位置3之前
         arr2
Out [6]: array([[5, 6],
                [8, 9]])
```

ndarray 数组除了使用 np.array() 方法来创建，也可以通过以下几种方式来创建：

- np.empty（shape，dtype）：创建一个指定形状（行数和列数）、数据类型且未初始化的数组。
- np.zeros（shape，dtype）：创建指定形状的数组，数组元素以 0 来填充。
- np.ones（shape，dtype）：创建指定形状的数组，数组元素以 1 来填充。
- np.full（shape，constant value，dtype）：创建指定数值的数组。
- np.random.random（size）：创建指定 size 的 [0,1) 随机数矩阵。

具体示例如下：

```
In  [1]: import numpy as np
```

```
             arr1 = np.empty((3,2),dtype = np.int) # 创建一个3行2列的数组
             arr1
Out [1]: array([[           5,            6],
                [           8,            9],
                [           0, -2147483648]])

In  [2]: arr2 = np.zeros((3,3),dtype = np.int)
             arr2
Out [2]: array([[0, 0, 0],
                [0, 0, 0],
                [0, 0, 0]])

In  [3]: arr3 = np.ones((3,3),dtype = np.int)
             arr3
Out [3]: array([[1, 1, 1],
                [1, 1, 1],
                [1, 1, 1]])

In  [4]: arr4 = np.full((3,3),2)
             arr4
Out [4]: array([[2, 2, 2],
                [2, 2, 2],
                [2, 2, 2]])

In  [5]: arr5 = np.random.random((2,2))
             arr5
Out [5]: array([[0.14363422, 0.7042272 ],
                [0.75452745, 0.31511348]])
```

当把两个数组相乘时，NumPy 数组的乘法 * 或者 np.multiply() 均是将数组相对应位置的元素分别相乘，而不是按矩阵乘法相乘。NumPy 中用 dot 表示矩阵乘法。具体示例如下。

```
In  [1]: import numpy as np
             a = np.array([[1,2],[3,4]])
             b = np.array([[5,6],[7,8]])
             print(a*b)
             print(a.dot(b))
Out [1]: [[ 5 12]
          [21 32]]
         [[19 22]
          [43 50]]
```

使用 np.mat() 可将数组或列表转化成 NumPy 矩阵，NumPy 矩阵的乘法 (*) 和

np.dot() 相同，而点乘只能用 np.multiply()。因为数组默认的是点乘，矩阵默认的是矩阵乘法。

```
In  [1]: import numpy as np
         a = np.mat([[1,1],[1,1]])
         b = np.mat([[2,2],[2,2]])
         print(a*b)
         print(np.dot(a,b))
         print(np.multiply(a,b))
Out [1]: [[4 4]
          [4 4]]
         [[4 4]
          [4 4]]
         [[2 2]
          [2 2]]
```

考虑另一种情况：

```
In  [1]: import numpy as np
         a = np.mat([1,2,3])
         b = np.mat([1,2,3])
         print(a*b)  # 矩阵乘法行数与列数不匹配
Out [1]:ValueError: shapes (1,3) and (1,3) not aligned: 3 (dim 1) != 1 (dim 0)
```

输出报错，报错信息为 ValueError: shapes （1,3）and （1,3）not aligned: 3 （dim 1）!= 1 （dim 0）。

NumPy 数据类型有一个转置方法，调用.T 方法转置。

```
In  [1]: import numpy as np
         a = np.mat([[1,2],[3,4]])
         a.T
Out [1]: matrix([[1, 3],
                  [2, 4]])
```

知道矩阵或者多维数组的大小有利于矩阵或者多维数组后续的操作,可以通过 NumPy 中的 shape() 查看矩阵或者多维数组的维数：

```
In  [1]: import numpy as np
         np.shape(a)
Out [1]: (2, 2)
```

此外，矩阵和数组还有许多其他常用方法，如排序：

```
In  [1]: import numpy as np
         b1 = np.mat([[4,5,1]])
         b1.sort()
         b1
Out [1]: matrix([[1, 4, 5]])
```

sort() 方法是原地排序，即排序后的结果占用原始的存储空间。因此如果希望保存数据的原序，应当在使用前将原数据复制一份。同时也可以使用 argsort() 方法得到矩阵或多维数组中每个元素的排序序号，对于二维及以上数组，默认 axis=−1，即按行排列；若 axis=0，则按列排列：

```
In  [1]: import numpy as np
         b2 = np.mat([[4,5,1]])
         b2.argsort()
Out [1]: matrix([[2, 0, 1]], dtype=int64)
```

整个过程其实是先按从小到大顺序对数组元素进行排序，然后写出排好序的元素所对应的索引，即得到结果数组。

1.5.4　Matplotlib 快速入门

在 1.5.3 节中已经介绍了 NumPy 的一些基本用法，本节将介绍机器学习中另一常见库——Matplotlib 库。Matplotlib 是 Python 中经常使用的一个绘图库，是 Python 编程语言以及数据数学扩展包 NumPy 的可视化操作界面。它可以在各种平台和交互式环境中生成高质量的图形。Matplotlib 将各种绘图功能进行了封装，只需少量代码即可生成相应的绘图。它可与 NumPy 一起使用，提供了一种有效的 MatLab 开源替代方案。

pyplot 是 Matplotlib 中常用的绘图包，pyplot 提供了一系列类似于 MATLAB 的界面与编程逻辑。Matplotlib 中所有对象都按层次结构进行组织。顶层是 Matplotlib 状态机环境，由 matplotlib.pyplot 模块提供。接下来为图形对象（figure），轴对象（axes）和绘图元素（线条、图像、文本等），可通过简单的接口函数添加到当前图形（figure）中。其中 pyplot 包封装了很多画图的函数，通过这些函数可对当前图像进行一些修改：如产生新图像，给绘图加上标记等。Matplotlib.pyplot 会自动记住当前的图像和绘图区域。使用 pyplot 进行绘图前，须导入相关包：

```
import numpy as np
import matplotlib.pyplot as plt
```

调用画图方法

调用 pyplot 模块的绘图方法画图，基本的画图方法有：plot()，scatter() 等。下面的例子给出了绘制正弦函数的代码：

```
In   [1]: import numpy as np
          import matplotlib.pyplot as plt
          x = np.arange(0.0, 2.0, 0.01) # np.arange(start,stop,step)从一定的数值
     范围创建数组
          y = 1 + np.sin(2 * np.pi * x)
          fig,ax = plt.subplots() # 等价于 fig = plt.figure()
          #ax = fig.add_subplot(1,1,1)
          ax.plot(x,y)
          ax.set(xlabel = 'x',ylabel = 'y',title = 'y = 1+sin(2 x)')
          fig.savefig("sin.png")
          plt.show()
```

绘制的正弦函数图像如图 1.3 所示。

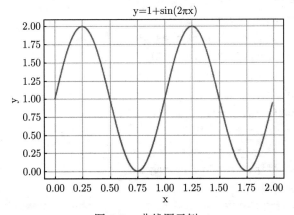

图 1.3　曲线图示例

在回归分析时，常用散点图来粗略观察数据的分布，给出一个散点图示例：

```
In   [1]: import numpy as np
          import matplotlib.pyplot as plt
          np.random.seed(100) # 设置一个随机数种子
          N = 20 # 产生20个随机数
          x = np.random.rand(N)
          y = 10 * x ** 2 + np.random.rand(N)
          fig, ax = plt.subplots()
          colors = np.random.rand(N) # 设置随机颜色
          area = (20 * np.random.rand(N)) ** 2 # 设置随机面积
          ax.scatter(x, y, area, c = colors, alpha = 0.5)
          fig.savefig("scatter.png")
          plt.show()
```

由此可以绘制带有噪声的平方函数，如图 1.4 所示。

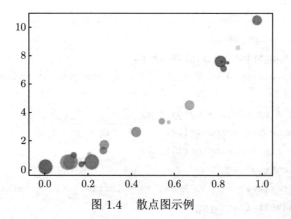

图 1.4　散点图示例

在进行图像绘制时可以对不同的线条设置不同颜色、标识符号，如图 1.5 所示。pyplot 中也提供了丰富的线条属性供选择，下面给出了一个示例。

```
In  [1]: # 设置不同线条的格式
         import numpy as np
         import matplotlib.pyplot as plt
         x = np.arange(0.0, 5.0, 0.2)
         # 红色虚线，蓝色正方形，绿色三角形
         fig, ax = plt.subplots()
         ax.plot(x, x,'r--',
                 x, x ** 2, 'bs',
                 x, x ** 3, 'g^')
         fig.savefig('line_styles.png')
         plt.show()
```

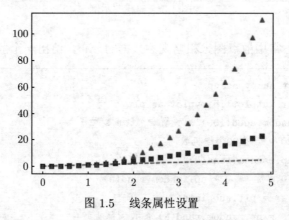

图 1.5　线条属性设置

Matplotlib 多图绘制

类似 MATLAB 的多图像绘制方式，使用 Matplotlib 绘制时同样需要指定绘制的图像数以及当前子图所在的行与列，紧接着就可以进行多图像的绘制，使用 plt.subplots() 可以在一幅图中生成多个子图，也可以直接指定画板的大小，示例如下：

```
In  [1]: import numpy as np
```

```
import matplotlib.pyplot as plt
def y(x):
    return np.exp(-x) * np.cos(2 * np.pi * x)


x1 = np.arange(0.0, 5.0, 0.1)
x2 = np.arange(0.0, 5.0, 0.02)
plt.figure(figsize=(10,6))
fig, ax = plt.subplots(3,1)
# subplots(numRow,numCol,plotNum)中的参数分别表示行数、列数和第几个图。
# subplots(3,1)得到的是一个3*1的矩阵图

ax[0].plot(x1, y(x1), 'bo', x2, y(x2), 'k')
ax[1].plot(x2, np.cos(2 * np.pi * x2),'r--')
ax[2].pyplot(x1, np.sin(np.pi * x1))
fig.savefig('subplots.png')
plt.show()
```

两个子图绘制在一个图形中的结果如图 1.6 所示。

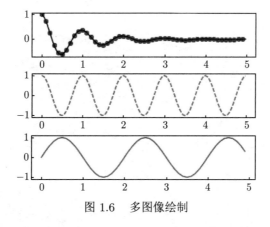

图 1.6　　多图像绘制

本小节简要介绍了 Matplotlib 库的使用，同时也给出了几个 pyplot 制图的实例，其实 Matplotlib 强大的功能远不止这些，除了介绍的散点图、曲线图之外，它还可以绘制直方图、条形图、柱状图等，支持部分的 3D 图形绘制。Matplotlib 作为 Python 核心库之一，其设计理念是能够用轻松简单的方式获得强大的可视化效果，因此编程人员易于上手，极大地方便了数据可视化，是数据分析师的好帮手。

由于篇幅有限，更多有关 Python 的知识可以参阅文献 [7-9]。

1.6　习题

（1）随机生成一个包含 10 个元素的列表 list1。然后求 a 的最大值、最小值、和、平均值，并将列表 l 降序显示。

（2）利用 Python 编程寻找 1000 以内的水仙花数，所谓的"水仙花数"指的是一个 3 位数，其各位数字的立方和等于该数本身。

（3）使用 NumPy 创建一个长度为 100 的随机整数数组并将最大值替换为 -1。

（4）使用 NumPy 随机生成一个 2 维矩阵，并将每一行元素减去此行的平均值。

（5）使用 Matplotlib 画出一维正态分布的图像。一维正态分布是一个非常重要也很常见的连续概率分布。假设随机变量 $\boldsymbol{X}$ 服从一个未知参数 μ、尺度参数为 σ 的正态分布，则可以记为：

$$X \sim N(\mu, \sigma^2)$$

而概率密度函数为：

$$f(x) = \frac{1}{\sigma\sqrt{2\pi}} e^{-\frac{(x-\mu)^2}{2\sigma^2}}$$

（6）用自己的话概述总结一下什么是机器学习。

（7）概述应用机器学习方法解决问题的步骤。

第 2 章

线 性 模 型

前一章介绍了机器学习基本理论和 Python 基础语法，从本章开始将正式学习机器学习中一些常见算法及应用。本章将首先介绍线性模型的基本形式，在这之后引入了线性回归（Linear Regression）和逻辑回归（Logistic Regression）。最后还将给出线性回归和逻辑回归对应的应用实例。

2.1 基本形式

给定 d 个属性描述的样本 $\boldsymbol{x} = (x_1; x_2; \cdots; x_d)$，线性模型就是一个利用属性的线性组合来进行预测的函数，即

$$f(\boldsymbol{x}) = w_1 x_1 + w_2 x_2 + \cdots + w_d x_d + b \tag{2.1}$$

若采取向量的写法，上述公式又可以写为 $f(\boldsymbol{x}) = \boldsymbol{w}^{\mathrm{T}} \boldsymbol{x} + b$，表示将这两个数值向量对应元素相乘后相加。其中向量 $\boldsymbol{x}$ 表示输入数据，向量 $\boldsymbol{w}$ 即我们所要找到的最佳参数系数，该参数从侧面反映了某个属性的重要程度，b 表示偏置，学习合适的参数有利于模型的泛化推广。许多功能强大的非线性模型均可在线性模型的基础上通过引入层级结构或高维映射而得。了解完线性模型的基本形式之后，接下来将详细介绍两种常见的回归：线性回归和逻辑回归。

2.2 线性回归

回归的目的是预测数值型的目标值。最直接的方法是将输入代入一个计算目标值的函数中。而**线性回归**问题便是试图学得一个线性模型，尽可能准确地预测新样本的输出值，使得该输出值尽可能地靠近样本目标值 y_i。结合上节线性模型的基本形式来说，可

以认为**线性回归**意味着将输入项乘以一些回归系数，再将全部结果加起来得到输出。只有一个自变量的情况称为简单回归，大于一个自变量的情况叫作多元回归（Multivariable Linear Regression）[10]。在线性回归中，数据使用线性预测函数来建模，并且未知的模型参数也是通过数据来估计。这些模型被称为线性模型[11]。我们最终的目标是将输出的预测值尽可能靠近样本目标值，这便需要寻得一个优化目标。均方误差是回归任务中最常用的性能度量，因此我们的优化目标是最小化均方误差。基于均方误差最小化来进行模型的求解优化的方法又称为"最小二乘法"。直观看来，在线性回归中，最小二乘法就是找到一条直线，使得所有样本到这条直线上的欧氏距离之和最小。均方误差（各数据偏离真实值差值的平方和的平均数）计算公式如下：

$$\frac{1}{d}\sum_{i=1}^{d}(y_i - \boldsymbol{w}_i^{\mathrm{T}}\boldsymbol{x}_i - b)^2 \tag{2.2}$$

接下来对 m 个样本的输入情况分两类来介绍：

（1）首先考虑最简单的情况，即输入只有一个属性。先计算每个样本预测值和真实值之间的误差并求和，通过最小化均方误差 MSE（Mean Square Error）来优化模型；然后分别对 $\boldsymbol{w}$ 和 b 求偏导令其等于 0，计算出最佳拟合直线的两个参数。计算过程可以表示为：

$$(\boldsymbol{w}^*, b^*) = \underset{(\boldsymbol{w},b)}{\arg\min}\sum_{i=1}^{m}(f(\boldsymbol{x_i}) - y_i)^2$$

$$= \underset{(\boldsymbol{w},b)}{\arg\min}\sum_{i=1}^{m}(y_i - \boldsymbol{w}\boldsymbol{x}_i - b)^2 \tag{2.3}$$

$$E = \frac{1}{2}\sum_{i=1}^{m}(y_i - \boldsymbol{w}\boldsymbol{x}_i - b)^2 \tag{2.4}$$

$$\frac{\partial E}{\partial \boldsymbol{w}} = \left(\boldsymbol{w}\sum_{i=1}^{m}\boldsymbol{x}_i^2 - \sum_{i=1}^{m}(y_i - b)\boldsymbol{x}_i\right) = 0 \tag{2.5}$$

$$\frac{\partial E}{\partial b} = \left(mb - \sum_{i=1}^{m}(y_i - \boldsymbol{w}\boldsymbol{x}_i)\right) = 0 \tag{2.6}$$

$$\boldsymbol{w} = \frac{\displaystyle\sum_{i=1}^{m}y_i(\boldsymbol{x}_i - \bar{\boldsymbol{x}})}{\displaystyle\sum_{i}^{m}\boldsymbol{x}_i^2 - \frac{1}{m}\left(\sum_{1}m\boldsymbol{x}_i\right)^2} \tag{2.7}$$

$$b = \frac{1}{m}\sum_{i=1}m(y_i - \boldsymbol{w}\boldsymbol{x}_i) \tag{2.8}$$

（2）当输入属性有多个时，如给定 d 个属性描述的样本 $\boldsymbol{x} = (x_1; x_2; \cdots; x_d)$，则该线性回归模型可以写为：

$$\boldsymbol{y} = \boldsymbol{w}^{\mathrm{T}}\boldsymbol{x} + b \tag{2.9}$$

通常多元问题常使用矩阵形式来表示数据。在多元的线性回归中，通常将具有 m 个样本的数据集表示成矩阵 $\boldsymbol{X}$，将系数 $\boldsymbol{w}$ 与 b 合并为一个列向量 $\hat{\boldsymbol{w}}$，所有样本的均方误差可以写成：

$$\frac{1}{m}\sum_{i=1}^{m}(y_i - \boldsymbol{w}^{\mathrm{T}}\boldsymbol{x}_i)^2 \tag{2.10}$$

用矩阵表示还可以写作 $(y - \boldsymbol{X}\boldsymbol{w})^{\mathrm{T}}(y - \boldsymbol{X}\boldsymbol{w})$。如果对 $\boldsymbol{w}$ 进行求导，得到 $\boldsymbol{X}^{\mathrm{T}}(y - \boldsymbol{X}\boldsymbol{w})$，令其等于零，可得到 $\hat{\boldsymbol{w}}$：

$$\hat{w} = (\boldsymbol{X}^{\mathrm{T}}\boldsymbol{X})^{-1}\boldsymbol{X}^{\mathrm{T}}y \tag{2.11}$$

$\hat{\boldsymbol{w}}$ 表示当前可以估计出的 $\boldsymbol{w}$ 的最优解。值得注意的是公式中包含的 $(\boldsymbol{X}^{\mathrm{T}}\boldsymbol{X})^{-1}$ 需要对矩阵求逆，因为该方程只在逆矩阵存在的情况下才得以成立。然而，逆矩阵不一定存在，因此在代码实现的过程中我们需要对该条件进行判断。但如果特征数目 d 比样本点 m 还多，即 $(\boldsymbol{X}^{\mathrm{T}}\boldsymbol{X})$ 逆矩阵不存在，如何进行线性回归？

缩减系数——岭回归，这里是吉洪诺夫正则化（Tikhonov Regularization），又称脊回归（统计学），后文提到了 λ，这个是拉格朗日乘数，也被称为正则化系数。

考虑前文中留下的那个问题。如果数据的特征比样本点还多怎么办？是否还可以用线性回归和之前的方法来做预测？答案是不可以，因为在计算 $(\boldsymbol{X}^{\mathrm{T}}\boldsymbol{X})^{-1}$ 时会报错。出现特征比样本 $(d > m)$ 的情况说明输入的数据矩阵 $\boldsymbol{X}$ 不是满秩矩阵。为解决这一问题，统计学家们引入了一种缩减系数的方法——**岭回归**。

简单说来，岭回归就是在矩阵 $\boldsymbol{X}^{\mathrm{T}}\boldsymbol{X}$ 上加上了一个 $\lambda\boldsymbol{I}$ 从而使得行列式不为零，进而能对 $\boldsymbol{X}^{\mathrm{T}}\boldsymbol{X} + \lambda\boldsymbol{I}$ 求逆。$\boldsymbol{I}$ 是一个 $m \times m$ 的单位矩阵，λ 是一个用户定义的数值。添加该条件后，回归系数的计算公式：

$$\hat{w} = (\boldsymbol{X}^{\mathrm{T}}\boldsymbol{X} + \lambda\boldsymbol{I})^{-1}\boldsymbol{X}^{\mathrm{T}}y \tag{2.12}$$

岭回归最先用来处理特征数多于样本数的情况，通过引入 λ 惩罚项，能够减少不重要的参数，因此该方法称为缩减系数。

2.3 逻辑回归

本节将首次接触机器学习算法中最为常用的最优化算法。前面介绍了用一条直线对样本点进行拟合，这个拟合过程就称为线性回归。本节将介绍一种特殊的回归——逻辑回归。逻辑回归是一种统计模型，其基本形式是使用 Logistic 函数对二进制因变量进行建模。利用逻辑回归进行分类的主要思想是：根据现有数据对分类边界线建立回归公式，以此分类。逻辑回归是一种线性分类模型，通常用于解决线性二分类或是多分类问题。训练分类器时通常的做法就是利用最优化算法来寻找最佳拟合参数集合。需注意，进行逻辑回归是要求输入的数据类型为数值型。逻辑回归主要是用来进行二分类预测，即 0~1 的概率值，当概率值大于 0.5 时预测为 1，小于 0.5 时则预测为 0。

2.3.1 Logistic 分布

定义 2.1（Logistic 分布）　设 X 是连续随机变量，X 服从 Logistic 分布是指 X 具有以下分布函数和密度函数：

$$F(x) = P(X \leqslant x) = \frac{1}{1 + e^{-(x-\mu)/\gamma}} \tag{2.13}$$

$$f(x) = F^{'}(x) = P(X \leqslant x) = \frac{e^{-(x-\mu)/\gamma}}{\gamma(1 + e^{-(x-\mu)/\gamma})^2} \tag{2.14}$$

式 (2.14) 中 μ 表示未知参数，$\gamma > 0$ 为形状参数。$F(x)$ 表示 Logistic 分布函数，$f(x)$ 表示 Logistic 分布的密度函数。

2.3.2 逻辑回归与 Sigmoid 函数

基于逻辑回归以及其分布函数的特性，可知想要学得的模型能够接受所有的输入然后预测出类别，以二分类为例，其输出 0 或 1，该函数称为**单位阶跃函数**。但该函数的问题在于：在跳跃点上从 0 瞬间跳跃到 1，这个跳跃过程在后续的建模过程中很难处理。幸运的是，Sigmoid 函数也有类似于单位阶跃函数的性质，且数学上更易于处理。Sigmoid 函数的计算公式为：

$$\sigma(z) = \frac{1}{1 + e^{-z}} \tag{2.15}$$

图 2.1 给出了 Sigmoid 函数的一个简化图像。当 z 为 0 时，Sigmoid 函数值为 0.5。随着 z 的增大其 Sigmoid 函数值将逼近于 1；而随着其减小 Sigmoid 函数值逐渐逼近 0。该特性有效地弥补了单位阶跃函数的不足。

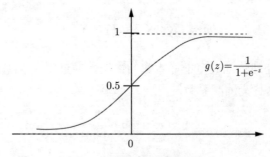

图 2.1　Sigmoid 函数图像

逻辑回归是用来做分类任务的，因此需要找一个单调可微函数，将分类任务的真实标记与线性回归模型的预测值联系起来。既然是做 0 和 1 的二分类，第一反应我们首先是会想到单位阶跃函数，但是单位阶跃函数不是单调可微函数，因此希望找到一种能够在一定程度上近似单位阶跃函数的"替代函数"，由此使用前面所提到的 Sigmoid 函数来代替它：

$$y = \frac{1}{1 + e^{-z}} \tag{2.16}$$

该函数将 z 值转化为一个接近于 0 或 1 的 y 值, 将线性回归模型 $z = \boldsymbol{w}^{\mathrm{T}}\boldsymbol{x} + b$ 代入式 (2.16) 有:

$$y = \frac{1}{1 + \mathrm{e}^{-(\boldsymbol{w}^{\mathrm{T}}\boldsymbol{x}+b)}} \tag{2.17}$$

对式 (2.17) 取对数并进行转化得到:

$$\ln\frac{y}{1-y} = \boldsymbol{w}^{\mathrm{T}}\boldsymbol{x} + b \tag{2.18}$$

$\frac{y}{1-y}$ 中若将 y 视为样本 $\boldsymbol{x}$ 作为正例的可能性, 则 $1 - y$ 便是该样本的反例可能性, 该比值反映了样本 $\boldsymbol{x}$ 作为正例的相对可能性。下面我们再来看看如何确定式 (2.17) 中的 $\boldsymbol{w}$ 和 b, 若将 (2.17) 中的 y 视为类别后验概率估计 $p(y = 1|\boldsymbol{x})$, 再考虑和给出相关证据或数据后所得到的条件概率, 公式 (2.18) 可写为:

$$\ln\frac{p(y = 1|\boldsymbol{x})}{p(y = 0|\boldsymbol{x})} = \boldsymbol{w}^{\mathrm{T}}\boldsymbol{x} + b \tag{2.19}$$

显然有

$$p(y = 1|\boldsymbol{x}) = \frac{\mathrm{e}^{\boldsymbol{w}^{\mathrm{T}}\boldsymbol{x}+b}}{1 + \mathrm{e}^{\boldsymbol{w}^{\mathrm{T}}\boldsymbol{x}+b}} \tag{2.20}$$

$$p(y = 0|\boldsymbol{x}) = \frac{1}{1 + \mathrm{e}^{\boldsymbol{w}^{\mathrm{T}}\boldsymbol{x}+b}} \tag{2.21}$$

可以利用"极大似然估计"(Maximum Likelihood Estimate, MLE) 来估计回归系数 $\boldsymbol{w}$ 和 b [12,13]。对于给定数据集 $\{(\boldsymbol{x_i}, y_i)\}_{i=1}^{m}$, 逻辑回归模型最大化"对数似然"(log-likelihood):

$$l(\boldsymbol{w}, b) = \sum_{i=1}^{m} \ln p(y_i|\boldsymbol{x_i}; \boldsymbol{w}, b) \tag{2.22}$$

这里每个样本属于其真实标记的概率越大越好。为了后续讨论的方便, 令 $\boldsymbol{\beta} = (\boldsymbol{w}; b)$, $\hat{\boldsymbol{x}} = (\boldsymbol{x}; 1)$, 则 $\boldsymbol{w}^{\mathrm{T}}\boldsymbol{x} + b$ 可以简写为 $\boldsymbol{\beta}^{\mathrm{T}}\hat{\boldsymbol{x}}$, 然后再令 $p_1(\hat{\boldsymbol{x}}; \boldsymbol{\beta}) = p(y = 1|\hat{\boldsymbol{x}}; \boldsymbol{\beta})$, $p_0(\hat{\boldsymbol{x}}; \boldsymbol{\beta}) = p(y = 0|\hat{\boldsymbol{x}}; \boldsymbol{\beta}) = 1 - p_1(\hat{\boldsymbol{x}}; \boldsymbol{\beta})$, 则公式 (2.22) 中的似然项又可以重写为:

$$p(y_i|\boldsymbol{x_i}; \boldsymbol{w}, b) = y_i p_1(\hat{\boldsymbol{x_i}}; \boldsymbol{\beta}) + (1 - y_i) p_0(\hat{\boldsymbol{x_i}}; \boldsymbol{\beta}) \tag{2.23}$$

将 (2.23) 代入 (2.22) 中, 并根据 (2.20) 和 (2.21) 可知, 最大化式 (2.22) 等价于

$$l(\boldsymbol{\beta}) = \sum_{i=1}^{m} (-y_i \boldsymbol{\beta}^{\mathrm{T}}\hat{\boldsymbol{x_i}} + \ln(1 + \mathrm{e}^{\boldsymbol{\beta}^{\mathrm{T}}\hat{\boldsymbol{x_i}}})) \tag{2.24}$$

式 (2.24) 是关于 $\boldsymbol{\beta}$ 的高阶可导连续凸函数, 根据凸优化理论 [14], 经典的数值优化算法如梯度下降法(Gradient Descent Method)、牛顿法(Newton Method)等都可求得其最优解, 于是就得到

$$\boldsymbol{\beta}^* = \arg\min_{\boldsymbol{\beta}} l(\boldsymbol{\beta}) \tag{2.25}$$

因此，为实现逻辑回归分类器，可以在每个特征上面都乘以一个回归系数，然后把所有结果值相加代入 Sigmoid 函数中，进而得到一个处于 0~1 范围内的一个数值。若数值大于 0.5 被分为 1 类，小于 0.5 则被归为 0 类。所以，从某种程度上看，逻辑回归可被看成是一种概率估计。

现在来考虑另外一个问题：每个特征乘以一个回归系数，那么如何确定这个最佳回归系数呢？在下一小节中我们将解决这一问题。

如果对逻辑回归感兴趣想进一步了解可以参见文献 [15]，最大熵模型的详细介绍可以参考文献 [16-17]。

2.3.3　基于最优化方法确定最佳回归系数

Sigmoid 函数的输入 z，由下面公式所得：

$$z = w_1x_1 + w_2x_2 + \cdots + w_dx_d \tag{2.26}$$

或者是向量形式

$$z = \boldsymbol{w}^{\mathrm{T}}\boldsymbol{x} \tag{2.27}$$

目标就是学得最佳 $\boldsymbol{w}$。为了寻找最佳参数，我们需要了解一些最优化理论知识。

首先将介绍梯度上升这一优化方法然后再对随机梯度上升算法进行介绍。在本章的最后也会有相应的示例运用到了这一优化算法。

梯度上升算法

梯度上升算法的思想是：要想找到某函数的最大值，最好的方法就是沿着函数增长最快的梯度方向寻找。增长最快的梯度方向可以简单理解为对参数求偏导。设函数为 $f(x,y)$，梯度记为 $\bigtriangledown,\lambda$ 为步长，所以梯度上升法中的梯度 $\bigtriangledown$ 和迭代公式分别为：

$$\bigtriangledown = \begin{bmatrix} \dfrac{\partial f(x,y)}{\partial x} \\ \dfrac{\partial f(x,y)}{\partial y} \end{bmatrix}$$

$$\boldsymbol{w} \leftarrow \boldsymbol{w} + \lambda * \bigtriangledown_{\boldsymbol{w}} f(\boldsymbol{w}) \tag{2.28}$$

该公式的迭代停止的条件是迭代次数达到规定值或者是算法超出允许的误差范围。与梯度上升算法相似的是梯度下降算法，其主要的算法思想与梯度上升法思想一致。唯一的不同在于，梯度上升算法是用来求函数的最大值，而梯度下降算法是用来求最小值，梯度下降最初是由 Cauchy 在 1847 年提出的 [18]。梯度下降迭代公式可以写为：

$$\boldsymbol{w} \leftarrow \boldsymbol{w} - \lambda * \bigtriangledown_{\boldsymbol{w}} f(\boldsymbol{w}) \tag{2.29}$$

随机梯度上升算法

前面我们所说的梯度上升算法存在一个明显的不足：即每次更新回归系数的时候都需要遍历整个数据集。该方法在处理 100 左右小样本的数据集时有效，但在处理更大样本时，计算的复杂度以及计算成本将会大大增加。为进一步改进上述不足，有人便提出了另外一种改进方法，即每次迭代仅使用一个样本点来对回归系数进行更新——即随机梯度上升算法。这种方法大大降低了计算成本，并且当输入新样本时可以对分类器进行增量式更新。

2.4 应用实例

本节将给出两个对应于线性回归和逻辑回归的具体实例。

2.4.1 线性回归——波士顿房价预测

采用线性回归为广大卖主和买主提供预测房屋价格服务。

数据分析

导入所需的相应模块，并且使用 pandas 读取数据：

```
In  [1]: import pandas as pd
         import numpy as np
         import matplotlib.pyplot as plt
         import seaborn as sns
         #该库是对matplotlib库的再一次封装，其中列举了许多常用的绘图函数
         from matplotlib.font_manager import FontProperties
         from sklearn.linear_model import LinearRegression
         %matplotlib inline
In  [2]: df = pd.read_csv('housing.data', sep='\s+',header=None)
         df.columns = ["CRIM","ZN","INDUS","CHAS","NOX",
                    "RM","AGE","DIS","RAD","TAX","PTRATIO","B","LSTAT",
                    "MEDV"]
         df.head()
```

输出如图 2.2 所示。

	CRIM	ZN	INDUS	CHAS	NOX	RM	AGE	DIS	RAD	TAX	PTRATIO	B	LSTAT	MEDV
0	0.00632	18.0	2.31	0	0.538	6.575	65.2	4.0900	1	296.0	15.3	396.90	4.98	24.0
1	0.02731	0.0	7.07	0	0.469	6.421	78.9	4.9671	2	242.0	17.8	396.90	9.14	21.6
2	0.02729	0.0	7.07	0	0.469	7.185	61.1	4.9671	2	242.0	17.8	392.83	4.03	34.7
3	0.03237	0.0	2.18	0	0.458	6.998	45.8	6.0622	3	222.0	18.7	394.63	2.94	33.4
4	0.06905	0.0	2.18	0	0.458	7.147	54.2	6.0622	3	222.0	18.7	396.90	5.33	36.2

图 2.2 Boston 房屋特征

属性介绍

CRIM：城镇人均犯罪率。

ZN：住宅用地超过 25000 sq.ft. 的比例。

INDUS：城镇非零售商用土地的比例。

CHAS：查理斯河空变量（如果边界是河流，则为 1；否则为 0）。

NOX：一氧化氮浓度。

RM：住宅平均房间数。

AGE：1940 年之前建成的自用房屋比例。

DIS：到波士顿五个中心区域的加权距离。

RAD：辐射性公路的接近指数。

TAX：每 10000 美元的不动产税率。

PTRATIO：城镇师生比例。

B：$1000(Bk - 0.63)^2$，其中 Bk 指城镇中黑人的比例。

LSTAT：人口中地位低下者的比例。

MEDV：自住房的平均房价，以千美元计。

预测平均值的基准性能的均方根误差（RMSE）是约 9.21 千美元。

特征提取与选择

```
In  [3]:  # 选择特征
          #cols = ['CRIM','ZN','INDUS','CHAS','NOX','AGE','DIS','RAD','TAX',
          #          'PTRATIO','B','RM', 'MEDV', 'LSTAT']
          cols = ['CRIM','B','RM', 'MEDV', 'LSTAT']

          # 构造特征之间的联系即构造散点图矩阵
          sns.pairplot(df[cols], height=3)
          plt.tight_layout()
          plt.show()
```

使用 sns.heatmap() 方法绘制的关联矩阵可以看出特征之间的相关性大小，关联矩阵是包含皮尔森积矩相关系数的正方形矩阵，用来度量特征对之间的线性依赖关系（见图 2.3）。

```
In  [4]: # 求解上述特征的相关系数
         ''''
         对于一般的矩阵X，执行A=corrcoef(X)后，A中每个值的所在行a和列b，
         反映的是原矩阵X中相应的第a个列向量和第b个列向量的相似程度
         （即相关系数） '''
         cm = np.corrcoef(df[cols].values.T)
```

图 2.4 可以看出特征 LSTAT 和标记 MEDV 的具有最高的相关性 −0.74，但是在散点图矩阵中会发现 LSTAT 和 MEDV 之间存在着明显的非线性关系；而特征 RM 和标记 MEDV 也具有较高的相关性 0.70，并且从散点矩阵中会发现特征 RM 和标记 MEDV 之间存在着线性关系。因此接下来将使用 RM 作为线性回归模型的特征。

建模与优化

使用 RM 作为特征，建立线性回归模型并训练。使用 sklearn 库中的已定义的 LinearRegression 函数。

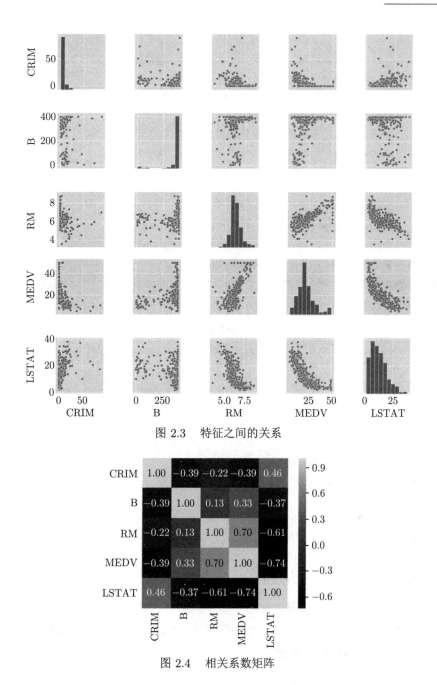

图 2.3　特征之间的关系

图 2.4　相关系数矩阵

```
In  [5]: X = df[['RM']].values
         y = df['MEDV'].values
         lr = LinearRegression()
         lr.fit(X, y)

Out [5]: LinearRegression(copy_X=True, fit_intercept=True, n_jobs=None,
         normalize=False)
```

```
In   [6]: plt.rcParams['font.sans-serif']=['SimHei'] #用来正常显示中文标签
          plt.rcParams['axes.unicode_minus']=False #用来正常显示负号
          plt.scatter(X, y, c='r', s=30, edgecolor='white',label='训练数据')
          plt.plot(X, lr.predict(X), c='g')
          plt.xlabel('平均房间数目[MEDV]')
          plt.ylabel('以1000美元为计价单位的房价[RM]')
          plt.title('波士顿房价预测', fontsize=20)
          plt.legend()
          plt.show()
          print('普通线性回归斜率:{}'.format(lr.coef_[0]))

Out  [6]: 普通线性回归斜率:9.10210898118031
```

其输出如图 2.5 所示。

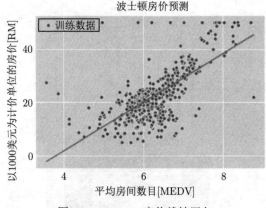

图 2.5　Boston 房价线性回归

2.4.2　逻辑回归——从疝气病症预测病马的死亡率

本小节使用逻辑回归来预测患有疝气病马的存活问题。该数据集[①] 一共包含 368 个样本和 28 个特征。但该数据集存在一个问题，数据集中有 30% 的值是缺失的。

读取数据并对数据进行预处理

```
In   [1]: import numpy as np
          def loadDataSet():
              #特征集合,      类别标签
              dataMat = []; labelMat=[]
              fr=open('testSet.txt')
              for line in fr.readlines():
                  lineArr=line.strip().split()
                  #每行前两个值为X1, X2,将X0的值设为1
```

① 该数据集来自 2010 年 1 月 11 日的 UCI 机器学习数据库（http://archive.ics.uci.edu/ml/dataset/Horse+Colic）。该数据最早由加拿大安大略省圭尔夫大学计算机系的 Mary McLeish 和 Matt Cecile 收集。

```
          dataMat.append([1.0,float(lineArr[0]),float(lineArr[1])])
          labelMat.append(int(lineArr[2]))
      return dataMat,labelMat
```

对 Sigmoid 函数进行优化

```
In  [2]: def sigmoid(inx):
             if inx>=0:
             #对sigmoid函数的优化，避免了出现极大的数据溢出
                 return 1.0/(1+np.exp(-inx))
             else:
                 return np.exp(inx)/(1+np.exp(inx))
                 #因为inx是一个numpy的矩阵要调用numpy.exp处理
```

逻辑回归梯度上升优化算法实现代码

```
In  [3]: def gradAscent(dataMatIn,classLabels):
             #dataMatIn是一个二维numpy数组，每一列代表不同特征
             dataMatrix=np.mat(dataMatIn)#由数组变为numpy矩阵
             #通过 transpose()函数将标签由行向量转置为列向量
             labelMat=np.mat(classLabels).transpose()
             #这里m=100,n=3
             m,n=np.shape(dataMatrix)
             #向目标移动的步长
             alpha=0.001
             #迭代次数
             maxCycles=500
             #代表权重初始值：（n行1列，值全为1）
             weights=np.ones((n,1))
             # print(weights)
             for k in range(maxCycles):
                 h=sigmoid(dataMatrix * weights)
                 error=(labelMat-h)
                 # print(error)
                 weights=weights+alpha * dataMatrix.transpose() * error
             return weights
```

随机梯度上升算法

```
In  [4]: def stocGradAscent0(dataMatrix, classLabels):
             m,n = np.shape(dataMatrix)
             alpha = 0.01
             weights = np.ones(n)     #初始化为全1
             for i in range(m):
```

```
           h = sigmoid(sum(dataMatrix[i]*weights))
           error = classLabels[i] - h
           weights = weights + alpha * error * dataMatrix[i]
     return weights
```

与梯度上升算法的代码相比，随机梯度上升算法与其非常相似，但有一些区别：第一，梯度上升算法中的变量 h 和误差 error 都是向量，而随机梯度上升算法中全是数值；第二，随机梯度上升算法没有矩阵转化的过程，所有变量的数据类型都是 Numpy 数组。

改进的随机梯度上升算法

```
In   [5]: def stocGradAscent1(dataMatrix, classLabels, numIter=150):
          m,n = np.shape(dataMatrix)
          weights = np.ones(n)    #初始化为全1
          for j in range(numIter):
              dataIndex = list(range(m)) #range返回range对象，不返回数组对象
              for i in range(m):
                  alpha = 4/(1.0+j+i)+0.0001
                  #apha decreases with iteration, does not
                  randIndex = int(np.random.uniform(0,len(dataIndex)))
                  #go to 0 because of the constant
                  h = sigmoid(sum(dataMatrix[randIndex]*weights))
                  error = classLabels[randIndex] - h
                  weights = weights + alpha * error * dataMatrix[randIndex]
                  del(dataIndex[randIndex])
          return weights
```

测试算法：用逻辑回归进行分类

```
In   [6]: def classifyVector(inX, weights):
              prob = sigmoid(sum(inX*weights))
              if prob > 0.5: return 1.0
                  else: return 0.0  # 二分类


          def colicTest():
              frTrain = open('horseColicTraining.txt')
              frTest = open('horseColicTest.txt')
              trainingSet = []; trainingLabels = []
              for line in frTrain.readlines():
                  currLine = line.strip().split('\t')
                  lineArr =[]
                  for i in range(21):
                      lineArr.append(float(currLine[i]))
                  trainingSet.append(lineArr)
                  trainingLabels.append(float(currLine[21]))
```

```
            trainWeights = stocGradAscent1(np.array(trainingSet),
                        trainingLabels, 1000)
        errorCount = 0; numTestVec = 0.0
        for line in frTest.readlines():
            numTestVec += 1.0
            currLine = line.strip().split('\t')
            lineArr =[]
            for i in range(21):
                lineArr.append(float(currLine[i]))
            if int(classifyVector(np.array(lineArr), trainWeights))!=
                int(currLine[21]):
                errorCount += 1
        errorRate = (float(errorCount)/numTestVec)
        print ("the error rate of this test is: %f" % errorRate)
        return errorRate

def multiTest():
    numTests = 10; errorSum=0.0
    for k in range(numTests):
        errorSum += colicTest()
    print("after %d iterations the average error rate is: %f" %
            (numTests, errorSum/float(numTests)))
```

```
In  [7]: multiTest()
Out [7]: the error rate of this test is: 0.417910
         the error rate of this test is: 0.417910
         the error rate of this test is: 0.343284
         the error rate of this test is: 0.328358
         the error rate of this test is: 0.343284
         the error rate of this test is: 0.298507
         the error rate of this test is: 0.358209
         the error rate of this test is: 0.402985
         the error rate of this test is: 0.298507
         the error rate of this test is: 0.283582
         after 10 iterations the average error rate is: 0.349254
```

从上面的结果可以看到,10 次迭代后的平均错误率约 35%。由于该数据集有一定的数据缺失,所以结果并不理想。但是,如果调整 colicTest() 中的迭代次数以及 stocGradAscent1() 中的步长,则可以有效降低错误率。

2.5 习题

(1) 分析一下在什么情形下式 (2.9) 中不必考虑偏置项 b。

34　机器学习导论与实践

（2）证明，对于参数 w，回归的目标函数 (2.17) 是非凸的，但其对数似然函数 (2.24) 是凸的。

（3）选择两个 UCI 数据集，比较 10 折交叉验证法和留一法所估计出的逻辑回归的错误率。(UCI 数据集见 http://archive.ics.uci.edu/ml/)

（4）编程实现逻辑回归，并给出表 2.1 西瓜数据集 3.0α 上的结果。

表 2.1　西瓜数据集 3.0α：数据来源于周志华——《机器学习》

编号	密度	含糖率	好瓜
1	0.774	0.376	是
2	0.697	0.460	是
3	0.634	0.264	是
4	0.608	0.318	是
5	0.556	0.215	是
6	0.403	0.237	是
7	0.481	0.149	是
8	0.437	0.211	是
9	0.666	0.091	否
10	0.243	0.267	否
11	0.245	0.057	否
12	0.343	0.099	否
13	0.639	0.161	否
14	0.657	0.198	否
15	0.360	0.370	否
16	0.593	0.042	否
17	0.719	0.103	否

（5）编程实现线性回归，并给出西瓜数据集 3.0α(表 2.1) 上的结果。

第 ◆3◆ 章

朴素贝叶斯

在前面我们所要求的分类器都是可以给出"该数据样本点具体属于哪一类",但分类器有时会产生错误结果,这时通常情况下是令分类器给出一个最优类别的预测结果以及给出该预测的概率估计值。

概率是许多机器学习算法的基础,朴素贝叶斯(Naive Bayes)法是基于贝叶斯定理与特征条件独立假设的分类方法。对于给定训练集,首先基于特征条件独立假设学习输入输出的联合概率分布;然后基于此模型,对给定输入 x,利用贝叶斯定理求出后验概率最大的输出 y。

朴素贝叶斯很直观,计算量也不大,学习和预测的效率都很高,在很多领域中有着广泛的应用,是一种常用的算法。

本章将从以下几个部分来对朴素贝叶斯法进行介绍,包括朴素贝叶斯相关统计学知识、朴素贝叶斯法的学习与分类,最后将会给出一个关于朴素贝叶斯法的应用实例来进行实际操作。

3.1 朴素贝叶斯相关统计学知识

在了解朴素贝叶斯算法之前,需要对其运用到的一些统计学知识做一个回顾总结。

在贝叶斯学派出现之前甚至是出现往后的一百年时间里,主流还是频率学派。频率学派认为事物冥冥之中服从一个分布,虽然这个分布的参数是未知的,但它是固定的(从上帝视角出发)。而贝叶斯学派则认为世界是不确定的,人们首先对世界有一个预判,然后通过观察一定的数据对先前的预判进行调整,其目标是要找到最优的描述这个世界的概率分布。因此在频率学派看来,参数空间的每个值都有可能是真实模型所使用的值,区别只是概率不同,因此他们才会引入先验分布和后验分布这样的概念来设法找出参数空间上的每个值的概率。

贝叶斯学派的思想可以简要概述为：先验概率 + 一定的数据 = 后验概率。也就是说，在日常生活中很多应用都是基于后验概率来给出最终的决策。

在了解朴素贝叶斯之前，先补充一些基本统计学知识：

1. 条件概率

条件概率指的是事件 A 在事件 B 已经发生了的情况下发生的概率：

$$P(A|B) = \frac{P(AB)}{P(B)} \tag{3.1}$$

$$P(B|A) = \frac{P(AB)}{P(A)} \tag{3.2}$$

2. 乘法公式

乘法公式可由上面的条件概率推得，有：

$$P(AB) = P(A|B)P(B) = P(B|A)P(A) \tag{3.3}$$

将上面的公式进行一个推广：设对于 $\forall n \geqslant 2$，当 $P(A_1 A_2 \cdots A_{n-1}) > 0$ 时，有

$$P(A_1 A_2 \cdots A_{n-1} A_n) = P(A_1)P(A_2|P_1)P(A_3|A_1 A_2) \cdots P(A_n|A_1 A_2 \cdots A_{n-1}) \tag{3.4}$$

3. 全概率公式

如果事件组 $B_1, B_2, \cdots$ 满足：

（1）$B_1, B_2, \cdots$ 两两互斥，即 $B_i \bigcap B_j = \phi, i \neq j, i, j = 1, 2, \cdots$，且 $P(B_i) > 0, i = 1, 2, \cdots$；

（2）$B_1 \bigcup B_2 \bigcup \cdots = \Omega$，则称事件组 $B_1, B_2, \cdots$ 是样本空间 Ω 的一个划分。

设 $B_1, B_2, \cdots$ 是样本空间 Ω 的一个划分，A 为任意一事件，则有：

$$P(A) = \sum_{i=1}^{\infty} P(A|B_i)P(B_i) \tag{3.5}$$

4. 乘法规则

$$P(A, B) = P(A|B)P(B) = P(B|A)P(A) \tag{3.6}$$

5. 加和规则

$$P(A) = \sum_B P(A, B) \tag{3.7}$$

6. 边缘化公式

边缘概率公式为：

$$P(A) = \int_B P(A, B) \mathrm{d}_B \tag{3.8}$$

在离散的情况下，积分变成求和：

$$P(A) = \sum_B P(A, B) \tag{3.9}$$

有了上面概率知识的补充，再来看一下贝叶斯定理。贝叶斯定理是通过对观测值概率分布的主观判断（即先验概率）进行修正的定理。根据式 (3.3) 可以得到贝叶斯公式：

$$P(B|A) = \frac{P(B)P(A|B)}{P(A)} \tag{3.10}$$

前面说到贝叶斯学派的决策是基于后验概率。在此说明一下先验概率和后验概率的区别。先验概率，是根据以往经验分析得到的概率，通俗点说就是根据统计和规律得出的概率。后验概率，也就是根据结果推断原因，比如从 A, B, C 三个盒子中随机拿取一个小球，求这个小球来自于 B 盒的概率，这个概率便可以通过贝叶斯公式得到。$P(B|A)$ 指的便是后验概率，$P(B)$ 指的是先验概率，$\dfrac{P(A|B)}{P(A)}$ 指的是调整因子。贝叶斯公式的最大优点就是可以忽略 $P(AB)$ 的联合概率直接求其概率分布。

3.2 朴素贝叶斯法的学习与分类

3.2.1 基本方法

设输入空间 $\chi \subseteq R^n$ 为 n 维向量的集合，输出空间为标签集合 $\gamma = \{c_1, c_2, \cdots, c_K\}$，输入为特征向量 $x \in \chi$，输出为标记 $y \in \gamma$。X, Y 分别是定义在输入空间 χ 上的随机向量和定义在输出空间 γ 上的随机变量。$P(X, Y)$ 是 X 和 Y 的联合概率分布。训练集：

$$D = \{(x_1, y_1), (x_2, y_2), \cdots, (x_N, y_N)\}$$

由 $P(X, Y)$ 独立同分布产生。

朴素贝叶斯中的"朴素"指的就是所有变量之间都是相互独立的，假设各个属性之间是相互独立的，各个特征属性都是条件独立的[19]。朴素贝叶斯通过训练集学习联合概率分布 $P(X, Y)$。首先学习先验概率分布和条件概率分布。先验概率分布有：

$$P(Y = c_k), \quad k = 1, 2, \cdots, K \tag{3.11}$$

条件概率分布有：

$$P(X = x|Y = c_k) = P(X^{(1)} = x^{(1)}, \cdots, X^{(n)} = x^{(n)}|Y = c_k), \quad k = 1, 2, \cdots, K \tag{3.12}$$

假设 $x^{(j)}$ 的取值有 T_j 个，$j = 1, 2, \cdots, n$，Y 可取的值有 K 个，那么参数的个数有 $K \prod\limits_{j=1}^{n} T_j$。因为朴素贝叶斯对属性特征做了独立性假设，也正是由于这一独立性假设，朴素贝叶斯法由此得名。该条件独立性假设具体可表示为：

$$P(X = x|Y = c_k) = P(X^{(1)} = x^{(1)}, \cdots, X^{(n)} = x^{(n)}|Y = c_k)$$
$$= \prod_{j=1}^{n} P(X^{(j)} = x^{(j)}|Y = c_k) \tag{3.13}$$

朴素贝叶斯法分类时，对给定的输入 x，用学习到的模型计算后验概率分布 $P(Y = c_k|X = x)$，将后验概率最大的类别作为 x 的类别输出。后验概率的计算根据贝叶斯公式 (3.10) 有：

$$P(Y = c_k|X = x) = \frac{P(Y = c_k)P(X = x|Y = c_k)}{P(X = x)}$$
$$= \frac{P(Y = c_k)P(X = x|Y = c_k)}{\sum_k P(X = x|Y = c_k)P(Y = c_k)} \quad (3.14)$$

将公式 (3.13) 代入 (3.14) 中有：

$$P(Y = c_k|X = x) = \frac{P(Y = c_k)\prod_{j=1} P(X^{(j)} = x^{(j)}|Y = c_k)}{\sum_k P(Y = c_k)\prod_{j=1} P(X^{(j)} = x^{(j)}|Y = c_k)}, \quad k = 1, 2, \cdots, K \quad (3.15)$$

公式 (3.15) 是朴素贝叶斯公式的基本公式。于是，最后可以得到朴素贝叶斯分类器的表示：

$$y = f(x) = \arg\max_{c_k} \frac{P(Y = c_k)\prod_{j=1} P(X^{(j)} = x^{(j)}|Y = c_k)}{\sum_k P(Y = c_k)\prod_{j=1} P(X^{(j)} = x^{(j)}|Y = c_k)} \quad (3.16)$$

注意到，在公式 (3.16) 中分母对所有 c_k 都是相同的，有：

$$y = f(x) = \arg\max_{c_k} P(Y = c_k)\prod_{j=1} P(X^{(j)} = x^{(j)}|Y = c_k) \quad (3.17)$$

3.2.2　后验概率最大化的含义

朴素贝叶斯法最终将把样本实例划分到后验概率最大的类别中，等效于期望风险最小化。假设选择 0-1 损失函数：

$$L(Y, f(X)) = \begin{cases} 1, & Y \neq f(X) \\ 0, & Y = f(X) \end{cases} \quad (3.18)$$

在这种情况下，期望风险函数为：

$$E(f) = E[L(Y, f(X))] \quad (3.19)$$

期望是对联合概率分布 $P(X, Y)$ 取的。由此该条件期望为：

$$E(f) = E_X \sum_{k=1}^{K} [L(c_k, f(X))] P(c_k|X) \quad (3.20)$$

然后对 $X = x$ 逐个极小化有：

$$f(x) = \arg\min_{y \in \gamma} \sum_{k=1}^{K} L(c_k, y) P(c_k | X = x)$$

$$= \arg\min_{y \in \gamma} \sum_{k=1}^{K} P(y \neq c_k | X = x)$$

$$= \arg\min_{y \in \gamma} \sum_{k=1}^{K} (1 - P(y = c_k | X = x)) \qquad (3.21)$$

$$= \arg\max_{y \in \gamma} \sum_{k=1}^{K} P(y = c_k | X = x)$$

这样一来，根据期望风险最小化准则就得到了后验概率最大化准则：

$$f(x) = \arg\max_{c_k} \sum_{k=1}^{K} P(c_k | X = x) \qquad (3.22)$$

即朴素贝叶斯所采用的原理。

3.2.3　朴素贝叶斯分类基本流程

（1）设 $x = \{a_1, a_2, \cdots, a_d\}$，每个 a_i 为样本 x 的一个特征属性，类别集合为 $C = \{c_1, c_2, \cdots, c_K\}$；

（2）分别利用朴素贝叶斯公式计算 $P(c_1|x), P(c_2|x), \cdots, P(c_K|x)$

　　① 计算得到在各个类别各个特征属性的条件概率，即：

$$P(a_1|c_1), P(a_2|c_1), \cdots, P(a_d|c_1); P(a_1|c_2), P(a_2|c_2), \cdots,$$

$$P(a_d|c_2); \cdots; P(a_1|c_K), P(a_2|c_K), \cdots, P(a_d|c_K)$$

　　② 由于假设各个特征属性是条件独立的，根据贝叶斯定理有：

$$P(c_i|x) = \frac{P(x|c_i)P(c_i)}{P(x)}$$

由于分母对于所有类别均为常数不变，因此只要将分子最大化即可。又因为各属性独立，所以有

$$P(c_i)P(x|c_i) = P(c_i)P(a_1|c_i)P(a_2|c_i), \cdots, P(a_d|c_i) = P(c_i)\prod_{j=1}^{d} P(a_j|c_i)$$

接下来利用一个简单实例重新梳理一下朴素贝叶斯法的学习与分类。

例 3.1 给定数据如表 3.1 所示:

表 3.1 男生信息表

帅否	性格好坏	身高	是否努力	嫁否
帅	不好	高	不努力	不嫁
不帅	好	矮	努力	不嫁
帅	好	矮	努力	嫁
不帅	好	高	努力	嫁
帅	不好	矮	努力	不嫁
不帅	不好	高	不努力	不嫁
帅	好	高	不努力	嫁
不帅	不好	高	努力	嫁

现在的问题是,如果一对男女朋友,男生想求婚女生,该男生的四个特点分别是:不帅、性格不好、矮,不努力,判断一下该女生会不会嫁给这个男生?

分析:上述问题可以转化成一个分类问题,然后将这个分类问题转化成数学问题,比较 P(嫁 |(不帅、性格不好、矮、不努力)) 与 P(不嫁 |(不帅、性格不好、矮、不努力)) 的概率,根据概率大的情况做出对应的嫁与否的决策。根据朴素贝叶斯公式:

$$P(嫁|(不帅、性格不好、矮、不努力)) = \frac{P(嫁)P(不帅、性格不好、矮、不努力|嫁)}{P(不帅、性格不好、矮、不努力)}$$

$$(1)$$

其中:

$$P(不帅、性格不好、矮、不努力|嫁) = P(不帅|嫁)P(性格不好|嫁)P(矮|嫁)P(不努力|嫁)$$

$$(2)$$

将上面式(2)代入(1)中整理有

$$P(嫁|(不帅、性格不好、矮、不努力))$$

$$= \frac{P(嫁)P(不帅|嫁)P(性格不好|嫁)P(矮|嫁)P(不努力|嫁)}{P(不帅)P(性格不好)P(矮)P(不努力)}$$

分别求得分子分母如下:

$$P(嫁) = \frac{4}{8}$$

$$P(不帅|嫁) = \frac{2}{4}$$

$$P(性格不好|嫁) = \frac{1}{4}$$

$$P(矮|嫁) = \frac{1}{4}$$

$$P(不努力|嫁) = \frac{1}{4}$$

$$P(不帅)P(性格不好)P(矮)P(不努力) = \frac{4}{8} \times \frac{4}{8} \times \frac{3}{8} \times \frac{3}{8}$$

将求得的分子分母代入上述完整的公式中可以得到：

$$P(嫁|(不帅、性格不好、矮、不努力))$$

$$= \frac{P(嫁)P(不帅|嫁)P(性格不好|嫁)P(矮|嫁)P(不努力|嫁)}{P(不帅)P(性格不好)P(矮)P(不努力)}$$

$$= \frac{4/8 \times 2/4 \times 1/4 \times 1/4 \times 1/4}{4/8 \times 4/8 \times 3/8 \times 3/8}$$

同理可以求得：

$$P(不嫁|(不帅、性格不好、矮、不努力))$$

$$= \frac{P(不嫁)P(不帅、性格不好、矮、不努力|不嫁)}{P(不帅、性格不好、矮、不努力)}$$

$$= \frac{P(不嫁)P(不帅|不嫁)P(性格不好|不嫁)P(矮|不嫁)P(不努力|不嫁)}{P(不帅)P(性格不好)P(矮)P(不努力)}$$

$$= \frac{4/8 \times 2/4 \times 3/4 \times 2/4 \times 2/4}{4/8 \times 4/8 \times 3/8 \times 3/8}$$

显然有：

$$(4/8 \times 2/4 \times 1/4 \times 1/4 \times 1/4) < (4/8 \times 2/4 \times 3/4 \times 2/4 \times 2/4)$$

所以有：

$$P(不嫁|(不帅、性格不好、矮、不努力)) > P(嫁|(不帅、性格不好、矮、不努力))$$

所以根据朴素贝叶斯算法可以做出判断，该女生不会嫁给这个男生。

3.3 极大似然估计

在介绍极大似然估计之前，先来看看贝叶斯分类，经典的贝叶斯公式：

$$P(w|x) = \frac{p(x|w)p(w)}{p(x)} \tag{3.23}$$

其中 $p(w)$ 表示每种类别发生的先验概率，$p(x|w)$ 表示类条件概率，是在某种类别前提下事件 x 发生的概率；$p(w|x)$ 表示后验概率，有了后验概率便可以对样本 x 进行分类，选择能够使得后验概率最大的类别为事件 x 的类别。通俗地说，后验概率就是指某事件发生了，该事件属于某一类别的概率是多少。

　　然而在实际问题中并不总是这么幸运的，因为我们所能够获取的样本是有限的，而先验概率 $p(w_i)$ 和类条件概率 $p(x|w_i)$ 又都是未知的。因此根据仅有的数据样本来分类时，难免遭遇到了一些不可避免的难点。其中一种可行的办法就是对先验概率和类条件概率进行估计，然后再套用贝叶斯分类器。先验概率的估计相对来说较为简单，可以依靠经验使用训练样本中各类出现的频率来估计先验概率。而对于类条件概率的估计就有一定的难度，因为概率密度函数包含了一个随机变量的全部信息、训练样本数据不足以及特征向量 x 的维度可能很大，从而造成了要想直接估计类条件概率密度的困难。一个常用的解决方法便是将估计完全未知的概率密度 $p(x|w_i)$ 转化为估计参数，由此概率密度估计问题转化为了参数估计问题[20]，而其中参数估计的一种典型代表方法便是最大似然估计[21]。

　　参数估计问题是实际问题求解过程中的一种简化方法，要想使用极大似然估计方法训练的数据样本还必须满足一些前提假设。该前提假设为：**训练样本的分布能够代表样本的真实分布，且每个训练样本集中的样本都是符合独立同分布的随机向量，且有充分的训练样本。**

　　首先通俗解释一下极大似然估计，"最像、最可能"就是"极大似然"之意，把这种想法称为"最大似然原理"。总结起来，极大似然估计的目的就是：利用已知的样本结果，反推最大概率导致这种结果的参数值。极大似然原理：极大似然估计是建立在极大似然原理基础上的一个统计方法。极大似然估计为给定数据来估计模型参数提供了一种方法，即"模型已定、参数未知"。通过多次实验观察其结果，**利用实验结果得到某个参数值能够使得样本出现的概率为最大概率**，即为极大似然估计。

　　由于训练集中的样本都是独立同分布，因此可以只考虑一类样本集 D，来估计模型参数向量 θ。记 $D = \{x_1, x_2, \cdots, x_n\}$ 为样本集 D。条件概率密度函数 $p(D|\theta)$ 称为相对于 $\{x_1, x_2, \cdots, x_n\}$ 的 θ 的似然函数。

$$l(\theta) = p(D|\theta) = p(x_1, x_2, \cdots, x_n|\theta) = \prod_{i=1}^{n} p(x_i|\theta) \tag{3.24}$$

　　如果 $\hat{\theta}$ 是参数空间中能够使得似然函数 $l(\theta)$ 最大的 θ 值，则 $\hat{\theta}$ 是最大可能的参数值，$\hat{\theta}$ 便是 θ 的极大似然估计量。它是样本集的函数，记作：

$$\hat{\theta} = \hat{\theta}(x_1, x_2, \cdots, x_n) = \hat{\theta}(D) \tag{3.25}$$

$\hat{\theta}(x_1, x_2, \cdots, x_n)$ 称为极大似然函数的估计值。

　　现在来对极大似然函数进行求解：

　　极大似然估计：求取能够使得样本集 D 出现的概率最大的 θ 值。

$$\hat{\theta} = \arg\max_{\theta} l(\theta) = \arg\max_{\theta} \prod_{i=1}^{n} p(x_i|\theta) \tag{3.26}$$

　　实际中为了便于分析，定义了对数似然函数：

$$H(\theta) = \ln l(\theta) \tag{3.27}$$

$$\hat{\theta} = \arg\max_{\theta} H(\theta) = \arg\max_{\theta} \ln l(\theta) = \arg\max_{\theta} \sum_{i=1}^{n} \ln p(x_i|\theta) \tag{3.28}$$

对于未知参数的形式分为两种情况进行讨论。

（1）当未知参数 θ 为标量；在似然函数满足连续、可微的条件下，对似然函数进行求导并令其等于 0，极大似然估计量便是下面微分方程的解：

$$\frac{\partial l(\theta)}{\partial \theta} = 0\text{或者等价于}\frac{\partial H(\theta)}{\partial \theta} = \frac{\partial \ln(\theta)}{\partial \theta} = 0 \tag{3.29}$$

（2）当未知参数 θ 为 s 维的向量；

$$\theta = [\theta_1, \theta_2, \cdots, \theta_s]^{\mathrm{T}} \tag{3.30}$$

记梯度算子：

$$\nabla_{\theta} = \left[\frac{\partial}{\partial \theta_1}, \frac{\partial}{\partial \theta_2}\right]^{\mathrm{T}} \tag{3.31}$$

若似然函数满足连续可导的条件，则最大似然估计量就是下面方程的解。

$$\nabla_{\theta} H(\theta) = \nabla_{\theta} \ln l(\theta) = \sum_{i=1}^{N} \nabla_{\theta} \ln P(x_i|\theta) = 0 \tag{3.32}$$

需要注意的是，以上方程的解只是一个估计值，当训练样本数足够多的时候，该估计值才会无限接近于真实值。

下面将举一个极大似然估计的例子来对极大似然估计整个过程进行一个具体实战。

例 3.2 设样本 x 服从正态分布 $x\sim N(\mu, \sigma^2)$，则似然函数为：

$$L(\mu, \sigma^2) = \prod_{i=1}^{n} \frac{1}{\sqrt{2\pi}\sigma} \mathrm{e}^{-\frac{(x_i-\mu)^2}{2\sigma^2}} = (2\pi\sigma^2)^{-\frac{n}{2}} \mathrm{e}^{-\frac{1}{2\sigma^2}\sum_{i=1}^{n}(x_i-\mu)^2}$$

对上式取对数：

$$\ln L(\mu, \theta^2) = -\frac{n}{2}\ln(2\pi) - \frac{n}{2}\ln(\sigma^2) - \frac{1}{2\sigma^2}\sum_{i=1}^{n}(x_i-\mu)^2$$

求导，得到方程组：

$$\begin{cases} \dfrac{\partial \ln L(\mu, \sigma^2)}{\partial \mu} = \dfrac{1}{\sigma^2}\sum_{i=1}^{n}(x_i-\mu) = 0 \\ \dfrac{\partial \ln L(\mu, \sigma^2)}{\partial \sigma^2} = -\dfrac{n}{2\sigma^2} + \dfrac{1}{2\sigma^4}\sum_{i=1}^{n}(x_i-\mu)^2 = 0 \end{cases}$$

求解得：

$$
\begin{cases}
\mu^* = \overline{x} = \dfrac{1}{n}\sum_{i=1}^{n} x_i \\
\sigma^{*2} = \dfrac{1}{n}\sum_{i=1}^{n}(x_i - \overline{x})^2
\end{cases}
$$

似然方程的唯一解为 (μ^*, σ^{*2})，μ 和 σ^2 的极大似然估计为 (μ^*, σ^{*2})。

朴素贝叶斯法的更多详细介绍可查阅文献 [17, 22]。朴素贝叶斯法中假设输入变量都是条件独立的。如果假设它们之间存在概率依存问题，模型就变成了贝叶斯网络，可参考文献 [3]。

3.4　应用实例——PC 评论分类

本节将使用朴素贝叶斯方法对三类 PC 品牌 Asus、Dell、Lenovo 的用户购买评论进行分类（好评、差评）。在使用朴素贝叶斯方法之前，已经使用爬虫技术获取到每个品牌 PC 的用户评价，每个品牌包括好评 100 条和差评 100 条。好评数据保存在 goodcomments 文件夹中，差评数据保存在 badcomments 文件夹中。为了对文档进行分词，需要导入 jieba 模块，并创建一个停用词文件。分词指的是将汉字序列切分成一个一个单独的词。

1. 准备数据：使用 jieba 分词来预处理评论数据

```
In[1]:   import numpy as np
         import os
         import random
         import jieba


         stopwords_path = 'stopwords.txt'
          # 读取停用词
         def read_stopword():
             stop_words = [line.strip() for line in open(stopwords_path, 'r',
     encoding='utf-8').readlines()]
             return stop_words

In[2]:   # 去停用词
         def remove_stopword(stopwords, words):
             temp_word = []
             for word in words:
                 if word not in stopwords:
                     temp_word .append(word)
             return temp_word

In[3]:   # 读取文本并用jieba分词切分
```

```
def text_split(stopwords, filepath):
    words = [line.strip('\n') for line in open(filepath, 'r', encoding
='utf-8').readlines()]
    # 分词
    words = jieba.cut(words[0])
    # 去停用词
    words = remove_stopword(stopwords, words)
    return words
```

jieba 库是一款优秀的 Python 第三方中文分词库，jieba 支持三种分词模式：精确模式、全模式和搜索引擎模式。未指定分词模式时默认为精确模式：即试图将语句进行最精确的切分，不存在冗余分析，适合做文本分析。通过上面三个函数可以对杂乱冗余的评论进行一个分词预处理。接下来就可以利用已经分好词的评论，从文本中创建词向量。

2. 准备数据：从文本构建词向量

```
In[4]:  # 创建一个在所有已分好词的评论中出现的不重复词汇表
        def createVocabList(dataSet):
            vocabset = set([])
            for document in dataSet:
                vocabset = vocabset | set(document) # 求并集
            return list(vocabset)
```

```
In[5]:  # 词袋模型，将某条评论根据前面创建的词汇表，转换为评论向量
        def bagOfWords2VecMN(vocabList, inputSet):
        returnVec = [0]*len(vocabList)
        for word in inputSet:
            if word in vocabList:
                returnVec[vocabList.index(word)] += 1
        return returnVec
```

词袋模型允许每个词可以出现多次。bagOfWordsVecMN() 函数的输入为词汇表以及某条评论，输出的是评论向量。

3. 训练算法：从词向量计算概率

```
In[6]:  def train(trainMatrix, trainCategory):
            # 文档总量
            numTrainDocs = len(trainMatrix)
            # 文档中的所有出现的单词（不重复）
            numWords = len(trainMatrix[0])
            # 差评概率
            p_badcoments = sum(trainCategory)/float(numTrainDocs)
```

```
# 初始化好评和差评数组向量
p0Num = np.ones(numWords);p1Num = np.ones(numWords)
p0Denom = 2.0
p1Denom = 2.0

for i in range(numTrainDocs):
    if trainCategory[i] == 1:
        # 统计好评数量
        p1Num += trainMatrix[i]
        p1Denom += sum(trainMatrix[i])
    else:
        # 统计差评数量
        p0Num += trainMatrix[i]
        p0Denom += sum(trainMatrix[i])
p1Vect = np.log(p1Num/p1Denom)
p0vect = np.log(p0Num/p0Denom)
#p1Vect好评条件概率数组，p0Vect差评条件概率数组
return p0vect, p1Vect, p_badcoments
```

重写贝叶斯准则。$\boldsymbol{w}$ 表示一个由多个特征组成的向量，在这里特征的个数与词汇表中的词个数相同，c 表示类别。

$$p(c_i|\boldsymbol{w}) = \frac{p(\boldsymbol{w}|c_i)p(c_i)}{p(\boldsymbol{w})} \tag{3.33}$$

由于使用朴素贝叶斯假设，$\boldsymbol{w}$ 中的特征是相互独立的。于是计算 $p(\boldsymbol{w}|c_i)$ 与 $p(\boldsymbol{w})$ 有：

$$p(\boldsymbol{w}|c_i) = p(w_0,w_1,w_2,\cdots,w_N|c_i) = p(w_1|c_i)p(w_2|c_i)\cdots p(w_n|c_i) \tag{3.34}$$

$$p(\boldsymbol{w}) = p(w_1)p(w_2)\cdots p(w_n) \tag{3.35}$$

利用朴素贝叶斯分类器对评论进行分类时，需要计算多个概率的乘积以获得评论属于某个类别的概率，但若其中有一个概率值为 0，那么最后的乘积也将为 0。为了降低这种影响，需把所有词的出现次数初始化为 1，并将分母初始化为 2。另一个可能会遇到的问题是，由于太多太小的数相乘造成下溢出，在这里采用的方法是乘积取自然对数来避免下溢出。

该函数的伪代码如下：

计算每个类别的评论数目
对每篇评论训练文档：
　　对每个类别：
　　　　如果词条出现在评论文档中 → 增加该词条的计数
　　　　增加所有词条的计数值

对每个类别：
　　对每个词条：
　　　　将该词条的数目除以总词条数目得到条件概率
返回每个类别的条件概率

4. 朴素贝叶斯分类函数

```
In[7]:  def classify(vec2Classify, p0Vec, p1Vec, pClass1):
            # 计算p(w1|1)+p(w2|1)+...+p(wn|1) + logp(好评类词条占总词条数概率)
            p1 = sum(vec2Classify*p1Vec) + np.log(pClass1)
            # 计算p(w1|0)+p(w2|0)+...+p(wn|0) + logp(差评类词条占总词条数概率)
            p0 = sum(vec2Classify*p0Vec) + np.log(1.0-pClass1)
            if p1 > p0:
                # 好评类
                return 1
            else:
                # 差评类
                return 0
```

```
In[8]:  # 1为差评      0为好评
        def comment_test(stopwords):
            docList = []
            classList = []
            fullTjavascript:void(0);ext = []
            son_dir = ['lenovo', 'asus', 'dell']
            for i in range(3):
                for j in range(1, 101):
                    wordList = text_split(stopwords, os.path.join('goodcomments
    ', son_dir[i], str(j)+ '.txt'))
                    print(wordList)
                    docList.append(wordList)
                    # print(docList)
                    fullText.extend(wordList)
                    classList.append(1)
                    wordList = text_split(stopwords, os.path.join('badcomments
    ', son_dir[i], str(j)+ '.txt'))
                    print(wordList)
                    docList.append(wordList)
                    fullText.extend(wordList)
                    classList.append(0)
            vocabList = createVocabList(docList)
            trainingSet = list(range(600))
```

```
            testSet = []
            for i in range(100):
                randIndex = int(random.uniform(0, len(trainingSet)))
                testSet.append(trainingSet[randIndex])
                del (trainingSet[randIndex])
            trainMat = []
            trainClasses = []
            for docIndex in trainingSet:
                trainMat.append(bagOfWords2VecMN(vocabList, docList[docIndex]))
                trainClasses.append(classList[docIndex])
            p_badcomments, p_goodcomments, pbad = train(trainMat, trainClasses)
            errorCount = 0
            for docIndex in testSet:
                wordVector = bagOfWords2VecMN(vocabList, docList[docIndex])
                if classify(wordVector, p_badcomments, p_goodcomments, pbad) !=
                    classList[docIndex]:
                    errorCount += 1
            print('错误个数 %d, 测试集总数 %d' % (errorCount, len(testSet)))
            print('正确率: %.2f%%' % ((1 - float(errorCount) /
            len(testSet))*100))
```

5. 测试数据

```
In[9]:  if __name__ == '__main__':
            stopwords = read_stopword()
            comment_test(stopwords)
```

根据实验结果截图，最后可以得知该朴素贝叶斯分类器正确分类用户评论的正确率为：97%。如图 3.1 所示。

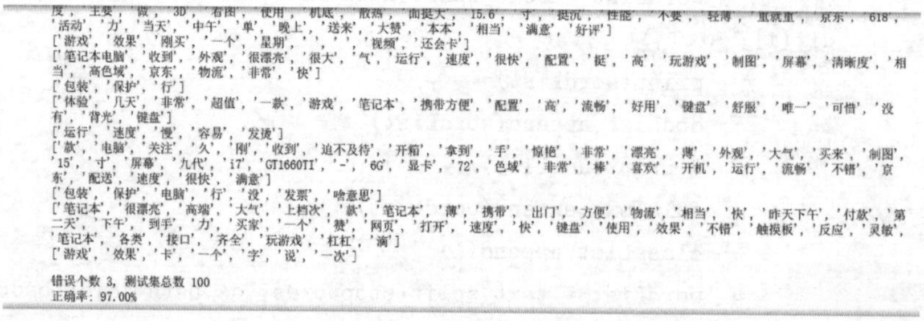

图 3.1　测试结果

3.5　习题

（1）小强和小爽两人各从 1, 2, ⋯, 15 中任取一个数字，现已知小强取到的数字是 5 的倍数，请问小强取到的数大于小爽取到的数的概率是多少？

a) $\dfrac{8}{14}$ b) $\dfrac{7}{14}$ c) $\dfrac{9}{14}$ d) $\dfrac{10}{14}$

（2）一批产品共 8 件，其中正品 6 件，次品 2 件。现不放回地从中取产品两次，每次一件，利用贝叶斯公式求第二次取得正品的概率。

a) $\dfrac{1}{2}$ b) $\dfrac{3}{4}$ c) 1   d) $\dfrac{3}{4}$

（3）编程实现朴素贝叶斯分类器，以所给的西瓜数据集为训练集（如表 3.2 所示）。并对测试样本（表 3.3）进行判别。

表 3.2   训练集样本：西瓜数据集

编号	颜色	声音	纹理	是否为好瓜
1	黄色	浑厚	模糊	否
2	绿色	清脆	清晰	是
3	绿色	清脆	清晰	是
4	绿色	浑厚	模糊	是
5	黄色	浑厚	模糊	是
6	绿色	清脆	清晰	否

表 3.3   测试样本

编号	颜色	声音	纹理	是否为好瓜
测 1	绿色	清脆	清晰	？

（4）编程实现拉普拉斯修正的朴素贝叶斯分类器，以所给的新西瓜数据集为训练集（表 3.4），并对测试样本（表 3.3）进行判别。

分析：对表 3.4 中的数据应用朴素贝叶斯分类，会发现当某个属性值在训练集中没有与某类同时出现过，对其进行概率估计，最后在进行计算时便会出现问题。对于表 3.4 中的数据，在不是好瓜的数据中没有一条数据中纹理是模糊的，也就是说 $p(模糊|否) = 0$，不做任何处理将其代入朴素贝叶斯概率公式中，那么在预测时只要预测数据中的纹理的值是模糊，模型预测出不是好瓜的概率就一定为 0。这个预测方式显然是不合理的，所以进行平滑处理，而最常用的方法就是**拉普拉斯平滑**。

表 3.4   新训练集样本：西瓜数据集

编号	颜色	声音	纹理	是否为好瓜
1	黄色	浑厚	清晰	否
2	绿色	清脆	清晰	是
3	绿色	清脆	清晰	是
4	绿色	浑厚	模糊	是
5	黄色	浑厚	模糊	是
6	绿色	清脆	清晰	否

拉普拉斯平滑指的是，假设 N 表示训练数据集 D 总共的类别数，N_i 表示训练数据集中第 i 个属性总共有多少种取值。则训练过程中在算类别的先验概率时分子加 1，分母加 N，算条件概率时分子加 1，分母加 N_i。

$$\hat{P}(c) = \frac{|D_c| + 1}{|D| + N} \tag{3.36}$$

其中 D_c 表示训练集 D 中第 c 类样本组成的集合。

$$\hat{P}(x_i|c) = \frac{|D_{c,x_i}| + 1}{|D_c| + N_i} \tag{3.37}$$

其中 D_{c,x_i} 表示 D_c 中在第 i 个属性上取值为 x_i 的样本组成的集合。

第 4 章

k-近邻算法

本章以一个十分经典的数据集 Iris（鸢尾花）为例讲解 k-近邻算法（k-Nearest Neighbor，kNN），最后也将给出一个关于鸢尾花分类的实例应用。众所周知，鸢尾花可以根据品种进行分类，然而品种本身是如何定义的？以什么为标准来判断某朵鸢尾花属于哪个品种，即同一品种的花具有哪些公共特征？这些问题都是后续对鸢尾花进行分类时所必须要考虑的一些问题。鸢尾花卉有三个品种——分别为 iris-setosa，iris-versicolour，iris-virginica。我们知道不同品种的鸢尾花其花萼长度、宽度，花瓣长度、宽度都不一样。那么 iris-setosa 具有哪些共有特征使得该品种的鸢尾花之间非常类似，而与 iris-versicolour 品种和 iris-virginica 品种的鸢尾花有着明显的差别呢？本章将基于这些问题展开 k-近邻算法的讲解。先介绍 k-近邻算法的基本概念，然后再学习如何在其他应用实例上应用 k-近邻算法。

k-近邻（kNN）算法由 Cover 与 Hart 提出[23]，是一种基本分类和回归方法[24]，这里 kNN 是一种非线性的分类方法，主要面对离散数据点，所以它不是一种普遍意义上的回归方法。kNN 算法是一种非常有效且易于掌握的算法。本章将首先探讨 k-近邻算法基本理论以及如何使用距离度量的方法来分类物品；其次将使用 Python 从文本文件中导入并解析数据；最后利用实际的例子讲解如何使用 kNN 算法进行鸢尾花分类。

4.1 k-近邻算法概述

kNN 算法的输入为样本的特征向量，对应于特征空间的样本点，kNN 算法采用测量不同特征值之间的距离的方法进行分类。对于新样本的到来，根据其 k 个最近邻的训练样本的类别，通过多数投票的方式对新样本的类别进行预测。k 值的选择、特征距离的度量以及分类决策标准是 kNN 算法的三个基本要素。

kNN 算法的工作原理：给定具有相应真实标记（Label）的训练集，对于新样本的输入，将新样本的每个特征与训练集中样本对应的特征使用距离测量分析进行度量，从而找出训练集中与该新样本最邻近的 k 个样本实例，这 k 个最邻近样本中多数属于的类别即为新样本的类别，这也是 kNN 算法中 k 的出处。

kNN 算法的精髓可以形象地归结为：近朱者赤近墨者黑。

4.2 kNN 算法主要步骤

kNN 算法主要步骤：

（1）算距离：对输入的新样本，计算它与训练集中各个样本之间的距离；

（2）找 k 个邻居：选定距离新样本最近的 k 个训练样本，作为新样本的近邻；

（3）做分类决策：根据选定的 k 个近邻做多数投票表决，确定新样本所属类别。

4.2.1 距离度量

特征空间中两个实例点的距离表示了两个实例点相似的程度。在 kNN 算法中，计算新样本与训练集中各样本之间的距离一般使用的是欧氏距离，（Euclidean Distance）但也可以使用其他方法进行度量，如 L_p 距离（L_p Distance）。设特征空间 χ 是 n 维实数向量空间 $\mathbb{R}^n$，$\boldsymbol{x}_i, \boldsymbol{x}_j \in \chi, \boldsymbol{x}_i = (x_i^{(1)}, x_i^{(2)}, \cdots, x_i^{(n)})^{\mathrm{T}}, \boldsymbol{x}_j = (x_j^{(1)}, x_j^{(2)}, \cdots, x_j^{(n)})^{\mathrm{T}}, \boldsymbol{x}_i, \boldsymbol{x}_j$ 的 L_p 距离定义为

$$L_p(\boldsymbol{x}_i, \boldsymbol{x}_j) = \left(\sum_{l=1}^{n} | x_i^{(l)} - x_j^{(l)} |^p \right)^{\frac{1}{p}} \tag{4.1}$$

这里 $p \geqslant 1$。当 $p = 2$ 时，便是在本节中用到的欧氏距离，即

$$L_2(\boldsymbol{x}_i, \boldsymbol{x}_j) = \sqrt{\sum_{l=1}^{n} | x_i^{(l)} - x_j^{(l)} |^2} \tag{4.2}$$

当 $p = 1$ 时，称为曼哈顿距离（Manhattan Distance），即

$$L_1(\boldsymbol{x}_i, \boldsymbol{x}_j) = \sum_{l=1}^{n} | x_i^{(l)} - x_j^{(l)} | \tag{4.3}$$

当 $p = \infty$ 时，它是各个坐标距离的最大值，即

$$L_\infty(\boldsymbol{x}_i, \boldsymbol{x}_j) = \max_l | x_i^{(l)} - x_j^{(l)} | \tag{4.4}$$

不同的距离度量[25] 所确定的最近邻点不同。本章采用欧氏距离度量方式。

4.2.2 k 值的选择

k 的不同会对 kNN 算法的结果产生重大的影响。

若选择较小的 k 值，就相当于选择用较少的邻接点对应的训练样本进行预测，"学习"的近似误差会减小，但造成只有与输入样本较近的训练样本才会对预测结果起显著作用的结果，缺点会使得"测试"的估计误差会增大，从而使得预测结果对其近邻的样本

点非常敏感。如果邻近的样本点是噪声，预测结果往往很容易出错。换句话说，k 值越小越容易使得整体模型变得复杂，更容易发生过拟合的现象。

如果选择较大的 k 值，就相当于选择较多的邻接点对应的训练样本进行预测，可以有效减小估计误差，缺点是会造成近似误差增大。这时便会造成与输入样本较远的训练样本也会对预测结果起作用，使预测结果出错。换句话说，k 值大会使模型变得简单。

在应用中，k 值一般取不超过 20 的一个比较小的数值，通常采用交叉验证法来选取最优的 k 值。

注：

近似误差：使估计值尽量接近真实值，该接近只是对训练样本而言。因此近似误差可理解为对现有训练集的训练误差，模型本身并不是最接近真实分布的模型。

估计误差：使估计系数尽量接近真实系数，但此时训练样本得到的估计值不一定是最接近真实值的估计值。因此估计误差可以理解为对测试集的测试误差。

k-折交叉验证法：将原始数据分为 k 个子集，将每个子集分别做一次验证集，其余 k-1 个子集的数据作为训练集，便得到 k 个模型。利用训练集训练分类器，利用验证集验证模型，最后用 k 个模型最终验证集的分类准确率的平均数作为 k-折交叉验证法下分类器的性能指标。

4.2.3　分类决策

kNN 算法中的分类决策通常是多数投票表决，即训练集中距离新输入样本最近的 k 个样本的多数类来决定新输入样本的类别。

多数投票表决：若分类的损失函数为 0-1 损失函数，分类函数为

$$f : \boldsymbol{R}^n \to c_1, c_2, \cdots, c_k \tag{4.5}$$

则误分类的概率是

$$P(Y \neq f(X)) = 1 - p(Y = f(X)) \tag{4.6}$$

对新输入样本 $x \in \chi$，其最近邻的 k 个训练样本构成集合 $N_k(x)$。如果涵盖 $N_k(x)$ 的区域的类别是 c_j，误分类率为

$$\frac{1}{k} \sum_{x_i \in N_k(x)} I(y_i \neq c_j) = 1 - \frac{1}{k} \sum_{x_i \in N_k(x)} I(y_i = c_j) \tag{4.7}$$

从式 (4.7) 可以看出，要想使得误分类率最小，便要使得 $\sum_{x_i \in N_k(x)} I(y_i = c_j)$ 最大，即多数投票表决的由来。

如果想对 k-近邻算法有更多的了解，可以阅读相关文献 [17,26] 中相关理论论述。k-近邻算法的进一步扩展可参考文献 [27]。有关 kd 树以及其他快速搜索算法可阅读文献 [28]。

4.3　应用实例——鸢尾花分类

4.3.1　项目背景

鸢尾花，单子叶植物纲，鸢尾科多年生草木植物，开的花大且美丽，观赏价值很高。Iris 数据集中包含了其中的三种：山鸢尾（Setosa），杂色鸢尾（Versicolour），维吉尼亚鸢尾（Virginica），Iris 数据集是经典分类实验数据集[①]，一共有 150 个数据。每个数据包含四个属性：花萼长度、花萼宽度、花瓣长度和花瓣宽度，可通过这四个属性来预测鸢尾花属于哪一类。

4.3.2　读取数据与数据可视化

数据为 data 文件，读取数据（可以查看后五行的数据），结果如图 4.1 所示：

```
In  [1]: import pandas as pd
         data = pd.read_csv('iris.data',names = ['花萼长度cm', '花萼宽度cm', \
                     '花瓣长度cm','花瓣宽度cm', 'species'])
         data.tail()
```

	花萼长度cm	花萼宽度cm	花瓣长度cm	花瓣宽度cm	species
145	6.7	3.0	5.2	2.3	Iris-virginica
146	6.3	2.5	5.0	1.9	Iris-virginica
147	6.5	3.0	5.2	2.0	Iris-virginica
148	6.2	3.4	5.4	2.3	Iris-virginica
149	5.9	3.0	5.1	1.8	Iris-virginica

图 4.1　鸢尾花数据集后 5 行数据展示

从后五行数据可知，该数据集具有 150 个数据，每个数据具有 4 个属性特征。接下来进行特征清洗，去掉种类标签中的'Iris-'字符并显示类别，结果如图 4.2 所示：

```
In  [2]: data['species'] = data.species.apply(lambda x: x.split('-')[1])
         data.species.unique()
         data.tail()
```

将鸢尾花数据集中的样本进行可视化，导入 seaborn 库。可视化展示不同品种鸢尾花数据集的不同属性特征之间的关系和相关性。使用 seaborn 库中的 pairplot() 函数可以一次性显示各品种鸢尾花不同特征之间的关系，如图 4.3 所示。

---

① 该数据集来自 UCI 机器学习数据库（http://archive.ics.uci.edu/ml/datasets/Iris）。该数据集最早由 Edgar Anderson 从加拿大加斯帕半岛上的鸢尾属花朵中提取的形态学变异数据，后由 FRS 作为判别分析的一个例子，运用到统计学中。

	花萼长度cm	花萼宽度cm	花瓣长度cm	花瓣宽度cm	species
145	6.7	3.0	5.2	2.3	virginica
146	6.3	2.5	5.0	1.9	virginica
147	6.5	3.0	5.2	2.0	virginica
148	6.2	3.4	5.4	2.3	virginica
149	5.9	3.0	5.1	1.8	virginica

图 4.2   经处理后鸢尾花数据集后 5 行数据展示

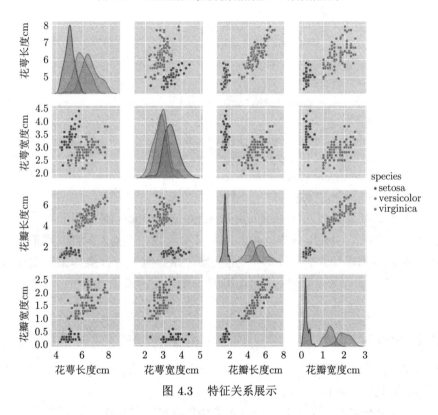

图 4.3   特征关系展示

```
In  [3]: sns.pairplot(data, hue = 'species')
        plt.savefig('pairplot.png')
        plt.show()
```

通过可视化结果，可以清楚地对比不同品种鸢尾花花萼长度与宽度的关系、鸢尾花花瓣长度和宽度的关系，鸢尾花花萼和花瓣的关系。以 setosa 品种的鸢尾花为例，可以从图中看出鸢尾花的花萼长度与其宽度有明显的线性关系，当然另外两种鸢尾花也存在一定的相关性，同样也可以按相同的方式来探讨花瓣属性间的关系以及花萼和花瓣之间的关系。

创建一个函数获取鸢尾花数据集：

```
In  [4]: import pandas as pd
        def loadData():
```

```
data = pd.read_csv('iris.data',names = ['花萼长度cm','花萼宽度cm',\
                    '花瓣长度cm','花瓣宽度cm','species'])
return data
```

4.3.3　划分数据集

将鸢尾花数据集分为测试集和训练集：

```
In  [5]: import numpy as np
         def irisDataSplit(data):
             #随机得到30个数，并将该30个数对应的数据作为测试集
             index = np.random.permutation(len(data))
             indices = index[0:30]
             #获取测试集
             testSet = data.take(indices)
             #获取训练集
             trainingSet = data.drop(indices)
             dataSet = [testSet, trainingSet]
             return dataSet
```

从上面代码中可以看到，使用 np.random.permutation() 函数可获取一个随机打乱的数组。在此强调一下 shuffle() 与 permutation() 函数的不同，虽然二者的作用都是随机打乱原数组的数据顺序，但 shuffle() 是直接在原数组上进行操作来改变原数组；而 permutation() 不是在原数组上进行操作，因此原数组不改变而是返回一个新的打乱顺序的数组。

4.3.4　kNN 算法

本小节将使用具体代码实现 kNN 算法，为每种鸢尾花分类。下面将给出 kNN 算法的伪代码和实际代码，其伪代码如下：

对未知类别属性的数据集中的每个样本点依次执行以下操作：

（1）计算已知类别数据集中的点与当前测试数据对象之间的距离；

（2）按照距离递增次序排序；

（3）选择与当前点距离最小的 k 个邻接点；

（4）确定前 k 个点所属类别的出现概率；

（5）返回前 k 个点出现频率最高的类别作为当前点的预测分类。

kNN 算法的实现：

```
In  [6]: import operator
         #KNN算法
         def kNN(trainingSet,testSet,trainingResults,k):
             #获取trainingSet的行数
             totalSize = trainingSet.shape[0]
```

```
#将测试数据变成和训练数据一样的矩阵
distance = np.tile(testSet,(totalSize,1)) - trainingSet
#计算距离
distance = distance ** 2
#sum()所有元素相加，sum(0)列相加，sum(1)行相加
distance = np.sqrt(distance.sum(axis = 1))
#按照距离递增次序排序并获得其下标位置
sortedIndices = distance.argsort()
labelCount = {}#存储每个label出现的次数
for i in range(k):
    vote = traininglabels[sortedIndices[i]]
    labelCount[vote] = labelCount.get(vote,0)+1
#投票法选择类别
sortedLabel = sorted(labelCount.items(),key =
                operator.itemgetter(1), reverse=True)
return sortedLabel[0][0]
```

kNN() 函数有 4 个输入参数，trainingSet 表示训练集，testSet 表示测试集，trainingResults 表示训练集的分类标签，最后的 k 表示选择最近邻居的数目，其中距离的计算使用的是欧氏距离。

4.3.5 如何测试分类器

在前面已经使用 kNN 算法构造了第一个分类器，同时也可以检验分类器预测出的结果是否符合我们的预期。但是有一个疑问："分类器何种情况下会出错？"，分类器并不会得到一个完全正确的结果，我们可以使用多种方法检测分类器的正确率。

为了测试分类器的效果，可以使用已知真实分类的测试数据来检验分类器给出的结果是否符合预期结果。通过大量的测试数据，便可以得到分类器的正确率——分类器预测正确的总数除以测试数据总数。完美分类器的正确率为 1，最差分类器的正确率为 0。

下面将使用代码来实现对分类器的测试。

```
In [6]: if __name__ == "__main__":
        iris = loadData()
        sets = irisDataSplit(iris)
        trainingSet = sets[1].drop(columns = ['species']).values
        traininglabels = sets[1]['species'].values
        #测试集
        testSets = sets[0].values
        #预测正确的次数
        accurate = 0
        for i in testSets:
            testSets = [i[0],i[1],i[2],i[3]]
            #因为数据集鸢尾花的特征属性有4个
```

```
                    ret = kNN(trainingSet,testSets,traininglabels,3)
                    if ret == i[4]:
                        accurate += 1
                accuracy = accurate / len(sets[0])
                print('预测的正确率为: ',accuracy)
Out [6]: 预测的正确率为: 0.9333333333333333
```

4.4 习题

（1）利用西瓜数据集 3.0α（表 4.1）编程实现 k 近邻分类器。

表 4.1　西瓜数据集 3.0α：数据来源于周志华——《机器学习》

编号	密度	含糖率	好瓜
1	0.774	0.376	是
2	0.697	0.460	是
3	0.634	0.264	是
4	0.608	0.318	是
5	0.556	0.215	是
6	0.403	0.237	是
7	0.481	0.149	是
8	0.437	0.211	是
9	0.666	0.091	否
10	0.243	0.267	否
11	0.245	0.057	否
12	0.343	0.099	否
13	0.639	0.161	否
14	0.657	0.198	否
15	0.360	0.370	否
16	0.593	0.042	否
17	0.719	0.103	否

（2）用自己的话来简述一下 kNN 算法的主要步骤。

（3）给定二维空间的 3 个点 $\boldsymbol{x}_1 = (1,1)^{\mathrm{T}}, \boldsymbol{x}_2 = (5,1)^{\mathrm{T}}, \boldsymbol{x}_3 = (4,4)^{\mathrm{T}}$，试求在 p 取不同值时，L_p 距离下 $\boldsymbol{x}_1$ 的最近邻点。

第 5 章

决 策 树

你是否玩过问题回答游戏？此类游戏的规则是：参与游戏的一方在脑海里想着某个事物，其他参与者只能向他提问来确定这一事物，问题的回答只能用对或错。提问的人只能通过回答者的答案逐步推断，不断缩小待猜测事物的范围。本章我们所要讨论的决策树（Decision Tree）的工作原理与这个游戏类似，用户输入一些问题数据，最终给出游戏答案。

决策树是一种基本的分类与回归方法。在数据挖掘中，决策树主要有两种类型——分类树和回归树。分类和回归树（CART）包含了上述两种决策树，最早由 Breiman 等人 [29] 提出。本章主要讨论用于分类的决策树，决策树顾名思义模型呈树形结构，在分类中为基于特征对样本进行分类的过程。如果你以前没有接触过决策树，也完全不用担心，其概念非常简单且易于理解。即使不知道它也可以通过通俗的图例来了解其工作原理。图5.1 流程图就是一个决策树，圆角矩形表示**判断模块**（根节点或者是内部节点），椭圆表示**终止模块**（叶节点），表示已经得出结果，可以终止运行判断。从判断模块引出的箭头表示**分支模块**，其可到达另一判断模块或者是终止模块。图 5.1 构造了一个用于确定一般肺炎疑似患者的分类系统，首先先检查是否咳嗽，如果咳嗽再检查是否发热，若发热再检查其是否呼吸困难，若呼吸困难，则将该患者分类为疑似肺炎患者人群。

前面一章所介绍的 k-近邻算法虽然在一定程度上也可以完成许多分类任务，但是 k-近邻算法最大的缺点就是无法体现数据的内在含义，而决策树能够弥补这一不足，决策树的主要优势在于其数据形式非常容易理解。决策树的决策过程可以认为是 if-then 规则的集合，也可以认为是基于样本特征对样本进行分类的过程。决策树学习时，利用训练数据根据损失函数最小化的原则来建立决策树模型。预测时，对新输入样本利用所学得的决策树模型进行分类决策。决策树的学习通常包括 3 个步骤：特征选择、决策树生成和决策树的修剪。

本章中会着重介绍决策树的基本概念、决策树学习基础算法，根据什么原则选择最优属性以及对决策树的剪枝处理，最后我们将通过一个具体应用实例来进一步熟悉和掌握决策树算法。决策树算法包括传统的 ID3 算法，改进后的 C4.5 算法以及 CART 剪枝算法。C4.5 和 CART 是目前最为流行的算法，但是为了让同学们更好地理解决策树，本章重点是使用 ID3 算法来演示具体应用实例。

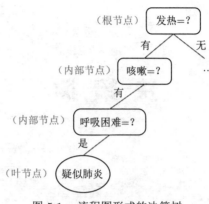

图 5.1   流程图形式的决策树

5.1   决策树的基本概念

5.1.1   定义

决策树是一种基本的分类与回归方法，是一种以树结构形式表达的预测分析模型。

5.1.2   决策树的构造

一颗决策树通常包含一个根节点、若干内部节点和若干叶节点。

（1）根节点：所有的训练样本；

（2）内部节点：对应某一个划分属性；

（3）叶节点：对应某一种决策结果。

5.2   决策树学习基础算法

决策树基础算法如下：

输入：

训练集 $D = (x_1, y_1), (x_2, y_2), \cdots, (x_m, y_m)$;

属性集 $A = \{a_1, a_2, \cdots, a_d\}$;

过程： 函数 TreeGenerate(D, A)

1.   生成节点 node;

2.   if D 中样本全属于同一类别 C;

将 node 标记为 C 叶节点；

递归返回；

end if

3. if $A = $ 空集或 D 中样本在 A 上取值相同：

将 node 标记为 D 中样本数（当前节点）最多的类（成为叶节点）；

递归返回；

end if

4. 从 A 中选择最优划分属性 a_*：

$a_* = \arg\max \text{Gain}(D, a)$[最大化信息增益，偏好可取值为数目较多的属性]

$a_* = \arg\max \text{Gain\_ratio}(D, a)$[最大化信息增益率，偏好可取值为数目较少的属性]

$a_* = \arg\min \text{Gini\_index}(D, a)$[最小化基尼指数]

5. for a_* 的每个值 a_*^v do

为 node 生成一个分支；令 D_v 表示 D 中在 a_* 上取值为 a_*^v 的样本子集

if D_v 为空：

将分支节点标记为 D 中样本数（父节点）最多的类（成为叶节点）；

递归返回；

else

以 $\text{TreeGenerate}(D_v, A\{a_*\})$ 为分支节点

end if

end for

输出：以 node 为根节点的一棵决策树

5.3 最优属性的选择

选取对训练数据具有分类能力的属性。好的属性特征在一定程度上可以有效提高决策树学习效率。通常选择一个具有很强分类能力的特征，如果选择的特征对样本进行分类时其分类结果与随机分类结果没有很大的差别，便称这个特征是没有分类能力的。经验上扔掉这类没有分类能力的属性对最后决策树的学习精度影响不大。通常采用**信息增益**和**信息增益比**准则来选择特征。

构建决策树时通常采取自上而下的方法，每一次都选择一个最优属性来对数据集进行划分[30]。"最优"的定义是使得子节点中的训练集尽量纯，即划分数据集最大的原则是：将无序的数据变得更加有序。方法是使用信息论度量，可以在划分数据之前或之后使用信息论量化度量信息的内容。

5.3.1 ID3——信息增益 (Gain)

在介绍信息增益前，需要先对熵和信息熵进行一下讲解，以便后续的理解。

在信息论和概率统计中，熵定义为信息的期望值，是表示随机变量不确定性的度量。在了解熵这个概念之前，首先必须知道信息的定义。如果待分类的事务可能划分在多个分类中，则 x_i 的信息定义为：

$$l(x_i) = -\log_2 p(x_i) \tag{5.1}$$

其中 $p(x_i)$ 指被分为该类的概率。因为熵定义为信息的期望值，因此计算熵需要计算所有类别中所有可能包含的信息期望值，通过下面公式可得到熵：

$$H = -\sum_{i=1}^{c} p(x_i) \log_2 p(x_i) \tag{5.2}$$

介绍完熵的定义，接下来了解一下信息熵，在信息论中，信息熵表示信息的不确定性。假定当前样本集合 D 中第 k 类样本所占比例为 $p_k (k = 1, 2, \cdots, K)$ 计算信息熵的数学公式为：

$$\text{Ent}(D) = -\sum_{k=1}^{K} \frac{|C_k|}{|D|} \log_2 \frac{|C_k|}{|D|} \tag{5.3}$$

$\text{Ent}(D)$ 表示数据集 D 的信息熵。计算信息熵时约定：若 $p = 0$，则 $p \log_2 p = 0$，当 $p_k = 1$ 时，取得最小值 $\text{Ent}(D) = 0$；当均分时，$p_k = 1/K$，取得最大值 $\text{Ent}(D) = \log_2 K$。从上面信息熵这个公式看来，它能够反映出信息的不确定性。当不确性越大，其包含的信息量也就越大，从而信息熵也就越高。从数据集看来，通俗解释就是信息熵越高，数据集的纯度越低。

在构建决策树时，便是基于纯度来构建。而经典检验"纯度"的指标通常有三种：分别是**信息增益（ID3 算法）、信息增益率（C4.5 算法）和基尼指数（CART 算法）**。信息增益是通过划分数据集带来纯度的提高、信息熵的下降，因此信息增益越大，属性越优先。

所以信息增益的公式可以表示为：

$$\text{Gain}(D, a) = \text{Ent}(D) - \sum_{v=1}^{V} \frac{|D^v|}{|D|} \text{Ent}(D^v) \tag{5.4}$$

其中 $\text{Gain}(D, a)$ 越大，信息增益越大，a 表示属性，v 表示属性 a 取值的个数，D^v 表示属性 a 取值为 a^v 的样本。a 属性划分获得"纯度提升"越大，属性越优先。

5.3.2　C4.5——信息增益率 (Gain_ratio)

以信息增益作为划分训练数据集的特征，存在偏向于选择取值较多的特征的问题。使用信息增益率 Gain_ratio 可以对这一问题进行校正。同时这也是特征选择的另一准则。信息增益率 Gain_ratio(D, a) 定义为其信息增益 $\text{Gain}(D, a)$ 与训练数据集 D 关于特征 a 的信息熵 $IV(a)$ 之比，即：

$$\text{Gain\_ratio}(D, a) = \frac{\text{Gain}(D, a)}{IV(a)} \tag{5.5}$$

$IV(a)$：称为 a 的"固定值"，属性 a 的可能取值数目越多（即 V 越大），则 $IV(a)$ 的值通常会越大，由于信息增益的偏好 $\text{Gain}(D,a)$ 会偏大，$IV(a)$ 的增大能减小偏好的误差。

$$IV(a) = -\sum_{v}^{V} \frac{|D^v|}{|D|} \log_2 \frac{|D^v|}{|D|} \tag{5.6}$$

v 表示属性 a 取值的个数。

5.3.3　CART——基尼指数 (Gini_index)

前面介绍了使用信息增益、信息增益率来选择最优属性，除了前两种方法，基尼指数也可以用来选择最优属性，同时也可以决定该属性的最优二值切分点。基尼值 $\text{Gini}(D,a)$ 反映了从数据集 D 中随机抽取两个样本，其类别标记不一致的概率，因此 $\text{Gini}(D,a)$ 越小，数据集 D 的纯度越高。

分类问题中，假设有 K 个类，样本点属于第 k 类的概率为 p_k，则概率分布的 $\text{Gini}(D,a)$ 值定义为

$$\text{Gini}(D,a) = \sum_{k=1}^{K} \sum_{k' \neq k} p_k p_{k'} = 1 - \sum_{k=1}^{|Y|} p_k^2 \tag{5.7}$$

$$\text{Gini\_index}(D,a) = \sum_{v=1}^{V} \frac{|D^v|}{|D|} \text{Gini}(D^v) \tag{5.8}$$

5.4　决策树的剪枝

定义：

（1）剪枝：基本策略有"预剪枝"和"后剪枝"；

（2）预剪枝：在决策树生成过程中，需对每个节点在划分前先进行估计，若当前节点的划分不能带来决策树泛化性能提升，则停止划分并将当前节点标记为叶节点。这种决策树的自顶向下[31]归纳剪枝是贪心算法的一种，也是目前最为常用的一种训练方法，但不是唯一方法；

（3）后剪枝：先从训练集生成一棵完整的决策树，然后自底向上地对非叶节点进行考察。

剪枝的优缺点

（1）优点：使决策树的很多分支没有展开，不仅降低了过拟合的风险，也显著减少了决策树的训练时间开销和测试时间开销；

（2）缺点：有些分支当前的划分虽然不能提升泛化性能，甚至可能导致下降，但在其基础上进行的后续划分却有可能导致性能显著提高；预剪枝基于"贪心"本质将这些分支展开，预剪枝决策带来了欠拟合的风险。

有关决策树学习方法的文献有很多，更多有关 ID3 算法的详细介绍可以参考文献 [31]，C4.5 算法的详细介绍可参考文献 [32]，CART 的进一步学习可以参考文献 [29,33]。更多关于决策树学习的一般性介绍可参考文献 [17,34,35]。

5.5 应用实例——性别决策

掌握了前面一些知识储备之后，接下来可通过一个实例来进一步了解决策树。思考一个简单的问题：如何只根据头发和声音特征来判断一位同学的性别。为了解决该问题，表5.1 给出了 7 个人的相关特征。

表 5.1 人物特征表

声音	头发	性别
细	长	女
细	短	女
粗	长	男
粗	短	男
粗	短	男
粗	短	女
粗	长	女
粗	长	女

对于这个性别判别简单实例，可产生以下两种决策过程，如图 5.2（a）、（b）所示。

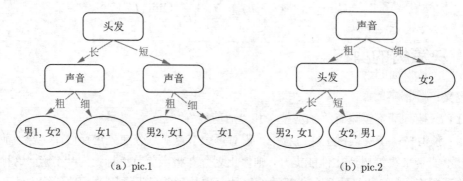

（a）pic.1　　　　　　　　　　　　　　　（b）pic.2

图 5.2 性别决策流程图

于是两棵直观的决策树就产生了。从（a）、（b）两棵决策树可以分别得到以下结论：

（a）头发长、声音细就是女生，头发长、声音粗就是男生；头发短、声音粗是男生，头发短、声音细便是女生。

（b）声音细是女生；声音粗、头发长是男生；声音粗、头发长是女生。

那么问题来了，这个决策过程属于人工决策，那么如何使用 ID3 算法来表示这个决策过程？（a）、（b）决策树哪个决策树更好些？使用计算机做决策树时，面对各种属性，该如何选择最优属性？

划分数据集的大原则是让无序的数据变得有序

利用前面所介绍的信息熵和信息增益来选择最优属性，计算过程如下：

（1）计算数据集 D（8 位同学）未分类前的信息熵：

$$\text{Ent}(D) = -\frac{3}{8}\log_2\frac{3}{8} - \frac{5}{8}\log_2\frac{5}{8} = 0.9544$$

（2）按照（a）、（b）两种决策过程分别计算对应分类后的信息增益：

① （a）过程先按头发分类，分类结果为：长头发中 1 男 3 女；短头发中 2 男 2 女。

$$\text{Gain}(D, \text{hair}) = \text{Ent}(D) - \sum_{v=1}^{V}\frac{|D^v|}{|D|}\text{Ent}(D^v)$$

$$= 0.9544 - \frac{4}{8}\left(-\frac{1}{4}\log_2\frac{1}{4} - \frac{3}{4}\log_2\frac{3}{4}\right) - \frac{4}{8}\left(-\frac{2}{4}\log_2\frac{2}{4} - \frac{2}{4}\log_2\frac{2}{4}\right)$$

$$= 0.9544 - 0.9057 = 0.0487$$

② （b）过程先按声音分类，分类结果为：声音粗中 3 男 3 女；声音细中 2 女 0 男。

$$\text{Gain}(D, \text{voice}) = \text{Ent}(D) - \sum_{v=1}^{V}\frac{|D^v|}{|D|}\text{Ent}(D^v)$$

$$= 0.9544 - \frac{6}{8}\left(-\frac{3}{6}\log_2\frac{3}{6} - \frac{3}{6}\log_2\frac{3}{6}\right) - \frac{2}{8}\left(-\frac{2}{2}\log_2\frac{2}{2}\right)$$

$$= 0.9544 - 0.75 = 0.2087$$

（3）从上面的计算过程看来，按照（b）过程，先按声音特征进行分类，信息增益更大，区分样本的能力更强，数据集变得更加有序。

5.6　Python 实现过程

前面是人工实现 ID3 算法最优属性选择的过程。接下来，使用 Python 代码来实现 ID3 算法最优属性的选择：

5.6.1　计算给定数据集的信息熵

```
In[1]:  from math import log
        import opertator
        # 第一步  创建数据集
        def creatDataSet():
            dataset = [['细','长','女'],
                       ['细','短','女'],
                       ['粗','长','男'],
                       ['粗','短','男'],
```

```
                                    ['粗','短','男'],
                                    ['粗','短','女'],
                                    ['粗','长','女'],
                                    ['粗','长','女']]
               features = ['声音','头发']
               return dataset,features
```

```
In[2]:   # 第二步 计算给定数据集的信息熵
         def calShannonEnt(dataset):
             num = len(dataset)
             feature_counts = {}
             for featVec in dataset:
                 current_label = featVec[-1]
                 if current_label not in feature_counts.keys():
                     feature_counts[current_label] = 0
                 feature_counts[current_label] += 1
             shannonEnt = 0.0
             for key in feature_counts:
                 prob = float(feature_counts[key])/num
                 shannonEnt -= prob * log(prob,2)
             return shannonEnt
```

利用上面代码得到信息熵之后，再按照获取信息增益的方法划分数据集。下面将具体学习如何度量信息增益来选择最优属性，以及根据选定属性来划分数据集。

5.6.2 数据集的划分

1. 计算信息增益并选择最优属性

```
In[4]:   # 第三步 选择最优属性
         def chooseBestFeatureToSplit(dataset):
             numFeatures = len(dataset[0]) - 1
             baseEnt = calShannonEnt(dataset)
             bestInfoGain = 0.0
             bestFeature = -1
             for i in range(numFeatures):
                 featList = [example[i] for example in dataset]
                 featSet = set(featList) # 例: featSet = [细, 粗]
                 newEnt = 0.0
                 retDataSet = []
             #遍历当前特征中所有唯一属性值，对每个唯一属性值划分一次数据集
                 for value in featSet:
                     subDataSet = splitDataSet(dataset,i,value) #划分数据集
                     prob = len(subDataSet) /  float(len(dataset))
```

```
                        newEnt += prob * calShannonEnt(subDataSet)
                        infoGain = baseEnt - newEnt
                        if infoGain > bestInfoGain:
                            bestInfoGain = infoGain
                            bestFeature = i
                    return bestFeature
```

函数 chooseBestFeatureToSplit() 实现选取特征，划分数据集，计算得到最好的划分数据集的特征。

2. 按照给定属性划分数据集

```
In[3]:  # 第四步 根据给定属性划分数据集，index表示给定属性下标，
        # value比表示给定属性的属性值
        def splitDataSet(dataset,index,value):#(dataset,0,细)
            for featVec in dataset:
                if featVec[index] == value:
                    reduceFeatVec = featVec[:index]
                    reduceFeatVec.extend(featVec[index+1:])
                    retDataSet.append(reduceFeatVec)
            return retDataSet
```

splitDataSet() 函数的三个输入参数分别是：待划分的数据集、划分数据集的特征以及需要返回的特征的值。为了不修改原始数据集，需要重新创建一个新的列表对象。数据集在这个列表中的各个元素也是列表，因此遍历数据集中的每个元素，一旦发现符合要求的值，就将符合要求的值添加到新创建的列表中。

5.6.3 递归构建决策树

1. 多数投票表决算法

```
In[5]:  # 第五步 定义叶子节点的所属类别，使用多数投票表决
        def majorityNote(classList):
            classCount = {}#字典对象classCount存储了每个类别标签出现的频率
            for vote in classList:
                if vote not in classCount.keys():
                    classCount[vote] = 0.0
                classCount[vote] += 1.0   #{女:人数，男:人数}
            sortedClassCount = sorted(classCount.items(),key = operator.\
            itemgetter(1), reverse = True)
          # classCount.iteritems()将classCount字典分解为元组列表，operator.
    itemgetter(1)
            # 按照第二个元素的次序对元组进行排序，reverse=True是逆序排列
```

```
                return sortedClassCount[0][0] #返回投票后的类别
```

2. 创建决策树

```
In[6]:   # 第六步 创建决策树
         def createTree(dataset,features):
             classList = [example[-1] for example in dataset] #类别：男或女
             #如果完全相同，结束划分
             if classList.count(classList[0]) == len(classList):
                 return classList[0]
             #属性为空返回出现次数最多的类别
             if len(dataset[0]) == 1:
                 return majorityNote(classList)
             #选取当前数据集选取的最优属性下标
             bestFeature = chooseBestFeatureToSplit(dataset)
             bestFeat = features[bestFeature]#获取对应下标的属性名
             tree={bestFeat:{}} #结果用字典形式保存
             del(features[bestFeature])
             #得到列表包含的所有属性值
             featVals = [example[bestFeature] for example in dataset]
             featSet = set(featVals)
             for value in featSet:
                 subFeat = features[:]
                 tree[bestFeat][value] = createTree(splitDataSet(dataset,\
                 bestFeature,value),  subFeat)
             return tree
```

createTree() 函数使用了两个输入参数：数据集和标签列表。递归函数的第一个结束条件是所有的类标签完全相同，则返回该类标签；递归函数结束的第二个条件是用完了所有的特征，仍然不能将数据集划分成仅包含唯一类别的分组。

3. 测试：输出决策树

```
In[7]:   if __name__ =="__main__":
             dataset,features = creatDataSet()
             tree = createTree(dataset,features) # 输出决策树模型结果
             print(tree)
Out[7]: {'声音': {'细': '女', '粗': {'头发': {'短': '男', '长': '女'}}}}
```

从上面代码的实际输出结果可以看出，以声音来划分数据集最有效。运行结果与前面手算结果一致。变量 tree 包含了代表树结构信息的嵌套字典，从左边开始，第一个关键"声音"是划分数据集的最优属性，该关键字的值也是一个字典。第二个关键字是"声音"属性划分的数据集，这些关键字的值是"声音"节点的子节点。这些值可能是类标签，也

可能是另一个字典。若是类标签，则该子节点为叶节点；若是字典，则该子节点为一个判断节点。整棵树的结构和信息以字典类型的变量来存储。

本节讲述了如何用字典来构造一棵树，下一节将介绍如何用 Matplotlib 库中的绘图工具来可视化决策树。

5.7 使用 Matplotlib 绘制决策树

5.7.1 Matplotlib 注解

```python
In[8]:  # 在Python中使用Matplotlib注解进行绘图
        # 使用文本注解绘制树节点
        import matplotlib.pyplot as plt
        # 第一步 定义文本框和箭头格式
        decision_node = dict(boxstyle = 'round', fc = '0.8')
        # boxstyle用于指定边框类型，fc用于设定边框背景灰度0-1:0.0为黑，1.0为白
        leaf_node = dict(boxstyle = 'round4',fc = '0.8')
        arrow = dict(arrowstyle = '<-')


        # nodeTxt用来记录节点文本信息，centerPt表示节点框的位置，
        # parentPt表示箭头的起始位置，nodeType表示节点的类型
        def plotNode(nodeTxt,centerPt,parentPt,nodeType):
            #xy表示终点坐标
            createPlot.ax1.annotate(nodeTxt, xy = parentPt, \
            xycoords = 'axes fraction',\
            xytext = centerPt,textcoords = 'axes fraction', \
            va ="center",ha ='center',\
            bbox = nodeType,arrowprops = arrow)
```

5.7.2 绘制决策树

1. 获取叶节点数目

```python
In[9]:  #递归获取叶子节点的数目
        def numLeafNode(tree):
            numLeaf = 0
            firstStr = list(tree.keys())[0]
            secondDict = tree[firstStr]
            for key in list(secondDict.keys()):
                #测试节点的数据类型是否为字典
                if type(secondDict[key]).__name__ == 'dict':
                    numLeaf += numLeafNode(secondDict[key])
                else:
```

```
                    numLeaf += 1
            return numLeaf
```

2. 获取树的深度

```
In[10]: # 获取树的层数
        def treeDepth(tree):
            maxdepth = 0
            firstStr = list(tree.keys())[0]
            secondDict = tree[firstStr]
            for key in list(secondDict.keys()):
                if type(secondDict[key]).__name__ == 'dict':
                    depth = 1 + treeDepth(secondDict[key])
                else:
                    depth = 1
                if depth > maxdepth:
                    maxdepth = depth
            return maxdepth
```

3. 绘制节点间的文本信息

```
In[11]: # 用来绘制线上的标注, 简单
        def plotMidText(cntrPt,parentPt,txtString):
            xMid = (parentPt[0]-cntrPt[0])/2.0 + cntrPt[0]
            yMid = (parentPt[1]-cntrPt[1])/2.0 + cntrPt[1]
            createPlot.ax1.text(xMid, yMid, txtString, va="center",
            ha="center", rotation=30)
```

4. 绘制节点树形图

```
In[12]: def plotTree(tree,parentPt,nodeTxt):
            numLeaf = numLeafNode(tree)
            depth = treeDepth(tree)
            firstStr = list(tree.keys())[0]        #节点文本信息
            cntrPt = (plotTree.xOff + (1.0 + float(numLeaf))/2.0/plotTree.W,
        plotTree.yOff)
            plotMidText(cntrPt, parentPt, nodeTxt) #标记子节点的属性值
            plotNode(firstStr, cntrPt, parentPt, decision_node)
            secondDict = tree[firstStr]
            plotTree.yOff = plotTree.yOff - 1.0/plotTree.D
            for key in list(secondDict.keys()):
                if type(secondDict[key]).__name__=='dict':
```

```
        plotTree(secondDict[key],cntrPt,str(key))
    else:
        plotTree.xOff = plotTree.xOff + 1.0/plotTree.W
        plotNode(secondDict[key], (plotTree.xOff, plotTree.yOff), \
        cntrPt, leaf_node)
        plotMidText((plotTree.xOff, plotTree.yOff),
        cntrPt, str(key))
```

5. 绘制决策树

```
In[13]: fig = plt.figure(1,facecolor='white')
        fig.clf()
        createPlot.ax1 = plt.subplot(111,frameon = False)
        # 设置中文显示
        plt.rcParams['font.sans-serif']=['SimHei']
        plt.rcParams['axes.unicode_minus']=False
        # 全局变量plotTree.totalW 和 plotTree.totalD 分别存储了树的宽度和深度，计
        # 算树节点的摆放位置，这样可以将树绘制在水平和垂直方向的中心位置
        plotTree.W = float(numLeafNode(tree))
        plotTree.D = float(treeDepth(tree))
        # 全局变量plotTree.xOff和plotTree.yOff用于追踪已绘制的节点位置,以及定位下
        # 一个节点的适当位置
        plotTree.xOff = -0.5/plotTree.W
        plotTree.yOff = 1.0
        plotTree(tree,(0.5,1.0),"")
        fig.savefig("sex_decision.png")
        plt.show()
```

函数 createPlot() 的功能是创建绘图区域，计算图形的全局尺寸，并调用递归函数 plotTree()。现在让我们来验证决策树的实际输出效果，如图 5.3 所示。

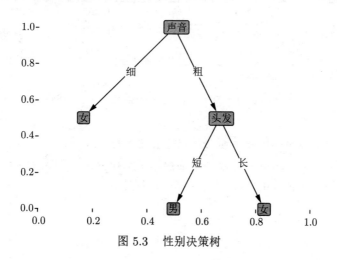

图 5.3 性别决策树

```
In[14]: if __name__ =="__main__":
           createPlot(tree)
```

5.8　习题

（1）证明对于不含冲突数据（即特征向量完全相同但标记不同）的训练集来说，一定存在与训练集一致（即训练误差为 0）的决策树。

（2）分析相较于信息增益使用"最小训练误差"作为决策树划分选择准则的缺陷。

（3）编程实现基于信息熵进行划分选择的决策树算法，并使用表 5.2 中的数据生成一棵决策树。

表 5.2　部分西瓜数据集 3.0：数据来源于周志华——《机器学习》

编号	色泽	根蒂	脐部	密度	含糖率	好瓜
1	乌黑	蜷缩	凹陷	0.774	0.376	是
2	青绿	蜷缩	凹陷	0.697	0.460	是
3	乌黑	蜷缩	凹陷	0.634	0.264	是
4	青绿	蜷缩	凹陷	0.608	0.318	是
5	浅白	蜷缩	凹陷	0.556	0.215	是
6	青绿	稍蜷	稍凹	0.403	0.237	是
7	乌黑	稍蜷	稍凹	0.481	0.149	是
8	乌黑	稍蜷	稍凹	0.437	0.211	是
9	乌黑	稍蜷	稍凹	0.666	0.091	否
10	青绿	硬挺	平坦	0.243	0.267	否
11	浅白	稍蜷	平坦	0.245	0.057	否
12	浅白	蜷缩	平坦	0.343	0.099	否
13	青绿	稍蜷	凹陷	0.639	0.161	否
14	浅白	稍蜷	凹陷	0.657	0.198	否
15	乌黑	稍蜷	稍凹	0.360	0.370	否
16	浅白	蜷缩	平坦	0.593	0.042	否
17	青绿	蜷缩	稍凹	0.719	0.103	否

（4）编程实现基于信息增益进行划分选择的决策树算法，并使用表 5.2 中的数据生成一棵决策树。

（5）分析基于信息熵和信息增益对数据进行划分的优缺点。

（6）编程实现基于基尼指数进行划分选择的决策树算法，为表 5.3 和表 5.4 中数据生成预剪枝、后剪枝决策树，并与未剪枝决策树进行比较。

表 5.3　部分西瓜数据集 2.0 中的训练集：数据来源于周志华——《机器学习》

编号	色泽	根蒂	脐部	触感	好瓜
1	青绿	蜷缩	凹陷	硬滑	是
2	乌黑	蜷缩	凹陷	硬滑	是
3	乌黑	蜷缩	凹陷	硬滑	是
6	青绿	稍蜷	稍凹	软粘	是
7	乌黑	稍蜷	稍凹	软粘	是
10	青绿	硬挺	平坦	软粘	否
14	浅白	稍蜷	凹陷	硬滑	否
15	乌黑	稍蜷	稍凹	软粘	否
16	浅白	蜷缩	平坦	硬滑	否
17	青绿	蜷缩	稍凹	硬滑	否

表 5.4　部分西瓜数据集 2.0 中的测试集：数据来源于周志华——《机器学习》

编号	色泽	根蒂	脐部	触感	好瓜
4	青绿	蜷缩	凹陷	硬滑	是
5	浅白	蜷缩	凹陷	硬滑	是
8	乌黑	稍蜷	稍凹	硬滑	是
9	乌黑	稍蜷	稍凹	硬滑	否
11	浅白	硬挺	平坦	硬滑	否
12	浅白	蜷缩	平坦	软粘	否
13	青绿	稍蜷	凹陷	硬滑	否

第 **6** 章

支持向量机

支持向量机（Support Vector Machines，SVM，又名支持向量网络[36]）是一种二分类模型，在深度学习还未流行之前，支持向量机一直被认为是机器学习中近十几年来最成功、表现最好的算法。SVM 算法十分强大，强大到几乎所有的任务均可以用 SVM 算法来解决。但是随着时代的发展，以及大数据的出现，SVM 算法逐渐显示出其不足。SVM算法在小数量样本中表现很好，可以很好地解决高维问题，一旦面对大量的数据，由于计算机内存等资源的限制，其表现出的结果往往令人不是很满意。

有些人认为，SVM 是最好的现成的分类器，"现成"指的是分类器可以不加修改地直接拿过来使用，因此这意味着直接应用基本形式的 SVM 分类器就可以得到较高准确率的结果。SVM 能够对训练集之外的样本做出很好的分类决策。支持向量机模型一般可分为三类：线性可分支持向量机、线性支持向量机以及非线性支持向量机。当训练数据线性可分时，通过硬间隔最大化学习一个线性分类器，即线性可分支持向量机；当训练数据近似线性可分时，通过软间隔最大化学习一个分类器，即线性支持向量机；当训练数据不可分，通过使用核技巧以及软间隔最大化学习一个分类器，即非线性支持向量机。

在掌握 SVM 之前，本章首先讲述 SVM 的一些基本概念、关键术语以及一些理论基础。SVM 的实现方法有许多，但本章我们关注其中最流行的一种，即序列最小优化（Sequential Minimal Optimization，SMO）算法。

6.1 基于最大间隔分隔数据

假设给定一个特征空间的训练集

$$D = (\boldsymbol{x_1}, y_1), (\boldsymbol{x_2}, y_2), \cdots, (\boldsymbol{x_m}, y_m) \tag{6.1}$$

其中 $\boldsymbol{x_i} \in \chi = \boldsymbol{R}^n, y_i \in Y = +1, -1, i = 1, 2, \cdots, m$。$\boldsymbol{x_i}$ 表示第 i 个特征向量，也称

为样本，y_i 为 x_i 的标签。当 $y_i = -1$, x_i 为负例；当 $y_i = 1$, x_i 为正例。(x_i, y_i) 表示样本点。其中假设训练集线性可分。

线性 SVM 的学习目标是在特征空间中找到一个超平面（由法向量 w 和截距 b 决定）：

$$w^{\mathrm{T}} x + b = 0 \tag{6.2}$$

以及相应的分类决策函数：

$$f(x) = \mathrm{sign}(w^{\mathrm{T}} x + b) \tag{6.3}$$

该超平面能够将样本分到不同的类。现在来考虑图 6.1 中的超平面划分，哪一个超平面的分类效果更好呢？

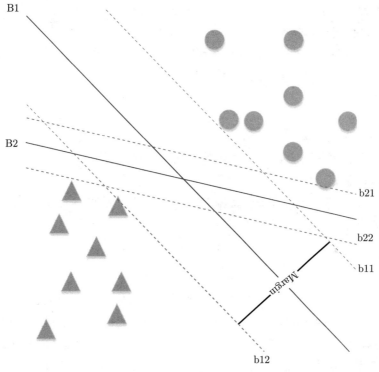

图 6.1　二分类问题

从图 6.1 可以看到，当训练集数据线性可分时，存在无穷个划分超平面可将数据正确地分为两类，因此这时的解有无穷个。线性可分支持向量机利用间隔最大化求最优划分超平面，这时，解便是唯一的最优解。从图中可以看出，超平面 B_1 的分类效果更好一些，$b_{11}, b_{12}, b_{21}, b_{22}$ 为边缘决策边界。

将距划分超平面最近的两个不同类别的样本点称为支持向量（Support Vector），因为超平面 B_1 不仅能将正负样本点分开，且构成的两条平行划分超平面距离最大，二者之间的距离记为间隔（Margin）。显而易见，间隔越大，对越难以分类的样本点有越高的确信度将它们正确分类，而且对最难以分类的样本点也有足够大的置信度将它们分开。B_1 超平面几何间隔最大，这种超平面对未知的新样本点有很好的分类预测能力。

为什么要叫作"超平面"呢？原因是样本的特征可能是更高维的，而此时样本空间的划分就需要"超平面"。由于该处的样本特征为二维，所以此时的超平面是一条直线。那么图 6.1 中的间隔又是什么呢？间隔是某条直线距离它两侧最近点的距离之和。图 6.1 中 B_1 两侧虚线 b_{11}, b_{12} 构成的区域便是间隔，虚线是由距离中央实线最近的两个点所确定出来的。从图 6.1 中可以直观地感受到，B1、B2 实线代表的超平面抗"扰动"性最好，超平面离直线两边的数据间隔最大，因此间隔越大，分类的错误率便越低。因此最终目标是要找到一个超平面，该超平面可以使得间隔最大。

6.2 寻找最大间隔

从上一节可知，要想分类的效果好，就要找到最大间隔的划分超平面。那么如何寻找最大间隔呢？首先，来分析一下最大间隔需要满足的条件：

（1）需要将数据正确分类；

（2）最大间隔等于超平面到数据集中所有样本点的距离的最小值。

一旦确定了最大间隔，那么求得超平面也就更加容易了。超平面可以定义为：

$$f(x) = \boldsymbol{w}^{\mathrm{T}}\boldsymbol{x} + b = 0 \tag{6.4}$$

- $\boldsymbol{w}$：权重向量，$\boldsymbol{w} = w_1, w_2, \cdots, w_n, n$ 表示特征的个数；
- $\boldsymbol{x}$：表示训练样本，假设为 2 维特征向量 $\boldsymbol{x} = (x_1, x_2)^{\mathrm{T}}$；
- b：bias 偏置。

$f(\boldsymbol{x})$ 大于 0 的点对应 $y = 1$ 的数据点，$f(\boldsymbol{x})$ 小于 0 的点对应 $y = -1$ 的数据点，超平面的两决策边界可以定义为：

$$\boldsymbol{w}^{\mathrm{T}}\boldsymbol{x_i} + b = 1$$
$$\boldsymbol{w}^{\mathrm{T}}\boldsymbol{x_i} + b = -1 \tag{6.5}$$

从式 (6.5) 中可以看到，在决策边界上的数据点结果是等于 1 或者 −1。而落在决策边界上的点又被称作为**支持向量**（Support Vectors）。支持向量就是刚好落在决策边界上的点，它们是用来定义决策边界的，同时也是数据集中距离划分超平面最近的数据点。由于支持向量支撑了边界区域，因此可以用于划分超平面的建立。

注：支持向量不止一侧一个，只要是落在决策边界的数据点都可以称作是支持向量。

不妨令：

$$\begin{cases} \boldsymbol{w}^{\mathrm{T}}\boldsymbol{x_i} + b \geqslant +1, y_i = +1; \\ \boldsymbol{w}^{\mathrm{T}}\boldsymbol{x_i} + b \leqslant -1, y_i = -1 \end{cases} \tag{6.6}$$

所谓的**支持向量**，便是使得式 (6.6) 中等号成立，直观上看来就是落在图 6.1 中 b_{11}, b_{12} 两条虚线上的数据点。那么，便不难理解当 $f(x)$ 的值大于 +1 或小于 −1 时，更加支持样本的分类。综合式 (6.6) 可以写为 $y_i(\boldsymbol{w}^{\mathrm{T}}\boldsymbol{x_i} + b) \geqslant 1, i = 1, \cdots, m$。

以二维特征向量为例，训练集数据中任意样本点 $\boldsymbol{x}$ 到超平面的距离为：

$$d = \frac{|\boldsymbol{w}^{\mathrm{T}}\boldsymbol{x} + b|}{\|\boldsymbol{w}\|} \tag{6.7}$$

因为超平面将数据分到两侧，所以有 $r = 2 \times d$。

根据上面的条件，可以对 SVM 建立一个最优化模型，目标是寻找最大间隔，但最大间隔是有限制条件的，即前面所提及的两个条件：

$$\max_{\boldsymbol{w},b} \quad 2 \times \frac{|\boldsymbol{w}^{\mathrm{T}}\boldsymbol{x}+b|}{\|\boldsymbol{w}\|} = \frac{2}{\|\boldsymbol{w}\|} \tag{6.8}$$

$$\text{s.t.} \quad y_i(\boldsymbol{w}^{\mathrm{T}}\boldsymbol{x_i}+b) \geqslant 1, i=1,\cdots,m$$

显然，需要找到符合上述条件的一个超平面来进行分类，该超平面距离它最近的数据点都足够远，也就会使得间隔最大。因此只需确定最终参数 $\boldsymbol{w}$ 和 b，使得 r 最大。那么问题转化为求极值问题，那么如何求得极值？

我们的目标是寻求最大间隔，也即求取极大值，但是极值的求取和分母有关，一般分母处理起来不太方便，因此可以换个思路倒过来，要求极大值，只需求倒过来后目标函数的极小值，即：

$$\min_{\boldsymbol{w},b} \quad \frac{1}{2}\|\boldsymbol{w}\|^2 \tag{6.9}$$

$$\text{s.t.} \quad y_i(\boldsymbol{w}^{\mathrm{T}}\boldsymbol{x_i}+b) \geqslant 1, i=1,\cdots,m$$

解释一下为什么倒过来后不是 $\frac{\|\boldsymbol{w}\|}{2}$，而是分子平方再除以 2，这样做的原因是方便后面的计算，后续的求导会将分母的 2 消去，经过这样处理后在一定程度上简化了后续的计算，对整个结果并不会产生任何影响。

由公式 (6.9) 可求得最优解 $\boldsymbol{w}^*, b^*$，由此得到划分超平面：

$$(\boldsymbol{w}^*)^{\mathrm{T}}\boldsymbol{x}+b^* = 0 \tag{6.10}$$

分类决策函数为：

$$f(\boldsymbol{x}) = \text{sign}((\boldsymbol{w}^*)^{\mathrm{T}}\boldsymbol{x}+b^*) \tag{6.11}$$

例 6.1 给定一个训练集如图 6.2 所示，其正类点为 $\boldsymbol{x_1} = (1,1)^{\mathrm{T}}$，负类点为 $\boldsymbol{x_2} = (3,3)^{\mathrm{T}}, \boldsymbol{x_3} = (4,3)^{\mathrm{T}}$，求最大间隔划分超平面。

解：根据训练数据集来构造约束最优化问题：

$$\min_{\boldsymbol{w},b} \quad \frac{1}{2}(w_1^2+w_2^2)$$

$$\text{s.t.} \quad w_1+w_2+b \geqslant 1$$

$$-3w_1-3w_2-b \geqslant 1$$

$$-4w_1-3w_2-b \geqslant 1$$

求得此最优化问题的解为 $w_1 = w_2 = -\frac{1}{2}, b = 2$。于是最大间隔划分超平面为:

$$-\frac{1}{2}x^{(1)} - \frac{1}{2}x^{(2)} + 2 = 0$$

其中 $\boldsymbol{x}_1 = (1,1)^{\mathrm{T}}$ 和 $\boldsymbol{x}_2 = (3,3)^{\mathrm{T}}$ 为支持向量。

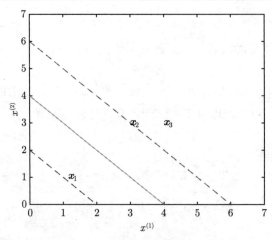

图 6.2　间隔最大划分超平面示例

6.2.1　拉格朗日对偶性

经过上面的转化,问题变为求极小值,但由于上式中存在不等式约束条件,求极小值并不容易。如果没有约束条件便可直接求导求极值,但是有约束条件又该怎么办呢?数学家拉格朗日提出了拉格朗日乘子法——即将每个约束条件乘以一个拉格朗日乘子添加到求极值的目标函数中。对每一个约束(共有 m 个约束)添加一个拉格朗日乘子 $\alpha_i \geqslant 0$,整个问题的拉格朗日函数可以写为:

$$L(\boldsymbol{w}, b, \boldsymbol{\alpha}) = \frac{1}{2}\|\boldsymbol{w}\|^2 + \sum_{i=1}^{m} \alpha_i(1 - y_i(\boldsymbol{w}^{\mathrm{T}}\boldsymbol{x_i} + b)) \tag{6.12}$$

分析式 (6.12),由于 $\alpha_i \geqslant 0$,但凡有约束条件之一不满足,$L(\boldsymbol{w}, b, \boldsymbol{\alpha}) = \infty$。只有当约束条件都满足时,$L(\boldsymbol{w}, b, \boldsymbol{\alpha})$ 有最优值,为 $L(\boldsymbol{w}, b, \boldsymbol{\alpha}) = \frac{1}{2}\|\boldsymbol{w}\|^2$。

因为使用拉格朗日乘子的约束条件应为等式,而在这里约束条件为不等式,解决不等式约束条件的二次规划问题应该使用 KKT 条件(Karush-Kugn-Tucker 最优化条件)。KKT 条件就是为了求约束条件为不等式的凸优化问题,是一个线性规划问题有最优解的充分必要条件。那么什么是凸优化:凸优化就是要找出一点 $x^* \in X$,使得任意 $x \in X$,都满足 $f(x^*) \leqslant f(x)$。可以先暂时理解为给定一个凸函数,去寻找最低点。解决这样的二次规划问题,选择使用 KKT 条件,使用 KKT 条件需要一个惩罚项 $\alpha_i \geqslant 0$,最终通过 KKT 条件来产生原问题的对偶问题。下面给出 KKT 的一般形式:

一个最优化数学模型可以表示为下列形式：

$$\min \quad f(x) \tag{6.13}$$
$$\text{s.t.} \quad h_i(x) = 0, i = 1, 2, \cdots, p$$
$$g_j(x) \leqslant 0, j = 1, 2, \cdots, q$$
$$\boldsymbol{x} \in X \in R^n$$

$h(x)$ 是等式约束。

$g(x)$ 是不等式约束。

p, q 表示约束的数量。

这个最优化数学模型的最优解 $\boldsymbol{x}^*$ 需满足的 KKT 条件为：

(1) $h_i(x^*) = 0 \bigwedge g_j(x^*) \leqslant 0$；

(2) $\triangledown f(x^*) + \sum\limits_{i=1}^{p} \lambda_i \triangledown h_i(x^*) + \sum\limits_{j=1}^{q} \mu_j \triangledown g_j(x^*) = 0$；

(3) $\lambda_i \neq 0, \mu_j \geqslant 0, \mu_j g_j(x^*) = 0$

不等式约束问题的必要和充分条件初见于 William Karush 的硕士论文[37]，之后在一份由 Harold W. Kuhn 及 lbert W. Tucker 撰写的研讨论文 [38] 中出现后受到重视。

回到刚刚提到的拉格朗日函数 $L(\boldsymbol{w}, b, \boldsymbol{\alpha})$，原问题等价于 $\min\limits_{\boldsymbol{w}, b} \max\limits_{\boldsymbol{\alpha}} L(\boldsymbol{w}, b, \boldsymbol{\alpha})$。分析一下为什么是首先对 $\boldsymbol{\alpha}$ 求极大值而不是极小值呢（此时针对的变量是 $\boldsymbol{\alpha}, \boldsymbol{w}, b$，暂时可先认为常数）？其主要原因是考虑到了原问题中的约束条件 $y_i(\boldsymbol{w}^{\mathrm{T}}\boldsymbol{x}_i + b) > 1$：

（1）若满足约束条件，则 $1 - y_i(\boldsymbol{w}^{\mathrm{T}}\boldsymbol{x}_i + b) < 0$，又因为 $\boldsymbol{\alpha} \geqslant 0$，所以整个约束项 $\sum\limits_{i=1}^{m} \alpha_i(1 - y_i(\boldsymbol{w}^{\mathrm{T}}\boldsymbol{x}_i + b)) < 0$，如果要求得 $L(\boldsymbol{w}, b, \boldsymbol{\alpha})$ 对 $\boldsymbol{\alpha}$ 的极大值，则整个 $\sum\limits_{i=1}^{m} \alpha_i(1 - y_i(\boldsymbol{w}^{\mathrm{T}}\boldsymbol{x}_i + b)) < 0$ 应最大，所以此时 $\boldsymbol{\alpha} = 0$，才满足取到极大值，此时式子为 $L(\boldsymbol{w}, b, \boldsymbol{\alpha}) = \dfrac{1}{2} \|\boldsymbol{w}\|^2$ 与最初式 (6.9) 一致，也就是说在满足约束条件的情况下并不影响最初所求式子；

（2）若不满足约束条件，则 $1 - y_i(\boldsymbol{w}^{\mathrm{T}}\boldsymbol{x}_i + b) > 0$，同理可知 $\sum\limits_{i=1}^{m} \alpha_i(1 - y_i(\boldsymbol{w}^{\mathrm{T}}\boldsymbol{x}_i + b)) > 0$，此时 $L(\boldsymbol{w}, b, \boldsymbol{\alpha})$ 对 $\boldsymbol{\alpha}$ 的极大值为 ∞，此时 $\boldsymbol{\alpha}$ 为无穷大，那么此时最初式 (6.10) 就被湮没了，$\boldsymbol{w}, b$ 无论如何取值都无法求得极小值。

对上面进行一番分析之后，目标函数便可以表示为：

$$\min\limits_{\boldsymbol{w}, b} \max\limits_{\boldsymbol{\alpha} \geqslant 0} \quad L(\boldsymbol{w}, b, \boldsymbol{\alpha}) \tag{6.14}$$
$$\text{s.t.} \quad \alpha_i \geqslant 0$$

根据拉格朗日对偶性，原问题的对偶问题是极大极小问题，因此可以定义式 (6.14) 中的对偶问题：

$$\max_{\boldsymbol{\alpha} \geqslant 0} \min_{\boldsymbol{w},b} \quad L(\boldsymbol{w},b,\boldsymbol{\alpha}) \tag{6.15}$$

$$\text{s.t.} \quad \alpha_i \geqslant 0$$

引入对偶问题是为了后续的求解过程更加方便。对偶问题是原问题的下界，即

$$\max_{\boldsymbol{\alpha} \geqslant 0} \min_{\boldsymbol{w},b} \quad L(\boldsymbol{w},b,\boldsymbol{\alpha}) \leqslant \min_{\boldsymbol{w},b} \max_{\boldsymbol{\alpha} \geqslant 0} \quad L(\boldsymbol{w},b,\boldsymbol{\alpha}) \tag{6.16}$$

于是可将整个问题转化为：

（1）$L(\boldsymbol{w},b,\boldsymbol{\alpha})$ 对 $\boldsymbol{w},b$ 求极小值；

（2）再对 $\boldsymbol{\alpha}$ 求极大值。

第一步，求 $\min\limits_{\boldsymbol{w},b} L(\boldsymbol{w},b,\boldsymbol{\alpha})$，对 $L(\boldsymbol{w},b,\boldsymbol{\alpha})$ 中的 $\boldsymbol{w},b$ 分别求偏导并令其等于零，得：

$$\frac{\partial L}{\partial \boldsymbol{w}} = 0 \Rightarrow \boldsymbol{w} = \sum_{i=1}^{m} \alpha_i y_i \boldsymbol{x_i}$$
$$\frac{\partial L}{\partial b} = 0 \Rightarrow \sum_{i=1}^{m} \alpha_i y_i = 0 \tag{6.17}$$

将上面得到的值代入 $L(\boldsymbol{w},b,\boldsymbol{\alpha})$ 中，可得到

$$\begin{aligned}
L(\boldsymbol{w},b,\boldsymbol{\alpha}) &= \frac{1}{2}\|\boldsymbol{w}\|^2 + \sum_{i=1}^{m} \alpha_i(1 - y_i(\boldsymbol{w}^{\mathrm{T}}\boldsymbol{x_i} + b)) \\
&= \frac{1}{2}\boldsymbol{w}^{\mathrm{T}}w - \boldsymbol{w}^{\mathrm{T}}\sum_{i=1}^{m} \alpha_i y_i \boldsymbol{x_i} - b\sum_{i=1}^{m} \alpha_i y_i + \sum_{i=1}^{m} \alpha_i \quad \text{将} w = \sum_{i=1}^{m} \alpha_i y_i \boldsymbol{x_i} \\
&= \frac{1}{2}\boldsymbol{w}^{\mathrm{T}}\sum_{i=1}^{m} \alpha_i y_i \boldsymbol{x_i} - \boldsymbol{w}^{\mathrm{T}}\sum_{i=1}^{m} \alpha_i y_i x_i - b \cdot 0 + \sum_{i=1}^{m} \alpha_i \\
&= \sum_{i=1}^{m} \alpha_i - \frac{1}{2}\left(\sum_{i=1}^{m} \alpha_i y_i \boldsymbol{x_i}\right)^{\mathrm{T}} \sum_{i=1}^{m} \alpha_i y_i \boldsymbol{x_i} \\
&= \sum_{i=1}^{m} \alpha_i - \frac{1}{2}\sum_{i,j=1}^{m} \alpha_i \alpha_j y_i y_j \boldsymbol{x_i}^{\mathrm{T}}\boldsymbol{x_j}
\end{aligned} \tag{6.18}$$

最后得到的对偶问题为：

$$\max_{\boldsymbol{\alpha} \geqslant 0} \quad \sum_{i=1}^{m} \alpha_i - \frac{1}{2}\sum_{i,j=1}^{m} \alpha_i \alpha_j y_i y_j \boldsymbol{x_i}^{\mathrm{T}}\boldsymbol{x_j} \tag{6.19}$$

$$\text{s.t.} \quad \sum_{i=1}^{m} \alpha_i y_i = 0$$

$$\alpha_i \geqslant 0, i = 1, 2, \cdots, m$$

对偶问题满足 KKT 条件：

$$\left\{ \begin{array}{c} \alpha_i \geqslant 0 \\ 1 - y_i(\boldsymbol{w}^{\mathrm{T}}\boldsymbol{x}_i + b) \leqslant 0 \\ \alpha_i(1 - y_i(\boldsymbol{w}^{\mathrm{T}}\boldsymbol{x}_i + b)) = 0 \end{array} \right. \tag{6.20}$$

可看到，对于训练集中的任何样本，总有 $\alpha_i = 0$ 或者 $y_i(\boldsymbol{w}^{\mathrm{T}}\boldsymbol{x}_i + b) = 1$。若 $\alpha_i = 0$，根据 $\boldsymbol{w} = \sum\limits_{i=1}^{m} \alpha_i y_i \boldsymbol{x}_i$，知 $w = 0$，则此 α_i 对应的向量不会对模型有任何影响；若 $\alpha_i > 0$，则一定有 $y_i(\boldsymbol{w}^{\mathrm{T}}\boldsymbol{x}_i + \boldsymbol{b}) = 1$，此时 α_i 对应的向量在最大决策边界上（即图 6.1 中 b_{11} 的虚线上），其也是支持向量，同时也说明了，最终模型的确定只与支持向量有关。

将式 (6.19) 的目标函数由求极大转换成求极小，便得到下面与之等价的对偶最优化问题：

$$\min_{\alpha \geqslant 0} \quad \frac{1}{2} \sum_{i,j=1}^{m} \alpha_i \alpha_j y_i y_j \boldsymbol{x}_i^{\mathrm{T}} \boldsymbol{x}_j - \sum_{i=1}^{m} \alpha_i \tag{6.21}$$

$$\mathrm{s.t.} \quad \sum_{i=1}^{m} \alpha_i y_i = 0$$

$$\alpha_i \geqslant 0, i = 1, 2, \cdots, m$$

考虑原始最优化问题 (6.9) 和对偶最优化问题 (6.21)，原始问题严格满足 $y_i * (\boldsymbol{w}^{\mathrm{T}}\boldsymbol{x}_i + b) \geqslant 1$ 的条件，所以存在 $\boldsymbol{w}^*, \boldsymbol{\alpha}^*, \boldsymbol{\beta}^*$，使得 $\boldsymbol{w}^*$ 是原始问题的解，$\boldsymbol{\alpha}^* \boldsymbol{\beta}^*$ 是对偶问题的解。这也同时表明求原始问题 (6.9) 可以转化为求解对偶问题 (6.21)。

对于线性可分的训练数据集，假设对偶最优化问题 (6.21) 对 $\boldsymbol{\alpha}$ 的解为 $\boldsymbol{\alpha}^* = (\alpha_1^*, \cdots, \alpha_2^*, \cdots, \alpha_m^*)^{\mathrm{T}}$，可以由 $\boldsymbol{\alpha}^*$ 求得原始最优化问题 (6.9) 对 (w, b) 的解 $\boldsymbol{w}^*, b^*$，有：

$$\boldsymbol{w}^* = \sum_{i=1}^{m} \alpha_i^* y_i \boldsymbol{x_i} \tag{6.22}$$

$$b^* = y_j - \sum_{i=1}^{m} \alpha_i^* y_i (x_i * x_j) \tag{6.23}$$

那么划分超平面为：

$$(\boldsymbol{w}^*)^{\mathrm{T}}\boldsymbol{x} + b^* = 0 \tag{6.24}$$

分类决策函数为：

$$f(x) = \mathrm{sign}((\boldsymbol{w}^*)^{\mathrm{T}}\boldsymbol{x} + b^*) \tag{6.25}$$

例 6.2 训练数据与例题 6.1 相同。如图 6.2 所示，正类点为 $\boldsymbol{x}_1 = (1, 1)^{\mathrm{T}}$，负类点为 $\boldsymbol{x}_2 = (3, 3)^{\mathrm{T}}, \boldsymbol{x}_3 = (4, 3)^{\mathrm{T}}$，求线性可分支持向量机。

解：根据所给数据，对偶问题是：

$$\min_{\boldsymbol{\alpha} \geqslant 0} \quad \frac{1}{2} \sum_{i,j=1}^{m} \alpha_i \alpha_j y_i y_j \boldsymbol{x}_i^{\mathrm{T}} \boldsymbol{x}_j - \sum_{i=1}^{m} \alpha_i$$

$$= \frac{1}{2}(2\alpha_1^2 + 18\alpha_2^2 + 25\alpha_3^2 - 12\alpha_1\alpha_2 - 14\alpha_1\alpha_3 + 42\alpha_2\alpha_3) - \alpha_1 - \alpha_2 - \alpha_3$$

$$\text{s.t.} \quad \alpha_1 - \alpha_2 - \alpha_3 = 0$$

$$\alpha_i \geqslant 0, \quad i = 1, 2, 3$$

将 $\alpha_1 = \alpha_2 + \alpha_3$ 代入目标函数中并记为：

$$t(\alpha_2, \alpha_3) = 4\alpha_2^2 + \frac{13}{2}\alpha_3^2 + 10\alpha_2\alpha_3 - 2\alpha_2 - 2\alpha_3$$

对 α_2, α_3 求偏导并令其等于 0，知 $t(\alpha_2, \alpha_3)$ 在点 $\left(\frac{3}{2}, -1\right)^{\mathrm{T}}$ 取极值，但该点不满足约束条件 $\alpha_3 \geqslant 0$，所以最小值应该在边界上取到。

当 $\alpha_2 = 0$ 时，最小值 $t\left(0, \frac{2}{13}\right) = -\frac{2}{13}$；当 $\alpha_3 = 0$ 时，最小值 $t\left(\frac{1}{4}, 0\right) = -\frac{1}{4}$。于是 $t(\alpha_2, \alpha_3)$ 在 $\alpha_2 = \frac{1}{4}, \alpha_3 = 0$ 时达到最小，此时 $\alpha_1 = \frac{1}{4}$。

这样，$\alpha_1^* = \alpha_2^* = \frac{1}{4}$ 对应的数据点 x_1, x_2 是支持向量。根据式 (6.22) ～ (6.23) 计算可得：

$$w_1^* = w_2^* = -\frac{1}{2}$$

$$b^* = 2$$

划分超平面为：

$$-\frac{1}{2}x^{(1)} - \frac{1}{2}x^{(2)} + 2 = 0$$

分类决策函数为：

$$f(x) = \text{sign}\left(-\frac{1}{2}x^{(1)} - \frac{1}{2}x^{(2)} + 2\right)$$

对于线性可分的问题，上述线性可分 SVM 的学习，又可以称为硬间隔最大化算法，训练集数据线性可分往往是理想情况。

6.2.2 SMO 算法

上述问题将寻找最大间隔的问题转移到了求拉格朗日乘子上，由于前例 6.2 给出的数据量过小，因此能够通过一定的人工计算出 α，但如果数据量达到一定的规模，那么通过

人工来计算 α 的值显然是不现实的，于是现在的问题便转化为如何求 α。这种形式一般通过 Platt 提出的 SMO（Sequential Minimal Optimization）[39] 来进行求解。SMO 算法的基本思想便是"分而治之"。其求解过程需要解决两个问题：①每次选择哪两个变量进行优化？②每次迭代如何进行优化计算？SMO 算法步骤如下：

（1）初始化 α，一般情况下令初始的 α_i 全部为 0；

（2）每次选择两个变量优化，并把其他变量看作是固定的常数，执行相关的优化计算，并得到更新后的两个优化变量；

（3）开始新的迭代，重复执行步骤（2），直到全部的 α_i 满足一定的条件。

例题 6.2 求解 α 便是采用这种方法，选择 α_2, α_3 作为变量，将 α_1 看作是固定常数。从而得到关于 α_2, α_3 的函数，计算极值并求得其二者的值，然后通过 α_1 与 α_2 α_3 的关系得出 α_1 的值。

6.3 软间隔最大化

6.2 节"寻找最大间隔"中所寻找的最大间隔又称之为硬间隔最大化，线性支持向量机（软间隔）是由 Cortes 与 Vapnik 共同提出的 [36]。其要满足的条件是上述方法中的不等式约束严格成立，即数据全部分类正确。但这种方法对于线性不可分训练数据是不适用的，因为所有数据不一定都严格满足不等式约束，那么对于线性不可分的数据应该如何来进行分类？这就要用到软间隔最大化。

假设给定一个特征空间的训练集

$$D = (\boldsymbol{x_1}, y_1), (\boldsymbol{x_2}, y_2), \cdots, (\boldsymbol{x_m}, y_m)$$

其中 $\boldsymbol{x_i} \in \chi = \mathbb{R}^n, y_i \in Y = \{+1, -1\}, i = 1, 2, \cdots, m$。$\boldsymbol{x_i}$ 表示第 i 个特征向量，也称为样本，y_i 为 $\boldsymbol{x_i}$ 的标签。当 $y_i = -1, \boldsymbol{x_i}$ 为负例；当 $y_i = 1, \boldsymbol{x_i}$ 为正例，$(\boldsymbol{x_i}, y_i)$ 表示样本点。假设训练集中的数据线性不可分，即训练集数据中存在一些异常点，将这些异常点除去之后，剩下的大部分训练数据组成的集合还是线性可分的。

线性不可分意味着某些数据点 $(\boldsymbol{x_i}, y_i)$ 不满足约束条件 $y_i(\boldsymbol{w}^{\mathrm{T}} x + b) \geqslant 1$。因此可以对每个数据点 $(\boldsymbol{x_i}, y_i)$ 引进一个松弛变量 $\xi_i \geqslant 0$，这样一来便使得函数间隔加上松弛变量大于等于 1。这样一来，约束条件就变为：

$$y_i(\boldsymbol{w}^{\mathrm{T}} \boldsymbol{x_i} + b) \geqslant 1 - \xi_i$$

同时也对每个松弛变量 ξ_i 分配一个惩罚项 C。目标函数发生相应变化，由原来的 $\frac{1}{2} \|\boldsymbol{w}\|^2$ 变为

$$\min_{\boldsymbol{w}, b} \quad \frac{1}{2} \|\boldsymbol{w}\|^2 + C \sum_{i=1}^{m} \xi_i \tag{6.26}$$

这里，$C > 0$ 称为惩罚参数，C 值大时对误分类的惩罚增大，C 值小时对误分类的惩罚减小。最小化目标函数 (6.26) 包含两层含义：使得 $\frac{1}{2} \|\boldsymbol{w}\|^2$ 尽量小即间隔尽量大，同时又要使得误分类点的个数尽可能少，参数 C 是平衡两者的系数。

有了上面一系列的分析，便可以和训练集数据线性可分时一样，来考虑训练集数据线性不可分时支持向量机学习问题。线性不可分的线性支持向量机的学习问题（原始问题）变为：

$$\min_{\boldsymbol{w},b,\xi_i} \quad \frac{1}{2}\|\boldsymbol{w}\|^2 + C\sum_{i=1}^{m}\xi_i \tag{6.27}$$

$$\text{s.t.} \quad y_i(\boldsymbol{w}^{\mathrm{T}}\boldsymbol{x_i}+b) \geqslant 1-\xi_i, \quad i=1,2,\cdots,m$$

$$\xi_i \geqslant 0, \quad i=1,2,\cdots,m$$

根据上一节中对线性可分数据集的分析，原始问题 (6.27) 的对偶问题为：

$$\min_{\boldsymbol{\alpha}} \quad \frac{1}{2}\sum_{i=1}^{m}\sum_{j=1}^{m}\alpha_i\alpha_j y_i y_j \boldsymbol{x_i}^{\mathrm{T}}\boldsymbol{x_j} - \sum_{i=1}^{m}\alpha_i \tag{6.28}$$

$$\text{s.t.} \quad \sum_{i=1}^{m}\alpha_i y_i = 0$$

$$0 \leqslant \alpha_i \leqslant C, \quad i=1,2,\cdots,m$$

原始问题 (6.27) 最优化的拉格朗日函数是：

$$L(\boldsymbol{w},b,\boldsymbol{\xi},\boldsymbol{\alpha},\boldsymbol{\beta}) = \frac{1}{2}\|\boldsymbol{w}\|^2 + C\sum_{i=1}^{m}\xi_i + \sum_{i=1}^{m}\alpha_i(1-y_i(\boldsymbol{w}^{\mathrm{T}}\boldsymbol{x_i}+b)-\xi_i) - \sum_{i=1}^{m}\beta_i\xi_i \tag{6.29}$$

其中 $\alpha_i \geqslant 0, \beta_i \geqslant 0$。

由于对偶问题是拉格朗日函数的极值问题。对 $L(\boldsymbol{w},b,\boldsymbol{\xi},\boldsymbol{\alpha},\boldsymbol{\beta})$ 中的 $\boldsymbol{w},b,\xi_i$ 求偏导令其等于 0，有：

$$\frac{\partial L(\boldsymbol{w},b,\boldsymbol{\xi},\boldsymbol{\alpha},\boldsymbol{\beta})}{\partial \boldsymbol{w}} = \boldsymbol{w} - \sum_{i=1}^{m}\alpha_i y_i \boldsymbol{x_i} = 0$$

$$\frac{\partial L(\boldsymbol{w},b,\boldsymbol{\xi},\boldsymbol{\alpha},\boldsymbol{\beta})}{\partial b} = -\sum_{i=1}^{m}\alpha_i y_i = 0$$

$$\frac{\partial L(\boldsymbol{w},b,\boldsymbol{\xi},\boldsymbol{\alpha},\boldsymbol{\beta})}{\partial \xi_i} = C - \alpha_i - \beta_i = 0$$

得：

$$\boldsymbol{w} = \sum_{i=1}^{m}\alpha_i y_i \boldsymbol{x_i} \tag{6.30}$$

$$\sum_{i=1}^{m}\alpha_i y_i = 0 \tag{6.31}$$

$$C - \alpha_i - \beta_i = 0 \tag{6.32}$$

将式 (6.30) ∼ (6.32) 代入式 (6.29) 中，有：

$$\min_{\boldsymbol{w},b,\boldsymbol{\xi}} \quad L(\boldsymbol{w},b,\boldsymbol{\xi},\boldsymbol{\alpha},\boldsymbol{\beta}) = -\frac{1}{2}\sum_{i=1}^{m}\sum_{j=1}^{m}\alpha_i\alpha_j y_i y_j \boldsymbol{x_i}^{\mathrm{T}}\boldsymbol{x_j} + \sum_{i=1}^{m}\alpha_i$$

再对 $\min\limits_{\boldsymbol{w},b,\boldsymbol{\xi}} L(w,b,\xi,\alpha,\beta)$ 求 α 的极大，得到对偶问题：

$$\max_{\alpha} \quad \sum_{i=1}^{m}\alpha_i - \frac{1}{2}\sum_{i=1}^{m}\sum_{j=1}^{m}\alpha_i\alpha_j y_i y_j \boldsymbol{x_i}^{\mathrm{T}}\boldsymbol{x_j} \tag{6.33}$$

$$\text{s.t.} \quad \sum_{i=1}^{m}\alpha_i y_i = 0$$

$$C - \alpha_i - \beta_i = 0$$

$$\alpha_i \geqslant 0$$

$$\beta_i \geqslant 0, \quad i = 1,2,\cdots,m$$

将对偶优化问题 (6.33) 进行变换，利用约束条件 $C - \alpha_i - \beta_i = 0$ 消去 β_i，便得到一个只关于 α_i 的等式：$\beta_i = C - \alpha_i$，然后结合不等式约束 $\alpha_i \geqslant 0, \beta_i \geqslant 0, i = 1,2,\cdots,m$ 得到：

$$0 \leqslant \alpha_i \leqslant C \tag{6.34}$$

再将对目标函数求极大值转为求极小值，于是可得到对偶问题 (6.28)。

可以通过间接求解对偶问题而得到原始问题的解，进而确定划分超平面和决策边界。假设 $\boldsymbol{\alpha}^* = (\alpha_1^*, \alpha_2^*, \cdots, \alpha_m^*)^{\mathrm{T}}$ 是对偶问题 (6.28) 的一个解，若存在 $\boldsymbol{\alpha}^*$ 的一个分量 α_j^* 满足 $0 \leqslant \alpha_j^* \leqslant C$，则式 (6.27) 的解 $\boldsymbol{w}^*, b^*$ 可以按下列方式求得：

$$\boldsymbol{w}^* = \sum_{i=1}^{m}\alpha_i^* y_i \boldsymbol{x}_i \tag{6.35}$$

$$b^* = y_j - \sum_{i=1}^{m} y_i \alpha_i^* \boldsymbol{x_i}^{\mathrm{T}}\boldsymbol{x_j} \tag{6.36}$$

6.4　核函数

前面所讨论的线性可分支持向量机，能处理的数据集存在一定的限制——只能对线性可分的样本进行分类。但是，有时分类的情况是非线性的，如果简单地用线性可分支持向量机将无法求解。但是考虑一下，有没有某种办法能够有效地将线性不可分的数据变为线性可分？为此，有人提出将原有限维空间映射到维数高得多的空间中，在该空间中进行分离可能会更容易。为了保持计算负荷合理，人们选择适合该问题的核函数 $k(x,y)$ 来定义 SVM 方案使用的映射，以确保用原始空间中的变量可以很容易计算点积[40]。Boser，Guyon 和 Vapnik 引入了**核技巧**[41] 来实现这一目标。

可以用一个简单的示例来介绍一下如何对线性不可分的数据进行分类。下面有一张图：假设图 6.3（a）红线里的样本为负类，红线两侧的黑线里的样本为正类，从图中很显然找不到一条符合条件的直线可以将两类样本完全正确地分开，但是，我们可以找到一条如图 6.3（b）中所绘制出的曲线将样本分为两类。

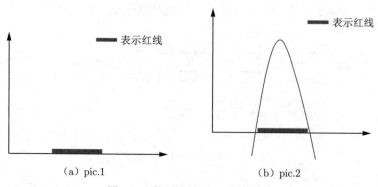

（a）pic.1 　　　　　　　　　　　（b）pic.2

图 6.3　　数据线性不可分示例图

显然根据样本点是在图 6.3（b）中曲线的上方还是下方可以判断样本点所属的类别，取横轴上任意一点，其函数值大于 0，便是正类，若其函数值小于 0，便为负类。从其形状看来，这条曲线是二次曲线，该曲线的函数表达式可以写为：

$$h(x) = a_0 x^2 + a_1 x + a_2$$

上面的函数表达式可以转化为更加一般的向量形式：

$$\boldsymbol{y} = \begin{bmatrix} y_1 \\ y_2 \\ y_3 \end{bmatrix} = \begin{bmatrix} x^2 \\ x^1 \\ 1 \end{bmatrix} \quad \boldsymbol{b} = \begin{bmatrix} b_1 \\ b_2 \\ b_3 \end{bmatrix} = \begin{bmatrix} a_0 \\ a_1 \\ a_2 \end{bmatrix}$$

这样 $h(\boldsymbol{x})$ 可以转换为 $<\boldsymbol{b}, \boldsymbol{y}>$ 内积的形式。在任意维度的空间，这种形式的函数都可以转换为向量内积形式的线性函数（只不过其中的 $\boldsymbol{b}$ 和 $\boldsymbol{y}$ 为多维向量）。分析一下这个转换过程，原来在二维空间中一个线性不可分的问题，映射到三维空间后，居然变成了线性可分的问题！这也是核技巧的核心——向高维空间进行转化，使其变得线性可分。其中转化最关键的部分便是找到 $\boldsymbol{x}$ 到 $\boldsymbol{y}$ 的映射方法，但遗憾的是至今还没有定义这个映射的系统方法。

对于上面的分析是不是可以大胆地推测，对于最后的分类结果只需关注那个高维空间的内积的值，内积算出来了分类结果也就算出来了。理论上，$\boldsymbol{y}$ 是由 $\boldsymbol{x}$ 变换而来，$\boldsymbol{b}$ 是常量，由一个低维空间的 $\boldsymbol{a}$ 变换而来，所以给定 $\boldsymbol{b}, \boldsymbol{y}$ 便有一个确定的 $f(\boldsymbol{y})$ 与之对应，那么是否存在这样一种函数 $K(\boldsymbol{a}, \boldsymbol{x})$，其接受低维空间的输入值，却能算出高维空间的内积值 $<\boldsymbol{b}, \boldsymbol{y}>$。这种 $K(\boldsymbol{a}, \boldsymbol{x})$ 函数被称作是核函数。核函数的作用就是接受两个低维空间里的向量，并计算出经过某个变换后在高维空间里的向量内积值。

通过前面的讨论可知，我们希望样本在特征空间内是线性可分的，因此找到一个合适的特征空间对于支持向量机的性能好坏至关重要。但是问题来了，我们并不知道映射到怎样的特征空间是合适的，幸运的是核函数能够隐式地定义这个特征空间。但是，核函数的选择对支持向量机性能影响很大。如果核函数的选择不合适，则意味着该函数会将样本映射到一个不合适的特征空间中，很有可能导致模型性能的不佳；如果选择了一个合适的核函数，该函数将样本映射到一个合适的特征空间，则在很大程度上可以提高模型性能。

前面所说的线性分类器表达式可以用核函数进一步表示：

$$g(\boldsymbol{x}) = \sum_{i=1}^{m} \boldsymbol{\alpha}_i \boldsymbol{y}_i K(\boldsymbol{x}_i, \boldsymbol{x}) + b$$

在实际问题中往往会应用已有的核函数，下面将介绍一些常用的核函数（见表 6.1）。

表 6.1　常用核函数总结

名称	表达式	参数
线性核	$k(\boldsymbol{x_i}, \boldsymbol{x_j}) = \boldsymbol{x}_i^{\mathrm{T}} \boldsymbol{x}_j$	
多项式核	$k(\boldsymbol{x_i}, \boldsymbol{x_j}) = (\boldsymbol{x}_i^{\mathrm{T}} \boldsymbol{x}_j)^d$	$d \geqslant 1$ 为多项式的次数
高斯核	$k(\boldsymbol{x_i}, \boldsymbol{x_j}) = \exp\left(-\dfrac{\|\boldsymbol{x}_i - \boldsymbol{x}_j\|^2}{2\sigma^2}\right)$	$\sigma > 0$ 为高斯核的宽度
Sigmoid 核	$k(\boldsymbol{x_i}, \boldsymbol{x_j}) = \tanh(\beta \boldsymbol{x}_i^{\mathrm{T}} \boldsymbol{x}_j + \theta)$	$\tanh()$ 为双曲正切函数，$\beta > 0, \theta < 0$
拉普拉斯核	$k(\boldsymbol{x_i}, \boldsymbol{x_j}) = \exp\left(-\dfrac{\|\boldsymbol{x}_i - \boldsymbol{x}_j\|}{\sigma}\right)$	$\sigma > 0$

常用核函数

1. **多项式核函数**

$$K(\boldsymbol{x}, \boldsymbol{z}) = (\boldsymbol{x} \cdot \boldsymbol{z} + 1)^p \tag{6.37}$$

对应的支持向量机是一个 p 次多项式分类器。分类决策函数为：

$$f(\boldsymbol{x}) = \mathrm{sign}\left(\sum_{i=1}^{m} \boldsymbol{\alpha}_i^* \boldsymbol{y}_i (\boldsymbol{x}_i \cdot \boldsymbol{x} + 1)^p + b^*\right) \tag{6.38}$$

2. **高斯核函数**

$$K(x, z) = \exp\left(-\frac{\|\boldsymbol{x} - \boldsymbol{z}\|^2}{2\sigma^2}\right) \tag{6.39}$$

对应的支持向量机是高斯径向基函数分类器。分类决策函数为：

$$f(\boldsymbol{x}) = \mathrm{sign}\left(\sum_{i=1}^{m} \boldsymbol{\alpha}_i^* \boldsymbol{y}_i \exp\left(-\frac{\|\boldsymbol{x} - \boldsymbol{z}\|^2}{2\sigma^2}\right) + b^*\right) \tag{6.40}$$

若 k_1 和 k_2 为核函数，则它们间的线性组合 $\gamma_1 k_1 + \gamma_2 k_2$ 也是核函数；核函数的直积 $k_1 \bigotimes k_2(\boldsymbol{x}, \boldsymbol{z}) = k_1(\boldsymbol{x}, \boldsymbol{z})k_2(\boldsymbol{x}, \boldsymbol{z})$ 也是核函数；同时若 k_1 为核函数，则对于任意函数 $g(\boldsymbol{x})$，$k(\boldsymbol{x}, \boldsymbol{z}) = g(\boldsymbol{x})k_1(\boldsymbol{x}, \boldsymbol{z})g(\boldsymbol{z})$ 也是核函数。

6.5　径向基函数

前面讨论了核函数是如何将数据映射到高维空间的，这里将引入径向基函数（Radial Basis Function，RBF）作为核函数，并说明前面提及的高斯径向基函数的几何意义，以及为什么其作为核函数可以将数据映射到高维空间。在此应当注意区分一下核函数和径向基函数的不同，核函数表示的是高维空间利用向量内积而计算出来的一个函数表达式，而径向基函数则是一个值 (y) 只依赖于变量 (x) 距原点距离的函数，即 $\phi(\boldsymbol{x}) = \phi(\|\boldsymbol{x}\|)$；或者是距某一中心 c 之间的距离，即 $\phi(\boldsymbol{x}, \boldsymbol{c}) = \phi(\|\boldsymbol{x} - \boldsymbol{c}\|)$，常用的径向基函数是高斯核函数：$K(\boldsymbol{x}, \boldsymbol{z}) = \exp\left(-\dfrac{\|\boldsymbol{x} - \boldsymbol{z}\|^2}{2\sigma^2}\right)$，其中 $\boldsymbol{z}$ 为核函数中心，σ 为函数的宽度参数，控制函数的径向作用范围。

原始的支持向量机是二分类模型，后续又被推广到多类分类支持向量机[42,43]，以及结构预测得到结构支持向量机[44]。关于支持向量机的可参考文献有很多，可以参考文献 [45-47]。同时核方法详细介绍可以参考文献 [48,49]。

6.6　应用实例

在前面的公式推导中，我们知道了 SVM 常用对偶问题来求解，而对偶问题中的 α 的计算常使用 SMO 算法。在前面所留下的待解决的问题是：

$$\min_{\boldsymbol{\alpha}} \quad \frac{1}{2}\sum_{i=1}^{m}\sum_{j=1}^{m}\alpha_i\alpha_j y_i y_j \boldsymbol{x_i}\boldsymbol{x_j} - \sum_{i=1}^{m}\alpha_i \tag{6.41}$$

$$\text{s.t.} \quad \sum_{i=1}^{m}\alpha_i y_i = 0$$

$$0 \leqslant \alpha_i \leqslant C, \quad i = 1, 2, \cdots, m$$

这是一个凸二次化问题，并且它是原始问题 (6.38) ～ (6.40) 的对偶问题并且满足 KKT 条件。但是如何充分利用这些特点？随机找一个 $\alpha = (\alpha_1, \alpha_2, \cdots, \alpha_m)$ 并假设其为最优解，便可以利用 KTT 条件计算出原始问题最优解 $(\boldsymbol{w}^*, b^*)$，进而便可以得到划分超平面：

$$f(\boldsymbol{x}) = (\boldsymbol{w}^*)^{\mathrm{T}}\boldsymbol{x} + b^* \tag{6.42}$$

根据 SVM 理论，如果 $f(x)$ 是最优超平面，则有：

$$y_i \cdot f(\boldsymbol{x}_i) = \begin{cases} \geqslant 1, & \{\boldsymbol{x_i}|\alpha_i = 0\} \\ = 1, & \{\boldsymbol{x_i}|0 < \alpha_i < C\} \\ \leqslant 1, & \{\boldsymbol{x_i}|\alpha_i = C\} \end{cases} \tag{6.43}$$

暂时将式 (6.43) 称为 $f(\boldsymbol{x})$ 的目标条件。因此，只要找到一个 α，满足对偶问题的两个约束条件以及由其求解出来的超平面能够满足 $f(\boldsymbol{x})$ 目标条件，那么这个 α 便是对偶问题的最优解。

根据上面的分析，可以确定一个初步思路：首先初始化一个 α 并令其满足对偶问题的两个约束条件，然后通过后续的不断优化使得由 α 确定的划分超平面能够满足 $f(\boldsymbol{x})$ 的目标条件，且在优化的过程中保证 α 始终满足最初的两个约束条件，最终便可找到最优解。

那么如何优化 α 呢？

- 每次优化时，必须同时优化一对 α，因为只优化一个 α 的话，新的 α 就不再满足初始约束条件中的等式约束了；
- 每次选择一对 α，当确定第一个 α 后，选择使两个 α 对应样本较大的 α 作为第二个 α，直观来说，更新两个差别很大的变量比更新两个相似变量能给目标函数带来更大的变化。借用偏差函数：

$$E_i = \max(y_i f(x_i) - 1, 0)$$

我们要找到的便是对应于 α_i，使 $|E_i - E_j|$ 最大的 α_j。

为此，需要事先构造两个辅助函数，一个函数用于在某个区间范围内随机选择一个整数，另一个函数用于在数值太大的情况下对其进行调整。

1. 读取训练集 train_data.txt 中的数据

```
In[1]:    import matplotlib.pyplot as plt
          import numpy as np
          import random


          # 加载数据
          def loadDataset(filename):
              # 样本属性数据
              dataMat = []
              # 样本标签
              labelMat = []
              fileContent = open(filename)
              for line in fileContent.readlines():
                  # 逐行读取
                  lineArr = line.strip().split('\t')
                  # 添加数据
                  dataMat.append([float(lineArr[0]), float(lineArr[1])])
                  # 添加标签
                  labelMat.append(float(lineArr[2]))
              return dataMat, labelMat
```

```
In[2]:    def showDataSet(dataMat, labelMat):
              # 正样本
```

```
        data_plus = []
        # 负样本
        data_minus = []
        for i in range(len(dataMat)):
            if labelMat[i] > 0:
                data_plus.append(dataMat[i])
            else:
                data_minus.append(dataMat[i])
        # 转换为NumPy数组
        data_plus_np = np.array(data_plus)
        # 转换为NumPy数组
        data_minus_np = np.array(data_minus)
        # 正样本散点图
        plt.scatter(np.transpose(data_plus_np)[0], np.transpose
(data_plus_np)[1])
        # 负样本散点图
        plt.scatter(np.transpose(data_minus_np)[0], np.transpose
(data_minus_np)[1])
        plt.savefig("one.jpg");
        plt.show()
```

showDataSet() 函数的功能是将训练集数据进行可视展现。其呈现出来的效果如图 6.4 所示。

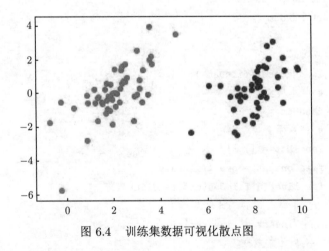

图 6.4　训练集数据可视化散点图

2. SMO 算法中的辅助函数

```
In[3]:  def selectJ(i, m):
            # 选择一个不等于i的j
            j = i
            while (j == i):
                j = int(random.uniform(0, m))
```

```
        return j

def clipAlpha(aj,H,L):
    if aj > H:
        aj = H
    if L > aj:
        aj = L
    return aj
```

selectJ() 函数有两个参数值，其中一个 i 是第一个 α 的下标，m 是所有 α 的数目。只要函数值不等于输入值 i，函数就会进行随机选择。

第二个函数是 clipAlpha()，它是用于调整大于 H 或小于 L 的 alpha 值。

3. 简化版 SMO 算法

```
In[4]:  def smoSimple(dataMatIn, classLabels, C, toler, maxIter):
            # 转换为NumPy的mat存储
            dataMatrix = np.mat(dataMatIn)
            labelMat = np.mat(classLabels).transpose()
            # 初始化b参数，统计dataMatrix的维度
            b = 0
            m, n = np.shape(dataMatrix)
            # 初始化alpha参数，设为0
            alphas = np.mat(np.zeros((m, 1)))
            # 初始化迭代次数
            iter_num = 0
            # 最多迭代matIter次
            while (iter_num < maxIter):
                alphaPairsChanged = 0
                for i in range(m):
                    # 计算误差Ei
                    fXi = float(np.multiply(alphas,labelMat).T*(dataMatrix*
                            dataMatrix[i, :].T)) + b
                    Ei = fXi - float(labelMat[i])
                    # 优化alpha，设定一定的容错率。
                    if ((labelMat[i]*Ei < -toler) and (alphas[i] < C)) or
                    ((labelMat[i]*Ei > toler) and (alphas[i]
                        \ > 0)):
                        # 随机选择另一个与alpha_i成对优化的alpha_j
                        j = selectJ(i, m)
                        # 计算误差Ej
                        fXj = float(np.multiply(alphas,labelMat).T*(dataMatrix*
                                dataMatrix[j,:].T)) + b
                        Ej = fXj - float(labelMat[j])
```

```python
# 保存更新前的aplpha值，使用深拷贝
alphaIold = alphas[i].copy(); alphaJold =
            alphas[j].copy();
# 计算上下界L和H
if (labelMat[i] != labelMat[j]):
    L = max(0, alphas[j] - alphas[i])
    H = min(C, C + alphas[j] - alphas[i])
else:
    L = max(0, alphas[j] + alphas[i] - C)
    H = min(C, alphas[j] + alphas[i])
if L==H: print("L==H"); continue
# 计算eta
eta = 2.0 * dataMatrix[i,:]*dataMatrix[j,:].T \
    - dataMatrix[i,:]*dataMatrix[i,:].T -
        dataMatrix[j,:]*dataMatrix[j,:].T
if eta >= 0: print("eta>=0"); continue
    # 更新alpha_j
alphas[j] -= labelMat[j]*(Ei - Ej)/eta
# 修剪alpha_j
alphas[j] = clipAlpha(alphas[j],H,L)
if (abs(alphas[j] - alphaJold) < 0.00001):
print("alpha_j变化太小"); continue
# 更新alpha_i
alphas[i] += labelMat[j]*labelMat[i]*(alphaJold -
alphas[j])
# 更新b_1和b_2
b1 = b - Ei- labelMat[i]*(alphas[i]-alphaIold)*
            dataMatrix[i,:]*dataMatrix[i,:].T\
    - labelMat[j]*(alphas[j]-alphaJold)*
    dataMatrix[i,:]*dataMatrix[j,:].T
b2 = b - Ej- labelMat[i]*(alphas[i]-alphaIold)*
    dataMatrix[i,:]*dataMatrix[j,:].T \
    - labelMat[j]*(alphas[j]-alphaJold)*
    dataMatrix[j,:]*dataMatrix[j,:].T
# 根据b_1和b_2更新b
if (0 < alphas[i]) and (C > alphas[i]): b = b1
elif (0 < alphas[j]) and (C > alphas[j]): b = b2
else: b = (b1 + b2)/2.0
# 统计优化次数
alphaPairsChanged += 1
# 打印统计信息
print("第%d次迭代 样本:%d, alpha优化次数:%d" %
(iter_num,i,alphaPairsChanged))
# 更新迭代次数
```

```
                if (alphaPairsChanged == 0): iter_num += 1
                else: iter_num = 0
                print("迭代次数: %d" % iter_num)
        return b, alphas
```

该函数有 5 个输入参数，分别是：数据集、类别标签、常数 C、错误率和最大迭代次数。上述函数将多个列表和输入参数转换为 NumPy 矩阵，这样就可以简化很多数学运算。由于转置了类别标签，因此得到的就是一个列向量而不是列表，于是类别标签向量的每行元素都和数据矩阵中的行一一对应。然后再构建一个 alpha 列矩阵，矩阵中元素都初始化为 0，并建立一个 iter_num 变量用来存储没有任何 alpha 改变的情况下遍历数据集的次数。当该变量达到最大迭代次数 maxIter 时，函数结束运行并退出。

每次循环中，alphaParisChanged 先设为 0，然后再对整个集合进行顺序遍历，该变量用来记录 alpha 是否已经进行优化。fXi 是预测的类别，Ei 是真实类别与预测类别之间的误差。如果误差很大，则对该样本所对应的 alpha 进行优化。在最外层的 if 语句中，不管是正间隔还是负间隔都会被测试。在 if 语句中同时还要检查 alpha 值，以保证其不能等于 0 或 C。因为一旦 alpha 的值等于 0 或 C 的话，说明其对应的样本就已经在边界上了，那么其对应的 alpha 就不能够减小或增大，因此也就不能再对它们进行优化了。

接下来使用 SMO 算法中的辅助函数来随机选择第二个 alpha 的值，即 alpha[j]。在选择了第二个 alpha 后还需要明确告知 Python 为 alphaIold 和 alphaJold 分配新的内存，否则在后面新值和旧值的比较中就看不到新旧值的变化。之后再开始计算 L 和 H 的值将 alpha[j] 调整到 0 到 C 之间，如果 $L = H$，则不作任何变化。

eta 是 alpha[j] 的最优修改量。后面还需检查 alpha[j] 是否有轻微的改变。如果有的话便退出循环，然后 alpha[i] 和 alpha[j] 进行方向不一致的同样改变（一个增大另一个减小）。最后在优化过程结束的同时确保在合适的时机结束循环。在 for 循环之外，还需要检查 alpha 值是否做了更新，如果有更新则将 iter_num 设为 0 后继续运行程序。只有在数据集上遍历 maxIter 次，且不再发生任何 alpha 的更新修改之后程序才会停止并退出 while 循环。

4. 分类结果可视化

```
In[5]:  def showClassifer(dataMat, w, b):
            # 正样本
            data_plus = []
            # 负样本
            data_minus = []
            for i in range(len(dataMat)):
                if labelMat[i] > 0:
                    data_plus.append(dataMat[i])
                else:
                    data_minus.append(dataMat[i])
            # 转换为NumPy矩阵
```

```
        data_plus_np = np.array(data_plus)
        # 转换为NumPy矩阵
        data_minus_np = np.array(data_minus)
        # 正样本散点图
        plt.scatter(np.transpose(data_plus_np)[0], np.transpose(
data_plus_np)[1], s=30, alpha=0.7)
        # 负样本散点图
        plt.scatter(np.transpose(data_minus_np)[0], np.transpose(
data_minus_np)[1], s=30, alpha=0.7)
        # 绘制直线
        x1 = max(dataMat)[0]
        x2 = min(dataMat)[0]
        a1, a2 = w
        b = float(b)
        a1 = float(a1[0])
        a2 = float(a2[0])
        y1, y2 = (-b- a1*x1)/a2, (-b - a1*x2)/a2
        plt.plot([x1, x2], [y1, y2])
        # 找出支持向量点
        for i, alpha in enumerate(alphas):
            if abs(alpha) > 0:
                x, y = dataMat[i]
                plt.scatter([x], [y], s=150, c='none', alpha=0.7, linewidth
=1.5, edgecolor='red')
        plt.savefig("two.jpg")
        plt.show()
```

5. 获取 w

```
In[6]:  def get_w(dataMat, labelMat, alphas):
        alphas, dataMat, labelMat = np.array(alphas), np.array(dataMat),
        np.array(labelMat)
        w = np.dot((np.tile(labelMat.reshape(1, -1).T, (1, 2)) * dataMat).
        T, alphas)
        return w.tolist()
```

6. 测试分类器

```
In[7]:  if __name__ == '__main__':
        dataMat, labelMat = laodDataset('train_data.txt')
        b, alphas = smoSimple(dataMat, labelMat, 0.6, 0.001, 40)
        w = get_w(dataMat, labelMat, alphas)
        # showDataSet(dataMat,labelMat)
```

```
showClassifer(dataMat, w, b)
```

分类过程（截取部分实验结果）以及效果展示，如图 6.5 和图 6.6 所示。

迭代次数: 24
alpha_j变化太小
迭代次数: 25
alpha_j变化太小
迭代次数: 26
alpha_j变化太小
迭代次数: 27
alpha_j变化太小
迭代次数: 28
alpha_j变化太小
迭代次数: 29
alpha_j变化太小
迭代次数: 30
alpha_j变化太小
迭代次数: 31
alpha_j变化太小
迭代次数: 32
alpha_j变化太小
迭代次数: 33
alpha_j变化太小

图 6.5　部分实验结果截图

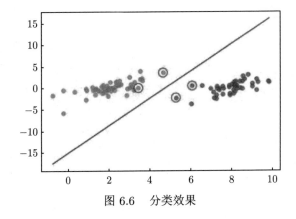

图 6.6　分类效果

6.7　习题

（1）简述一下支持向量机的基本思想以及什么是支持向量。

（2）证明样本空间中任意样本 $\boldsymbol{x}$ 到超平面 $(\boldsymbol{w}, b)$ 的距离为 $d = \dfrac{\|\boldsymbol{w}^{\mathrm{T}}\boldsymbol{x} + b\|}{\|w\|}$。

（3）给定正例点 $\boldsymbol{x}_1 = (1,2)^{\mathrm{T}}, \boldsymbol{x}_2 = (2,3)^{\mathrm{T}}, \boldsymbol{x}_3 = (3,3)^{\mathrm{T}}$，负例点 $\boldsymbol{x}_4 = (2,1)^{\mathrm{T}}, \boldsymbol{x}_5 = (3,2)^{\mathrm{T}}$，试求得在该数据上的最大间隔划分超平面和分类决策函数，同时可能的话在图上画出其划分超平面、决策边界以及支持向量。

（4）线性支持向量机还可以定义为以下形式：

$$\min_{\boldsymbol{w},b,\xi} \quad \frac{1}{2}\|\boldsymbol{w}\|^2 + C\sum_{i=1}^{N}\xi_i^2$$

$$\text{s.t.} \quad y_i(w \cdot x_i + b) \geqslant 1 - \xi_i, \quad i = 1, 2, \cdots, N$$

$$\xi_i \geqslant 0, \quad i = 1, 2, \cdots, N$$

试求上述形式的对偶形式。

（5）选择两个 UCI 数据集，分别使用线性核和高斯核训练一个 SVM。
（UCI 数据集见：http://archive.ics.uci.edu/ml/）

（6）假如现在有一个样本能够被正确分类且远离决策边界。如果样本加入到训练集中，为什么 SVM 的决策边界不会受其影响，反而是已学好的 Logistic 回归会受其影响？

（7）利用 SVM 对 MNIST 中手写数字识别数据集进行识别。
（MNIST 数据集见 http://yann.lecun.com/exdb/mnist）

第 7 章

神经网络

在人工神经网络（ANN）的发展历程中，感知机（MLP）网络曾对 ANN 的发展起到极大的作用，它的出现曾经掀起了一番对人工神经网络研究的热潮。感知机于 1957 年由 Roseblatt 提出，是神经网络和支持向量机的基础。单层感知网络（M-P 模型）作为最初的神经网络，具有模型简单、计算量小等优点。但是，随着时代的发展和研究的深入，其存在的弊端也就慢慢浮现了出来——无法处理非线性问题，这在一定程度上限制了它的应用。为了克服这一弊端，采用多层前馈网络，即在输入和输出层之间加上隐藏层，便构成了多层前馈感知器网络。

20 世纪 80 年代中期，David Runelhart、Geoffrey Hinton 和 Ronald W-llians、David-Parker 等人共同提出了误差反向传播算法（Error Back Propagation Training, BP），这一算法的提出有效地解决了多层神经网络隐藏层权重学习问题[50]。后来人们便把采用 BP 算法进行误差校正的多层前馈网络称为 BP 神经网络。

BP 神经网络具有任意复杂的模式分类能力和良好的多维函数映射能力，解决了感知机所不能解决的复杂函数（如：XOR 异或）映射的问题。BP 神经网络具有输入层、隐藏层和输出层。本质上，BP 算法就是以网络误差平方为目标函数、采用梯度下降法来计算目标函数的最小值。

本章将通过四大板块来了解神经网络，这四大板块分别是：神经元模型、感知机与多层网络、BP 神经网络以及相应的应用实例。

7.1 神经元模型

在了解相关神经元模型之前，首先来看一下生物神经元，神经元模型便是模拟生物神经元结构而被设计出来的。1943 年 McCulloch 和 Pitts 等人[51] 将上述情形抽象为典型的生物神经元结构，如图 7.1 所示。

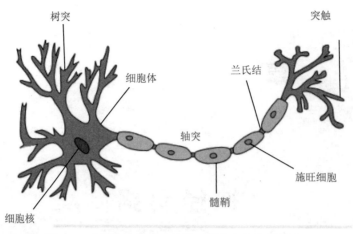

图 7.1   典型生物神经元结构（图片来自维基百科）

神经元大致可以分为树突、突触、细胞体和轴突。树突为神经元的输入通道，接收其他神经元的动作电位传递至细胞体。其他神经元的动作电位由位于树突分支上的多个突触传递至树突。神经细胞可视为两种状态，激活状态为"是"，不激活状态为"否"。神经细胞的状态取决于从其他神经细胞接收到的信号量，以及突触的性质（抑制或加强）。当信号量超过某个阈值时，细胞体就会被激活，产生电脉冲。电脉冲沿着轴突并通过突触传递到其他神经元（内容来自维基百科"感知机"）。

因此，神经元模型是为了模拟上述靠其状态对外部输入信息的动态响应来处理信息的过程，简化抽象版的神经元模型（M-P 模型）如图 7.2 所示。

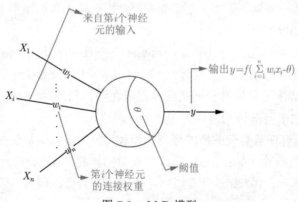

图 7.2   M-P 模型

M-P 模型中的每个神经元接受来自其他神经元的输入信号，每个输入信号通过一个带有权重的连接进行传递，神经元将这些带有权重的信号求和得到一个总输入值，再将总输入值与神经元的阈值进行比较，然后将比较结果经过一个激活函数 f 得到最终的输出，而这个输出又会作为其他神经元的输入一层层传递下去。

神经元激活函数

前面提到了激活函数，这里将主要介绍三种激活函数——Sigmoid 函数、ReLU 函数以及 Tanh() 函数。

1. Sigmoid() 函数公式

$$\text{Sigmoid}(x) = \frac{1}{1 + e^{-x}} \tag{7.1}$$

Sigmoid() 函数图像如图 7.3 所示。

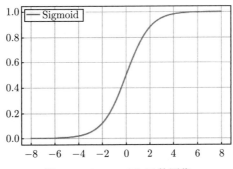

图 7.3　Sigmoid() 函数图像

2. ReLU() 函数公式

$$\text{ReLU}(x) = \begin{cases} x, & x > 0 \\ 0, & x \leqslant 0 \end{cases} \tag{7.2}$$

ReLU() 函数图像如图 7.4 所示：

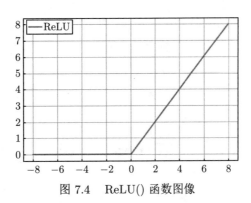

图 7.4　ReLU() 函数图像

3. Tanh() 函数公式

$$\text{Tanh}(x) = \frac{e^x - e^{-x}}{e^x + e^{-x}} \tag{7.3}$$

Tanh() 函数图像如图 7.5 所示。

　　引入激活函数的目的是在模型中引入非线性。若不使用激活函数，无论模型的神经网络有多少层，其输出都是一个线性映射，单纯的线性映射是无法解决非线性问题，因此引入非线性的最终目的是使得模型能够解决线性不可分问题。

根据上述激活函数图像，可以看出 Sigmoid() 和 Tanh() 激活函数图像很相似，Tanh()
函数是 Sigmoid() 函数向下平移和收缩的结果，因此 Sigmoid() 和 Tanh() 激活函数有共
同缺点：即 x 在很大或很小的时候，梯度几乎为 0，当网络深度较深时可能会造成梯度消
失现象产生，从而模型无法收敛；而 ReLU() 激活函数[52] 能够很好地弥补前面两个激活
函数的缺点且计算简单，在一定程度上可以加快网络更新速度，所以 ReLU() 激活函数成
为了大多数神经网络的中间层的默认激活函数。

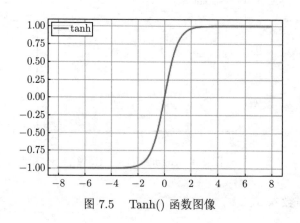

图 7.5　Tanh() 函数图像

7.2　感知机与多层前馈神经网络

7.2.1　感知机

一个简单的感知机结构如图 7.6 所示，感知机由两层神经元组成，输入层接受输入信
号后传递给输出层，输出层是我们在前一节中提到的 M-P 神经元。

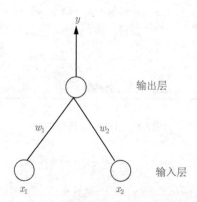

图 7.6　感知机网络结构示意图

感知机是一个二分类的线性分类模型，输入为样本的特征向量，输出为样本的类别
（−1 或 +1）。感知机学习的目标是求得一个能够将训练集正负样本正确分类的分离超平
面 $f(x) = \boldsymbol{w}^{\mathrm{T}}x + b$，要想求得一个超平面，就必须要确定感知机模型参数 $\boldsymbol{w}, b$，因此需
要定义一个损失函数并将损失函数最小化。感知机的损失函数的计算采用误分类点到超

平面 H 的总距离。因此输入空间任意一点 x_0 到超平面 H 的距离：

$$\frac{1}{\|\boldsymbol{w}\|}|\boldsymbol{w}^{\mathrm{T}} \cdot x_0 + b|$$

其中对于误分类的样本 $(\boldsymbol{x}_i, y_i)$ 有：

$$-y_i(\boldsymbol{w}^{\mathrm{T}} \cdot \boldsymbol{x}_i + b) > 0$$

这样一来，误分类点 $\boldsymbol{x}_i$ 到超平面 H 的距离是：

$$-\frac{1}{\|w\|}y_i(\boldsymbol{w}^{\mathrm{T}} \cdot \boldsymbol{x}_i + b)$$

假设误分类点集合为 M，所有误分类点到超平面 H 的总距离为：

$$-\frac{1}{\|\boldsymbol{w}\|}\sum_{x_i \in M} y_i(\boldsymbol{w}^{\mathrm{T}} \cdot \boldsymbol{x}_i + b)$$

不考虑 $\dfrac{1}{\|\boldsymbol{w}\|}$，最后便得到了感知机学习的损失函数：

$$L(\boldsymbol{w}, b) = -\sum_{x_i \in M} y_i(\boldsymbol{w}^{\mathrm{T}} \cdot \boldsymbol{x}_i + b) \tag{7.4}$$

由于损失函数是非负，如果没有误分类点，损失函数值变为 0。由此可知道，误分类点越少，误分类点距离超平面 H 的距离越近，损失函数值也就越小。我们的目标就是求得 $\boldsymbol{w}, b$ 使得损失函数 $L(\boldsymbol{w}, b)$ 最小：

$$L(\boldsymbol{w}, b) = -\sum_{\boldsymbol{x}_i \in M} y_i(\boldsymbol{w}^{\mathrm{T}} \cdot \boldsymbol{x}_i + b) \tag{7.5}$$

采用随机梯度下降法进行优化，最初初始化参数 w_0, b_0，然后每次随机从误分类集合中选取一个点对参数进行更新。对 $\boldsymbol{w}, b$ 求导有：

$$\frac{\partial L(\boldsymbol{w}, b)}{\partial \boldsymbol{w}} = -\sum_{\boldsymbol{x}_i \in M} y_i \boldsymbol{x}_i \tag{7.6}$$

$$\frac{\partial L(\boldsymbol{w}, b)}{\partial b} = -\sum_{\boldsymbol{x}_i \in M} y_i \tag{7.7}$$

随机选取一个误分类点 $(\boldsymbol{x}_i, y_i)$，假设 $M = 1$，对 $\boldsymbol{w}, b$ 采用 η 进行更新的公式如下：

$$w \leftarrow \boldsymbol{w} + \eta y_i \boldsymbol{x}_i \tag{7.8}$$

$$b \leftarrow b + \eta y_i \tag{7.9}$$

根据上面一系列过程可以将完整的感知机算法描述如下：

输入：训练集 $D = (x_1, y_1), (x_2, y_2), \cdots, (x_n, y_n)$，其中 $x_i \in R^n, y_i = -1, +1, i = 1, 2, \cdots, n$，学习率 $\eta(0 < \eta \leqslant 1)$；

输出：$\boldsymbol{w}, b$；感知机模型 $f(x) = \operatorname{sign}(\boldsymbol{w}^{\mathrm{T}} \cdot x + b)$

（1）选择初始值 w_0, b_0；

（2）在训练集中选取数据 (x_i, y_i)；

（3）如果 $y_i(\boldsymbol{w}^{\mathrm{T}} x_i + b) \leqslant 0$，则：

$$\boldsymbol{w} \leftarrow \boldsymbol{w} + \eta y_i x_i$$

$$b \leftarrow b + \eta y_i$$

（4）转到（2），直到训练集中没有误分类点。

对于感知机学习算法可以从直观上对其进行阐述：当一个样本处于分离超平面错误一侧（即被分类错误）时，通过随机梯度下降不断调整 $\boldsymbol{w}, b$ 的值，使得分离超平面向被错误分类的样本点的一侧移动，从而不断减小被误分类样本点到超平面的距离，直到超平面将该误分类样本点正确分类。

7.2.2　多层前馈神经网络

从上面的感知机算法中可以发现，其一个弊端是仅能对线性样本进行分类，无法解决像异或等这种非线性问题。于是在感知机中引入了隐藏层的概念，在输入层和输出层中间的若干个带有激活函数的神经元就称作是隐藏层，单隐藏层神经网络也可称为两层神经网络（当说几层神经网络时一般不包含输入层）。单隐藏层神经网络和双隐藏层神经网络结构图如图 7.7 所示。

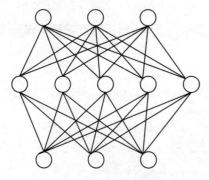
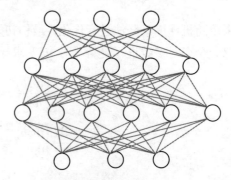

（a）单隐藏层前馈神经网络　　　　　　　（b）双隐藏层前馈神经网络

图 7.7　多层前馈神经网络结构图

所谓的前馈指的是数据从输入节点向前传递到输出节点，而没有输出信息传递到输入层，即没有反馈过程。在网络结构图上表现为没有回路。

包含多层隐藏层的神经网络通常有以下特点：

（1）当前隐藏层的每一个神经元的输入是前一层每个神经元的输出；

（2）当前隐藏层的每一个神经元之间相互独立。

多层网络不仅引入了隐藏层的概念，同时还引入了非线性激活函数，在多层网络中通常会使用反向传播（Back-Propagation，BP）算法，在多层网络训练的过程中也会有一些优化算法，如梯度下降算法对网络进行更新优化。单层神经网络必须仅仅使用图像中的像素的强度来学习并输出一个标签函数。因为它被限制为仅具有一层，所以没有办法从输入中学习到任何抽象特征。多层的网络克服了这一限制，因为它可以创建内部表示，并在每一层学习不同的特征[50]。多层前馈网络的出现能够解决诸多感知机无法解决的复杂问题。

7.3 BP 神经网络

在前面已经介绍多层前馈神经网络，这是一个没有反馈过程的神经网络。20 世纪 80 年代中期，David Runelhart，Geoffrey Hinton 和 Ronald W-llians、DavidParker 等人共同发现了误差反向传播算法（Error Back Propagation Training，BP），这一算法的提出有效地解决了多层神经网络隐藏层权重学习问题。相较于前面提及的多层前馈神经网络，添加了误差逆向传播算法，使得网络有了反馈过程，因此添加了 BP 算法的神经网络又称为 BP 神经网络。

BP 神经网络的学习过程由信号的正向传播和误差的反向传播两个过程组成。正向传播时，将样本从输入层传入，经过若干隐藏层的处理后传向输出层。若输出层的预测输出与样本的期望输出不一致，则转入误差的反向传播阶段。误差的反向传播是将输出的误差以某种形式通过隐藏层向输入层逐层反馈并将误差分摊给各层各个单元，从而获得各层各个单元的误差信号，并将此误差信号作为修正各单元权值的依据。

说了那么多，到底什么是 BP 算法呢？

假设给定训练集 $D = \{(\boldsymbol{x_1}, y_1), (\boldsymbol{x_2}, y_2, \cdots, (\boldsymbol{x_n}, y_n))\}, x \in \mathbb{R}^d, y \in \mathbb{R}^l$，选择 Sigmoid 激活函数 $f(x) = \dfrac{1}{1 + \mathrm{e}^{-x}}$，以仅具有一层隐藏层的神经网络为例，如图 7.8 所示。

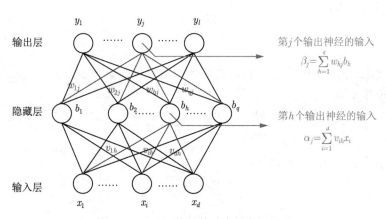

图 7.8 BP 网络及算法中的变量符号

输入层为 d 维度的特征向量，输出层为 l 维度的向量，输入层节点的个数以及输出层节点的个数是根据特征向量的维度和输出向量的维度来确定的。输入层第 i 个节点到

隐藏层第 h 个节点的权重为 v_{ih}，隐藏层第 h 个节点到输出层第 j 个节点的权重为 w_{hj}。隐藏层第 h 个神经元的阈值为 γ_h，输出层第 j 个神经元的阈值为 θ_j。

对于输入层的第 i 个神经元，其输入是样本特征向量的第 i 个分量 x_i。

对于隐藏层的第 h 个神经元：

$$输入\alpha_h = \sum_{i=1}^{d} v_{ih}x_i \tag{7.10}$$

$$输出b_h = f(\alpha_h - b_h) \tag{7.11}$$

对于输出层的第 j 个神经元：

$$输入\beta_j = \sum_{h=1}^{q} w_{hj}b_h \tag{7.12}$$

$$输出y_j = f(\beta_j - \theta_j) \tag{7.13}$$

对于第 k 个训练集中的样本 $(\boldsymbol{x_k}, y_k)$，假设其预测输出为：$\hat{y}^k = \{\hat{y}_1^k, \hat{y}_2^k, \cdots, \hat{y}_l^k\}$，预测输出公式为：

$$\hat{y}_j^k = f(\beta_j - \theta_j) \tag{7.14}$$

其损失函数为：

$$E_k = \frac{1}{2}\sum_{j=1}^{l}(\hat{y}_j^k - y_j^k)^2 \tag{7.15}$$

根据前面所说的误差反向传播过程，接下来将针对损失函数给出 BP 算法优化过程：

在优化的时候，采用与感知机一样的优化算法：梯度下降，迭代更新每个参数。由于反向传播过程是一个从输出层到隐藏层最后再到输入层的传播过程，以图 7.8 中的网络结构图为例，首先对输出层和隐藏层之间的参数进行更新。对于参数 w_{hj} 来说，在给定学习率 η 的情况下有：

$$\Delta w_{hj} = -\eta\frac{\partial E_k}{\partial w_{hj}} \tag{7.16}$$

结合公式 (7.12)(7.14)(7.15)，可以得到各个变量的影响关系：$w_{hj} \rightarrow \beta_j \rightarrow \hat{y}_j^k \rightarrow E_k$，所以上述的求导变为：

$$\frac{\partial E_k}{\partial w_{hj}} = \frac{\partial E_k}{\partial \hat{y}_j^k} \cdot \frac{\partial \hat{y}_j^k}{\partial \beta_j} \cdot \frac{\partial \beta_j}{\partial w_{hj}} \tag{7.17}$$

其中对于式 (7.12)，可求得

$$\frac{\partial \beta_j}{\partial w_{hj}} = b_h \tag{7.18}$$

Sigmoid 函数 $f(x)$ 具有性质：$f'(x) = f(x)(1 - f(x))$，于是先定义一个中间项 g_i：

$$g_i = -\frac{\partial E_k}{\partial \hat{y}_j^k} \cdot \frac{\partial \hat{y}_j^k}{\partial \beta_j} = \hat{y}_j^k(1 - \hat{y}_j^k)(y_j^k - \hat{y}_j^k) \tag{7.19}$$

于是有：

$$\Delta w_{hj} = \eta g_i b_h \tag{7.20}$$

同样也可以求得 $\Delta \theta_j$：

$$\Delta \theta_j = \frac{\partial E_k}{\partial \hat{y}_j^k} \cdot \frac{\partial \hat{y}_j^k}{\partial f} \cdot \frac{\partial f}{\partial \theta_j} = -\eta g_j \tag{7.21}$$

对于 Δv_{ih}，结合前面公式 $(7.10) \sim (7.12), (7.14)(7.15)$，也可以得到各个变量的影响关系：$v_{ih} \to \alpha_h \to \beta_j \to \hat{y}_j^k \to E_k$，有：

$$\Delta v_{ih} = \eta e_h x_i \tag{7.22}$$

$$\Delta \gamma_h = -\eta e_h \tag{7.23}$$

其中公式 $(7.22) \sim (7.23)$ 中有：

$$
\begin{aligned}
e_h &= -\frac{\partial E_k}{\partial b_h} \cdot \frac{\partial b_h}{\partial \alpha_h} \\
&= -\sum_{j=1}^{l} \frac{\partial E_k}{\partial \beta_j} \cdot \frac{\partial \beta_j}{\partial b_h} f'(\alpha_h - \gamma_h) \\
&= \sum_{j=1}^{l} w_{hi} g_j f'(\alpha_h - \gamma_h) \\
&= b_h(1 - b_h) \sum_{j=1}^{l} w_{hj} g_j
\end{aligned}
\tag{7.24}
$$

至此，BP 算法的推导已经完成，误差反向传播，顾名思义就是让误差沿着神经网络反向传播，$\Delta w_{hj} = -\eta(\hat{y}_j^k - y_j^k) \cdot \frac{\partial \hat{y}_j^k}{\partial \beta_j} \cdot b_h = \eta g_i b_h$，$(\hat{y}_j^k - y_j^k)$ 是输出误差，$\frac{\partial \hat{y}_j^k}{\partial \beta_j}$ 是输出 y 对于输入 β 的偏导数，也可看作是误差的调节因子，因此 g_j 叫作"调节后的误差"；而对于 $\Delta v_{ih} = \eta e_h x_i, e_h = b_h(1 - b_h) \sum_{j=1}^{l} w_{hj} g_j = \frac{\partial b_h}{\partial \alpha_h} \sum_{j=1}^{l} w_{hj} g_j$，所以 e_h 可以看作是 g_j 经过神经网络后并经过调节的误差[53]。上述权值的更新可以理解为：权重的调节量 = 学习率 × 调节后的误差 × 上一层节点的输出。

根据上面一系列的推导过程，误差反向传播算法的伪代码如下：

输入：训练集 $D = \{(\boldsymbol{x_k}, y_k)\}_{k=1}^{n}$，学习率为 η

输出：连接权重与阈值确定的多层前馈神经网络

1. 在（0,1）范围内随机初始化网络中所有的权重和阈值；

2. **repeat**

    for $(\boldsymbol{x_k}, y_k) \in D$ **do**：

        根据当前参数和公式 $\hat{y}_j^k = f(\beta_j - \theta_j)$ 计算当前样本的预测输出 $\hat{y}_k$

根据公式 $g_i = -\dfrac{\partial E_k}{\partial \hat{y}_j^k} \cdot \dfrac{\partial \hat{y}_j^k}{\partial \beta_j} = \hat{y}_j^k(1 - \hat{y}_j^k)(y_j^k - \hat{y}_j^k)$ 计算输出层神经元的

梯度项 g_j

根据公式 $e_h = b_h(1 - b_h)\displaystyle\sum_{j=1}^{l} w_{hj}g_j$ 计算隐藏层神经元的梯度项 e_h

根据公式 (7.12) $\sim$ (7.15) 更新权重 w_{hj}, v_{ih} 与阈值 θ_j, γ_h

    end for

  3. **until** 达到循环结束条件

7.4 其他常见神经网络

实际上，神经网络模型、算法种类繁多，下面只对几种常见的网络进行简单介绍。

7.4.1 RBF 网络

RBF 网络是一种单隐藏层的前馈神经网络。与 BP 神经网络不同，该网络是利用径向基函数作为隐藏层神经元的激活函数，RBF 网络从输入空间到隐藏层空间的变换是非线性的，而从隐藏层空间到输出空间的变换是线性的。对于给定输入为 d 维样本点 $\boldsymbol{x}$，其输出为实值，则对应的 RBF 网络可以表示为：

$$\phi(\boldsymbol{x}) = \sum_{i=1}^{q} w_i \rho(\boldsymbol{x}, \boldsymbol{c_i}) \tag{7.25}$$

其中 q 为隐藏层神经元个数，$\boldsymbol{c_i}, w_i$ 分别是第 i 个隐藏层单元所对应的中心和权重，$\rho(\boldsymbol{x_i}, \boldsymbol{c_i})$ 为径向基函数。常用的高斯径向基函数形如：

$$\rho(\boldsymbol{x}, \boldsymbol{x_i}) = \mathrm{e}^{-\beta_i \|\boldsymbol{x} - \boldsymbol{c_i}\|^2} \tag{7.26}$$

通常一般情况下，采用两步来训练 RBF 网络：第一步：确定神经元中心 $\boldsymbol{c_i}$；第二步，利用 BP 算法来确定参数 w_i 和 β_i。

7.4.2 ART 网络

竞争型学习（Competitive Learning）是神经网络中一种常用的无监督学习策略。使用该策略使网络的输出神经元相互竞争，因为输出的神经元相互竞争所以每一时刻仅有一个竞争获胜的神经元被激活，剩下的其他神经元的状态都被抑制。这种机制又被称为"胜者通吃"（Winner-Take-All）原则。

自适应谐振理论（Adaptive Resonance Theory，ART）网络[54] 便是竞争型学习的主要代表。该网络由比较层、识别层、识别阈值以及重置模块所构成。其中，比较层主要是用来负责输入样本的接收，并将输入样本传递给识别层神经元。识别层的每个神经元对应一个模式类，神经元的数目会随着在训练过程中动态增长而增加新的模式类。

在收到来自比较层的输入信号之后，识别层神经元之间相互竞争来产生最终获胜神经元。竞争最简单的方式是，计算输入向量与每个识别层神经元所对应的模式类的代表向量之间的距离，选择距离最小的神经元作为获胜者。然后获胜的神经元向识别层其他的神经元发送抑制信号。如果输入向量与获胜神经元所对应的代表向量之间的相似度大于阈值，则该输入样本将被归类为获胜神经元所对应的代表向量所属类别，与此同时，网络中层与层之间的权重也会进行更新，以便使得以后在接收到相似的输入样本时该模式会计算出更大的相似度，从而再一次使该获胜神经元有更大可能性获胜；反之，如果相似度小于阈值，则重置模块将在识别层处新增一个神经元，同时当前的输入向量被设置为其代表向量。

从前面的描述中，可以知道识别阈值对于 ART 网络的最终性能有着至关重要的影响力。如果识别阈值比较高，输入样本将会被分为比较多且精细的模式类；相反，如果识别阈值比较低，则会产生比较少且粗略的模式类。ART 网络能够很好地缓解竞争型学习中"可塑性-稳定性困境"（Stability-Plasticity Dilemma），可塑性通常指的是网络学习新知识的能力，而稳定性通常指的是神经网络学习新知识的同时保持旧知识记忆的能力。因此 ART 网络能够进行在线学习（Online Learning）和增量学习（Incremental Learning）。

7.4.3 SOM 网络

自组织映射网络（Self-Organizing Map，SOM）[55]，是一种竞争学习型的无监督神经网络，该网络具有的强大功能是能够将高维输入数据映射到低维空间，并同时保持输入数据在其原本高维空间中的拓扑结构，即将高维空间中相似的样本点映射到网络输出层中的邻近神经元。

如图 7.9 所示，SOM 网络中的输出层神经元以矩阵方式排列在二维空间中，每个神经元都有一个权重向量，在接收输入向量后便会确定输出层获胜神经元，获胜神经元确定了该输入向量在低维空间中的位置。换句话说，SOM 网络的训练目的就是为每个输出层神经元找到合适的权重向量以保持输入样本在原高维空间中的拓扑结构。SOM 网络的训练过程很简单：当接收一个训练样本后，每个输出层神经元会计算该样本与自身携带的权重向量之间的距离，距离最近的神经元便成为获胜者，可称为最佳匹配单元（Best Mathching Unit）。然后再将最佳匹配单元以及其邻近神经元的权重向量不断调整，从而使得这些权重向量与当前输入样本的距离不断减小，不断迭代该过程至收敛。

7.4.4 级联相关网络

一般的神经网络模型其网络架构一般都是事先固定的，其训练的目的主要是利用训练样本来确定合适的权重、激活阈值等参数。与事先固定的网络架构不同，结构自适应网络则将网络结构也当作是学习的目的之一，并且期望能够在训练过程中找到最符合数据特点的网络架构。而其中的级联相关（Cascade-Correlation）[56] 网络便是这种结构自适应网络的主要代表。

级联相关网络中有两个关键词："级联"和"相关"。级联指的是建立层次连接的层次结构，如图 7.10 所示。在开始训练时，网络仅有两层——输入层和输出层，随着网络训练的不断进行，新的隐藏层神经元开始逐渐加入，从而开始创建起层级结构。当有新的隐藏层神经元加入到网络结构中时，其输入端的连接权重是固定的；相关指的是最大化神经元的输出与网络误差之间的相关性（Correlation），从而训练相关参数。

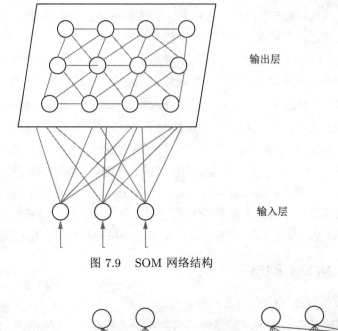

输出层

输入层

图 7.9　SOM 网络结构

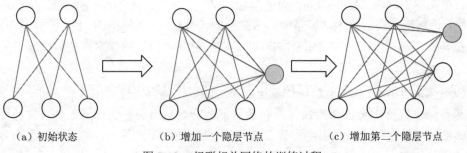

（a）初始状态　　　　（b）增加一个隐层节点　　　　（c）增加第二个隐层节点

图 7.10　级联相关网络的训练过程

当有新的节点加入时，红色连接权重通过最大化新节点的输出与网络误差之间的相关性来进行训练。与一般的前馈神经网络相比，级联相关网络无须设置网络层数、隐藏层神经元数目且训练速度较快，然而其也存在一定的弊端，当数据较小时容易陷入过拟合。

7.4.5　Elman 网络

与一般的前馈神经网络不同，"递归神经网络"（Recurrent Neural Networks）[57] 允许网络中出现环形结构，它可以把神经元的输出信号作为输入信号送回网络中。这种网络结构使得网络在 t 时刻的输出状态不仅仅只与 t 时刻的输入有关，同时还与 $t-1$ 时刻的网络状态有关，从而能够处理与时间相关的动态变化。

Elman 网络[58] 是一种典型的递归神经网络之一，网络结构如图 7.11 所示，其结构与多层前馈网络很相似，但不同的是隐藏层神经元的输出被反馈回来并与下一时刻输入层神经元提供的输入信号一起，作为隐藏层神经元下一时刻的输入。隐藏层神经元的激活通常采用 Sigmoid 激活函数，网络的训练则通过推广得到 BP 算法。

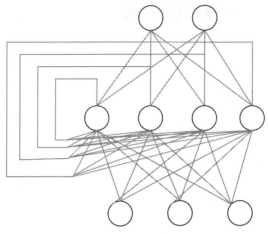

图 7.11　Elman 网络结构

7.5　应用实例——从疝气病症预测病马的死亡率

本节将使用 BP 神经网络来预测患有疝病的马的存活问题。这里的数据包括 299 个样本和 21 个特征。从一些文献中了解到，疝病是描述马胃肠痛的术语。然而这种病也不一定都是马的胃肠所导致的，其他因素和问题也可能引发马疝病。该数据集中包含了医院检测马疝病的一些指标，有的指标比较主观，有的指标难以测量，例如马的疼痛级别。

另外需要额外说明，除了一些比较难以测量的主观指标，该数据集还存在一个问题，即数据集中有缺失值。

7.5.1　处理数据中的缺失值

数据中的缺失值是个很棘手的问题，很多研究工作都致力于解决这个问题。那么，数据的缺失究竟会带来怎样的问题呢？假设有 200 个数据 20 个特征，这些数据都是机器收集回来的。若机器的某个传感器损坏而导致一个特征无效时该怎么办？此时是否要丢弃整条数据？有时候数据的采集成本是非常昂贵的，扔掉再重新获取数据无疑将大大提高时间成本和财力成本，因此是非常不可取的，所以必须采用一些方法来有效解决这个问题。

下面给出了一些有效做法供参考：

（1）使用可用特征的均值来填补缺失值；

（2）使用特殊值来填补缺失值，如 0，1，−1；

（3）忽略有缺失值的样本；

（4）使用相似样本的均值来填补缺失值；

（5）使用其他机器学习算法来预测缺失值。

在这里，已经对原始训练集进行过预处理并保存在 horseColicTraining.txt 文件中。现在我们有了一个干净可用的训练集[①]，下面将应用 BP 神经网络算法来预测病马死亡率。

---

① 该数据集来自 2010 年 1 月 11 日的 UCI 机器学习数据库（http://archive.ics.uci.edu/ml/dataset/Horse+Colic）。该数据最早由加拿大安大略省圭尔夫大学计算机系的 Mary McLeish 和 Matt Cecile 收集。

7.5.2 用 BP 神经网络进行预测

1. 读取数据

```
In[1]:  import numpy as np
        def loadDataset(filename):
            fileContent = open(filename)
            # 存放数据
            dataSet = []
            # 存放标签
            labelSet = []
            # 遍历数据
            for line in fileContent.readlines():
                lineContent = line.strip().split()
                # 每一行数据是一个样本，最后一个列数据是标签
                # 提取数据
                dataSet.append([float(label) for label in lineContent
                                    [:len(lineContent) - 1]])
                # 提取标签
                labelSet.append(int(float(lineContent[-1])))
            return dataSet, labelSet
```

2. 初始化参数

```
In[2]:  def parameter_init(x, y, z):
            # 隐藏层阈值,初始化
            value1 = np.random.randint(-5, 5, (1, y)).astype(np.float64)
            # 输出层阈值
            value2 = np.random.randint(-5, 5, (1, z)).astype(np.float64)
            # 输入层与隐藏层的连接权重
            weight1 = np.random.randint(-5, 5, (x, y)).astype(np.float64)
            # 隐藏层与输出层的连接权重
            weight2 = np.random.randint(-5, 5, (y, z)).astype(np.float64)
            return weight1, weight2, value1, value2
```

parameter_init() 函数中的 x 为输入层神经元个数（即单个样本的属性数量），y 为隐藏层神经元个数，z 为输出层神经元个数（因为要预测马的存亡，所以神经元个数为1）。在这里我们选择的是一个简单的单隐藏层神经网络来进行训练。

3. 激活函数——Sigmoid 函数

```
In[3]:  def sigmoid(z):
            return 1 / (1 + np.exp(-z))
```

4. 训练

```
In[4]:   def trainning(dataset, labelset, weight1, weight2, value1, value2):
             # x为训练步长
             x = 0.01
             for i in range(len(dataset)):
                 # 输入数据
                 inputset = np.mat(dataset[i]).astype(np.float64)
                 # 数据标签
                 outputset = np.mat(labelset[i]).astype(np.float64)
                 # 隐藏层输入
                 input1 = np.dot(inputset, weight1).astype(np.float64)
                 # 隐藏层输出
                 output2 = sigmoid(input1 - value1).astype(np.float64)
                 # 输出层输入
                 input2 = np.dot(output2, weight2).astype(np.float64)
                 # 输出层输出
                 output3 = sigmoid(input2 - value2).astype(np.float64)

                 # 更新公式由矩阵运算表示
                 a = np.multiply(output3, 1 - output3)
                 g = np.multiply(a, outputset - output3)
                 b = np.dot(g, np.transpose(weight2))
                 c = np.multiply(output2, 1 - output2)
                 e = np.multiply(b, c)

                 value1_change = -x * e
                 value2_change = -x * g
                 weight1_change = x * np.dot(np.transpose(inputset), e)
                 weight2_change = x * np.dot(np.transpose(output2), g)

                 # 更新参数
                 value1 += value1_change
                 value2 += value2_change
                 weight1 += weight1_change
                 weight2 += weight2_change
             return weight1, weight2, value1, value2
```

　　trainning() 函数分别返回更新后的输入层与隐藏层之前的连接权重、隐藏层与输出层之间的连接权重、隐藏层中神经元的阈值以及输出层中神经元的阈值。这个函数也是 BP 神经网络中的主体部分。

5. 测试

```
In[5]:  def testing(dataset, labelset, weight1, weight2, value1, value2):
            # 记录预测正确的个数
            count = 0
            for i in range(len(dataset)):
                # 计算每一个样例通过该神经网路后的预测值
                inputset = np.mat(dataset[i]).astype(np.float64)
                outputset = np.mat(labelset[i]).astype(np.float64)
                output2 = sigmoid(np.dot(inputset, weight1) - value1)
                output3 = sigmoid(np.dot(output2, weight2) - value2)

                # 确定其预测标签
                if output3 > 0.5:
                    flag = 1
                else:
                    flag = 0
                if labelset[i] == flag:
                    count += 1
                # 输出预测结果
                print("预测为%d    实际为%d" % (flag, labelset[i]))
            # 返回正确率
            return count / len(dataset)
```

testing() 函数的功能是对学习到的分类器进行测试，由于数据的不足，在这里继续使用训练集数据进行测试。

```
In[6]:  if __name__ == '__main__':
            dataSet, labelset = loadDataset('horseColicTraining.txt')
            # 初始化权重
            weight1, weight2, value1, value2 = parameter_init(len(dataSet[0]),
        len(dataSet[0]), 1)
            # 迭代2000次
            for i in range(2000):
                weight1, weight2, value1, value2 = trainning(dataSet, labelset,
        weight1, weight2, value1, value2)

            # 由于数据不足，所以使用训练集继续测试
            rate = testing(dataSet, labelset, weight1, weight2, value1, value2)
            print("正确率为%f" % (rate))
```

输出如图 7.12 所示。

预测为1　　实际为0
预测为0　　实际为0
预测为1　　实际为1
预测为1　　实际为1
预测为1　　实际为1
预测为1　　实际为0
预测为1　　实际为1
预测为1　　实际为1
预测为1　　实际为1
预测为1　　实际为1
预测为1　　实际为0
预测为1　　实际为0
预测为1　　实际为0
预测为1　　实际为1
预测为1　　实际为0
预测为1　　实际为0
预测为1　　实际为0
预测为1　　实际为1
预测为1　　实际为0
正确率为0.692308

图 7.12　测试输出结果

从图 7.12 可看出，该模型的预测正确率为 0.692308，显然这个正确率并不高。可以通过以下几种方法来提高准确率：

（1）增加隐藏层的层数或者是增加隐藏层单元的神经元数；

（2）增加更多的数据；

（3）增加训练的迭代次数。

7.6　习题

（1）分析将线性函数 $f(x) = \boldsymbol{w}^{\mathrm{T}} w$ 用作神经元激活函数时的不足。

（2）对于图 7.8 中得到 v_{ih}，推导出 BP 算法中的更新公式 (7.14)。

（3）分析 $\triangle w_{hj} = -\eta \dfrac{\partial E_k}{\partial w_{hj}}$ 中学习率对神经网络训练的影响。

（4）在西瓜数据集 3.0（表 7.1）上使用 BP 算法来训练一个单隐藏层神经网络。

表 7.1　部分西瓜数据集 3.0：数据来源于周志华——《机器学习》

编号	色泽	根蒂	脐部	密度	含糖率	好瓜
1	乌黑	蜷缩	凹陷	0.774	0.376	是
2	青绿	蜷缩	凹陷	0.697	0.460	是
3	乌黑	蜷缩	凹陷	0.634	0.264	是
4	青绿	蜷缩	凹陷	0.608	0.318	是
5	浅白	蜷缩	凹陷	0.556	0.215	是
6	青绿	稍蜷	稍凹	0.403	0.237	是
7	乌黑	稍蜷	稍凹	0.481	0.149	是
8	乌黑	稍蜷	稍凹	0.437	0.211	是
9	乌黑	稍蜷	稍凹	0.666	0.091	否
10	青绿	硬挺	平坦	0.243	0.267	否

续表

编号	色泽	根蒂	脐部	密度	含糖率	好瓜
11	浅白	稍蜷	平坦	0.245	0.057	否
12	浅白	蜷缩	平坦	0.343	0.099	否
13	青绿	稍蜷	凹陷	0.639	0.161	否
14	浅白	稍蜷	凹陷	0.657	0.198	否
15	乌黑	稍蜷	稍凹	0.360	0.370	否
16	浅白	蜷缩	平坦	0.593	0.042	否
17	青绿	蜷缩	稍凹	0.719	0.103	否

（5）设计一个改进的 BP 算法，该算法能够通过动态调整学习率并显著提升网络训练的收敛速度。编程实现该算法，并同时选择两个 UCI 数据集与标准 BP 算法进行对比。（UCI 数据集见 http://archive.ics.uci.edu/ml/）

第 8 章

深度学习

上一章介绍了 BP 神经网络，本章将介绍深度学习。深度学习是机器学习的一个分支，是一种以人工神经网络为架构，对数据进行表征学习的算法。深度学习方法的发展为计算机视觉和机器学习带来了革命性的进步，新的深度学习技术不断诞生，人工智能的快速发展离不开深度学习技术的发展。

在机器学习的众多研究方向中，表征学习关注如何自动找出表示数据的合适方式，以便更好地将输入变换为正确的输出，而深度学习恰好是一种基于对数据进行多级表示的表征学习算法。在每一级（从原始数据开始），深度学习通过简单的函数将该级的表示变换为更高级的表示。因此，深度学习模型也可以看作是由许多简单函数复合而成的函数。当这些复合的函数足够多时，深度学习模型就可以表达非常复杂的变换。例如，一幅图画可采用多种方式来表示，如每个像素强度值的向量，或者更加抽象地表示成一系列特定形状的区域等。

自动逐级地表示越来越抽象的特征是深度学习的一大特点。以图像识别任务为例，将原始图像输入到深度学习模型中，图像特征将会被逐级表示，提取的抽象特征进行组合将得到特定部位的特征，最终模型能够根据提取到的更具有代表性的特征完成特定任务。

深度学习的另一个特点是端到端训练，即无须将单独调试的部分拼凑起来组成一个系统，而是将整个系统组建好之后一起训练。于是先前性能良好的特征提取方法便逐渐被性能更强的自由优化的逐级过滤器所替代了。相似地，在自然语言处理领域，端到端训练的自动化算法，再从所有可能特征中搜寻最好的那个特征中也带来了极大的进步。

除端到端的训练以外，现有工作正在经历从含参数统计模型转向完全无参数的模型。当数据非常稀缺时，需要通过简化对现实的假设来得到实用的模型。当数据充足时，便可利用能更好地拟合现实的无参数模型来替代这些含参数模型，这也使我们可以得到更精确的模型，尽管需要牺牲一些可解释性。

相较于其他经典的机器学习算法而言，深度学习的不同在于：对非最优解的包容、对非凸非线性优化的使用,以及勇于尝试没有被证明过的方法。由于深度学习发展框架的不断完善,并开源了许多优秀的软件库、统计模型和训练网络,为后续深度学习的学习者提供了大大的便利。

由于篇幅有限,本章将从四大板块来了解深度学习:卷积神经网络(Convolutional Neural Network,CNN)、循环神经网络(Recurrent Neural Network,RNN)、深度学习框架,以及具体应用实例。

8.1　卷积神经网络

卷积神经网络[59,60] 是一种具有局部连接、权重共享等特点的前馈神经网络。卷积神经网络在大型图像处理的过程中表现出出色的性能。在卷积神经网络出现之前,由于图像所需要处理的数据量太大导致的效率低下,以及图像在数字化过程中原有特征的不易保留导致图像识别准确率不高,所以图像的处理对于人工智能来说一直是一个难题。卷积神经网络的出现很好地解决这两大难题,对于由于图片数据量太大导致的训练效率低下,卷积神经网络能够有效地将大数据量的图片降维为小数据量,从而降低成本提高效率;对于原始图片特征不易保留这个问题,卷积神经网络能够以符合图片处理的原则有效保留图片的原始特征,从而能够提升图片识别精度。目前卷积神经网络已经广泛应用于人脸识别、自动驾驶、目标检测、安防等各个领域。

卷积神经网络结构基本原理

典型的 CNN 网络结构由以下三部分组成:

(1)卷积层(Convolutional Layer)。

(2)池化层(Pooling Layer)。

(3)全连接层(Full Connected Layer)。

CNN 的网络结构决定了该网络的三个重要特性:权重共享、局部感知以及子采样。在 CNN 中,输入/输出数据称为特征图。图 8.1 给出了一个简单的分类狗和猫的卷积神经网络。

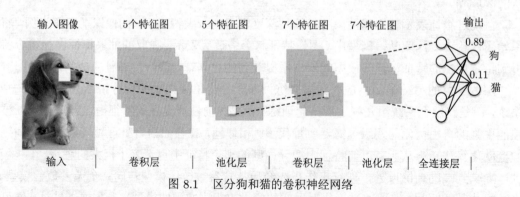

图 8.1　区分狗和猫的卷积神经网络

如果简单描述卷积神经网络三部分,可以解释为卷积层会对输入的特征图进行卷积操作来提取图像中的局部特征,卷积层是卷积神经网络的核心,因为卷积层的加入使得神经网络具有共享权重的特性,在卷积层之后一般会接激活函数(常用 ReLU 激活函数);池化层又叫下采样层（Subsampling Layer），该层会对网络中的特征进行选择，起到一个大幅降低参数级（降维）的作用，从而降低计算开销；全连接层则类似于传统神经网络部分，输入数据的形状被"忽略"，所以有时输入到全连接层的数据被拉平为一维数据，经过卷积层和池化层降维过的数据，全连接层才能够"跑得动"，得到最终结果。如图 8.2 所示。

图 8.2　CNN 的基本原理

接下来以一个具体的二维卷积实例来介绍卷积操作，如图 8.3 所示，对于一个 (4,4) 的输入，卷积核大小为 (3,3)，输出为 (2,2)。当卷积核窗口滑过输入时，卷积核与输入窗口内（图中阴影部分）对应位置的输入元素进行点乘加和运算，并将结果保存到输出对应的位置上，当卷积核滑过所有位置后二维卷积操作完成。

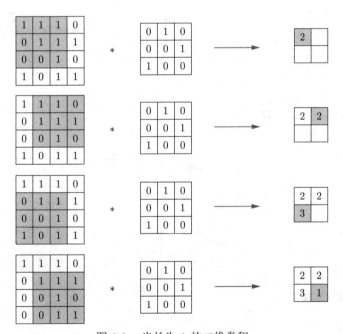

图 8.3　步长为 1 的二维卷积

在全连接构成的前馈神经网络中，网络的参数除了权重还有偏置，在卷积神经网络中卷积核的参数对应全连接的权重，同时在卷积神经网络中也存在偏置，如图 8.4 所示。

观察图 8.3 可知输入与输出的特征图大小不一。如果想要得到与输入大小一致的输出，应进行怎样的操作？可以对输入数据进行填充（padding）操作，一般是在输入数据周围填充 0。如图 8.5 所示。

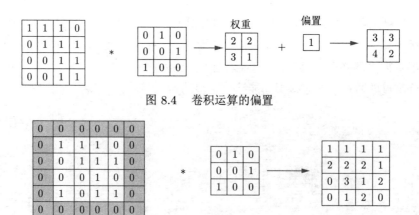

图 8.4　卷积运算的偏置

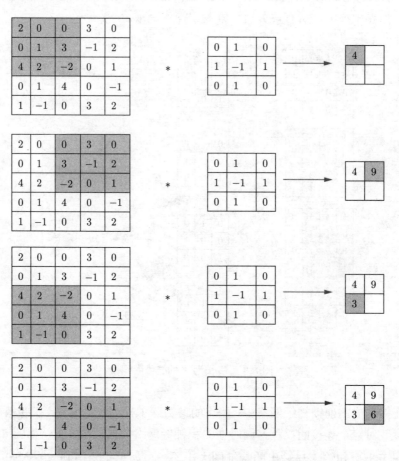

图 8.5　零填充

对于前面提及的卷积核滑过输入窗口，不同滑动间隔也会对最后结果产生很大的影响，这便涉及步长（stride）的概念。步长指的是卷积核窗口滑动的位置间隔。步长的设置在一定程度上也会起到下采样的作用。输入大小为 (5,5)，设置步长为 2，卷积得到的输出大小为 (2,2)。如图 8.6 所示。

图 8.6　步长为 2 的卷积

填充和步长都会改变卷积输出数据的大小。假设输入数据的大小为 (H, W)，卷积核

的大小为 (h,w)，填充为 p，步长为 s，则卷积输出大小为：

$$Oh = \frac{H + 2p - h}{s} + 1 \tag{8.1}$$

$$Ow = \frac{W + 2p - w}{s} + 1 \tag{8.2}$$

8.2　典型的卷积神经网络

从 LeNet-5 在手写数据识别上的成功，到 AlexNet 在 ImageNet 图像分类大赛中一鸣惊人，再一直发展到现在，随着深度神经网络不断加深，能力也在不断地加强，其对图像的分类以及识别能力也在不断增强。本节将对几种卷积神经网络发展历程中的典型网络进行介绍。

8.2.1　LeNet

LeNet 是由 LeCun 等人 1998 年发表的用于 MNIST 手写数字识别的卷积神经网络[59]。MNIST 数据集中图像大小为 28×28，图像经过归一化以及填充后变为 32×32 的图像。图 8.7 显示了 LeNet-5 网络结构。从图中可以看到 LeNet-5 网络除了输入层和输出层之外还有 2 个卷积层、2 个池化层和 2 个全连接层。该网络组合了多个卷积层和池化层对输入信号进行加工，然后在全连接层实现与输出目标之间的映射。每个卷积层都包含多个特征图，每个特征图是一个由多个神经元构成的平面。图 8.7 中的第一个卷积层便是由 6 个特征图构成，每个特征图是一个 28×28 的神经元，每个神经元负责从 5×5 的区域通过卷积来提取局部特征。

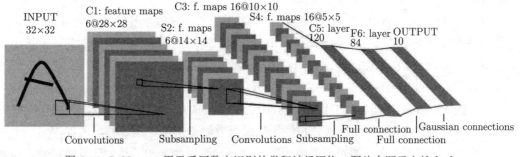

图 8.7　LeNet-5，用于手写数字识别的卷积神经网络，图片来源于文献 [59]

紧接在 C1 卷积层之后是 S2 池化层，其基于局部相关性原理使用窗口大小为 2 和步长为 2 的滑窗对特征图进行再一次的下采样，得到 6 个 14×14 的特征图。

C3 卷积层中卷积核大小同样是 5×5，输出特征图的形状为 (10,10,16)，S4 层与 S2 层类似，输出特征图的形状为 (5,5,16)。C5 是全连接层，该层将特征图拉成为一个 120 维的一维向量。这个拉平过程可以理解为一个卷积核大小为 5×5 的卷积层，有 120 个卷积核，输出形状为 (1,1,120) 的特征图。

F6 是具有 84 个神经元节点的全连接层，最后经过 RBF 单元输出最后的结果。在如今的深度学习框架中一般使用 Softmax 取代 RBF 来输出最后的分类概率。

8.2.2　AlexNet

AlexNet 是 2012 年 Imagenet 图像分类大赛的冠军[52]，该网络用网络提出者的名字来命名。AlexNet 网络的输入是 Imagenet 中归一化后的 RGB 图像样本，每张图像的尺寸被裁剪到同一尺寸 224×224。AlexNet 中包含 5 个卷积层和 3 个全连接层，输出为 1000 类的 Softmax 层，由于当时使用了两个 GPU，所以网络结构图是两组并行。完整的 AlexNet 结构如图 8.8 所示。

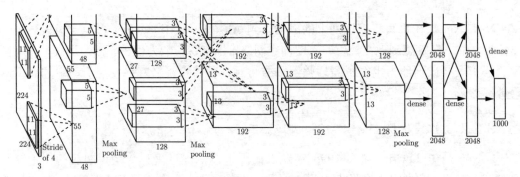

图 8.8　AlexNet，图片来源于文献 [52]

AlexNet 的出现表明深度学习的发展到达另一个巅峰，将卷积神经网络再一次发扬光大，把卷积神经网络的基本原理应用到更深更宽的模型中。AlexNet 的出现给后人在网络结构的设计上予以许多启示，并且该网络还在一些技术点上取得了一定的突破性成果。

（1）ReLU 激活函数。AlexNet 使用了 ReLU 作为网络中的激活函数[52]，在一定程度上极大地缓解了 Sigmoid 函数和 Tanh 函数可能带来的梯度消失问题，ReLU 激活函数在较深的网络中显示出了良好的效果。

（2）重叠池化。CNN 中一般使用平均池化，而在 AlexNet 中则全部使用最大池化，避免了平均池化带来的模糊效应。此外，AlexNet 中使用的是重叠的最大池化，步长小于池化核的大小，这使得池化的输出之间会由于重叠和覆盖，可以有效地提升特征的丰富性从而有效地避免过拟合现象的发生。

（3）DropOut。AlexNet 将 DropOut 应用到最后的几个全连接层中，因此在网络的训练过程中会随机 DropOut 一部分神经元从而有效避免模型过拟合。

（4）局部响应归一化。通过局部响应归一化对局部神经元的活动创建竞争机制，即激活反馈较大的神经元抑制反馈较小的神经元活动。

（5）数据增强。采用裁剪、旋转、镜像和缩放等方式来扩充数据量，能够有效地提高网络的精度。

8.2.3　VGGNet

VGGNet 由牛津大学的视觉几何组（Visual Geometry Group）和 Google DeepMind 公司提出[61]。VGGNet 的提出证明了基于尺寸较小的卷积核，增加其网络的深度可以有效提升模型的性能。VGGNet 至今依旧被经常用于图像特征的提取。

VGGNet 之所以如此受到欢迎，是因为其引入了"模块化"的设计思想，即将不同的层进行简单组合构成网络模块，然后再用构成的网络模块来组成完整的网络结构。同样，VGGNet 也继承了 AlexNet 的一些优点。VGGNet 研究人员在其论文中给出了 5 种不同的 VGGNet 配置，如图 8.9 所示。

ConvNet Configuration					
A	A-LRN	B	C	D	E
11 weight layers	11 weight layers	13 weight layers	16 weight layers	16 weight layers	19 weight layers
input (224×224 RGB image)					
conv3-64	conv3-64 LRN	conv3-64 conv3-64	conv3-64 conv3-64	conv3-64 conv3-64	conv3-64 conv3-64
maxpool					
conv3-128	conv3-128	conv3-128 conv3-128	conv3-128 conv3-128	conv3-128 conv3-128	conv3-128 conv3-128
maxpool					
conv3-256 conv3-256	conv3-256 conv3-256	conv3-256 conv3-256	conv3-256 conv3-256 conv1-256	conv3-256 conv3-256 conv3-256	conv3-256 conv3-256 conv3-256 conv3-256
maxpool					
conv3-512 conv3-512	conv3-512 conv3-512	conv3-512 conv3-512	conv3-512 conv3-512 conv1-512	conv3-512 conv3-512 conv3-512	conv3-512 conv3-512 conv3-512 conv3-512
maxpool					
conv3-512 conv3-512	conv3-512 conv3-512	conv3-512 conv3-512	conv3-512 conv3-512 conv1-512	conv3-512 conv3-512 conv3-512	conv3-512 conv3-512 conv3-512 conv3-512
maxpool					
FC-4096					
FC-4096					
FC-1000					
soft-max					

图 8.9 VGG 的 5 种配置，该数据来源于文献 [61]

图 8.9 每一列表示一种网络配置，分别用 A~E 表示。A~E 中将不同数量的卷积层拼成不同的模块，所有的 3×3 卷积都是步长为 1、填充为 1，因此在同一模块中的特征图的尺寸是不变的。特征图经过每一次的池化，其高度和宽度都变为原来的一半，相应地作为弥补，其通道数会增加一半，最后通过全连接层与 Softmax 输出最终结果。VGG-19结构如图 8.10 所示。

8.2.4 ResNet

深度残差网络（Deep Residual Network）[63] 算得上近年来计算机视觉领域继 AlexNet之后最具开创性的工作。ResNet 的提出使得成百上千层的神经网络的训练成为可能。VG-GNet 尝试寻找深度学习网络究竟可以加到多深以持续地提高分类准确率，但在 19 层之后网络的分类准确率开始逐渐下降。这一现象与我们之前的设想（深的网络一般会比浅的网络效果要好，要想进一步提升模型准确度，最直接的方法便是把网络设计得越深越好，模型的准确率也会随之越来越高）截然不同。后来的更多研究者们发现深度数据网络达到一定的深度之后再增加网络深度并不能进一步使分类性能提高，反而会出现网络性能退化现象。如图 8.11 所示，网络通过级联卷积层方式实现的一个 56 层网络的表现在同一数据集上其性能远不如 20 层的网络。

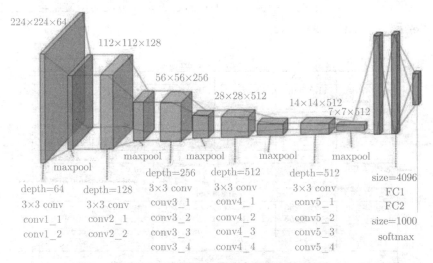

图 8.10　VGG-19，图片来源于文献 [62]

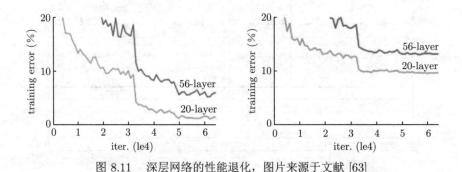

图 8.11　深层网络的性能退化，图片来源于文献 [63]

ResNet 获得的正是这种观察：当一个深度为 n 的网络达到了一定的准确度，再在该网络基础上简单地复制前面 n 层然后新增一层恒等映射之后，按道理应该可以达到相同的准确度或者是更高的准确度，但实际上，这样得到的深层网络会表现得更差。

ResNet 的研究人员将这些问题归结到一个假设中，即：恒等映射是很难学习的。因此，一种直观的修正方法是不再直接学习从 x 到 $H(x)$ 的恒等映射 $H(x) = x$，而是间接学习这两者之间的"残差"（residual）：$F(x) = H(x) - x$，最后的映射就成了 $H(x) = F(x) + x$，这便引出了残差模块，如图 8.12 所示。

残差网络便是由多个残差模块组合而成的网络，最后训练目标也是将残差结果逼近于 0，从而使得随着网络的不断加深，保证准确率不下降。这种残差跳跃式的结构，打破了传统的神经网络 $n - 1$ 层的输出只能作为第 n 层输入的传统，该结构使得某一层的输出直接跨过几层作为后面某一层的输入成为可能，ResNet 的提出为叠加多层网络而使得整个学习模型的错误率不降反升的难题提供了新的方法。

有了 ResNet 网络，神经网络的层数便可以超越之前的约束，达到上百层甚至上千层，这为后续的高级语义特征提取和分类提供了新的方向。残差模块的特性使得更深的网络训练成为可能，基于残差模块，微软研究人员给出了 5 种推荐的 ResNet，如图 8.13 所示。

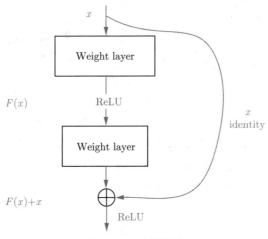

图 8.12　残差模块

layer name	output size	18-layer	34-layer	50-layer	101-layer	152-layer
conv1	112×112	7×7, 64, stride 2				
		3×3, max pool, stride 2				
conv2_x	56×56	$\begin{bmatrix} 3×3, 64 \\ 3×3, 64 \end{bmatrix}$ ×2	$\begin{bmatrix} 3×3, 64 \\ 3×3, 64 \end{bmatrix}$ ×3	$\begin{bmatrix} 1×1, 64 \\ 3×3, 64 \\ 1×1, 256 \end{bmatrix}$ ×3	$\begin{bmatrix} 1×1, 64 \\ 3×3, 64 \\ 1×1, 256 \end{bmatrix}$ ×3	$\begin{bmatrix} 1×1, 64 \\ 3×3, 64 \\ 1×1, 256 \end{bmatrix}$ ×3
conv3_x	28×28	$\begin{bmatrix} 3×3, 128 \\ 3×3, 128 \end{bmatrix}$ ×2	$\begin{bmatrix} 3×3, 128 \\ 3×3, 128 \end{bmatrix}$ ×4	$\begin{bmatrix} 1×1, 128 \\ 3×3, 128 \\ 1×1, 512 \end{bmatrix}$ ×4	$\begin{bmatrix} 1×1, 128 \\ 3×3, 128 \\ 1×1, 512 \end{bmatrix}$ ×4	$\begin{bmatrix} 1×1, 128 \\ 3×3, 128 \\ 1×1, 512 \end{bmatrix}$ ×8
conv4_x	14×14	$\begin{bmatrix} 3×3, 256 \\ 3×3, 256 \end{bmatrix}$ ×2	$\begin{bmatrix} 3×3, 256 \\ 3×3, 256 \end{bmatrix}$ ×6	$\begin{bmatrix} 1×1, 256 \\ 3×3, 256 \\ 1×1, 1024 \end{bmatrix}$ ×6	$\begin{bmatrix} 1×1, 256 \\ 3×3, 256 \\ 1×1, 1024 \end{bmatrix}$ ×23	$\begin{bmatrix} 1×1, 256 \\ 3×3, 256 \\ 1×1, 1024 \end{bmatrix}$ ×36
conv5_x	7×7	$\begin{bmatrix} 3×3, 512 \\ 3×3, 512 \end{bmatrix}$ ×2	$\begin{bmatrix} 3×3, 512 \\ 3×3, 512 \end{bmatrix}$ ×3	$\begin{bmatrix} 1×1, 512 \\ 3×3, 512 \\ 1×1, 2048 \end{bmatrix}$ ×3	$\begin{bmatrix} 1×1, 512 \\ 3×3, 512 \\ 1×1, 2048 \end{bmatrix}$ ×3	$\begin{bmatrix} 1×1, 512 \\ 3×3, 512 \\ 1×1, 2048 \end{bmatrix}$ ×3
	1×1	average pool, 1000-d fc, softmax				
FLOPs		$1.8×10^9$	$3.6×10^9$	$3.8×10^9$	$7.6×10^9$	$11.3×10^9$

图 8.13　ResNet 网络配置，该数据来自文献 [63]

得益于 ResNet 的表征能力，很多其他的计算机视觉应用，如图像分类、物体检测、语义分割和面部识别等的性能都得到了极大的提升，同时 ResNet 也因其简单的结构与优异的性能成为计算机视觉任务中最受欢迎的网络结构之一。

8.3　循环神经网络

前文简单介绍了卷积神经网络以及几种典型的卷积神经网络结构。通过前面的介绍你可能会认为卷积神经网络已经足够强大到可以解决所有的问题。的确，像卷积神经网络这样的前馈神经网络，理论上可以完成从确定形式的输入到确定形式的输出的任何映射。但是需要注意的是，前馈神经网络只能完成信息的单向传递。虽然这一特性使得模型容易训练，但是在某种程度上限制了模型的能力，前馈神经网络的输入相互独立，且当前的输入与过去和将来都没有关系。但是在很多实际任务中，往往会出现模型的当前输入不仅仅与当前时刻的输入有关而且还与过去某个状态有关。因此需要一种能力更强的模型——循环神经网络（Recurrent Neural Network，RNN）[64]。循环神经网络就是一种专门用来处理序列数据的神经网络。

对于序列化数据，考虑到序列的长度、顺序、上下文等因素，必须在模型的不同部分使用相同的参数。比如考虑下面两句话，"我爱你，中国！"和"中国，我爱你！"，需要利用机器学习模型来回答"我爱什么？"，不同的模型训练会有不同的学习难度。如果使用卷积神经网络，首先将会为句中的每一个字创建一个输入神经元，然后每一个神经元都会学习到不同的参数，从而达到回答问题的最终目的。针对上面提及的两种不同序列，如果使用卷积神经网络进行训练，则需要大量的训练数据来学习不同组合的序列，可想而知，训练难度很大。但是如果使用循环神经网络来解决这一问题，对于输入的每一个字使用共享参数来处理，那么序列的组合顺序以及长度问题便可以迎刃而解。所以，**共享参数**也是循环神经网络的一大特性。

不仅如此，循环神经网络还具有**短期记忆**能力。在循环神经网络中，隐藏层神经元不仅可以接收其他神经元的信息，同时还可以接收上一时刻自身的信息，从而形成一个小环路结构。

图 8.14 是一个典型的循环神经网络。

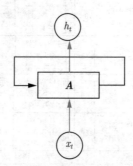

图 8.14　循环神经网络经典结构示意图

从图 8.14 可以看到循环网络的主体结构 A 的输入除了来自输入层的 x_t，还有来自上一时刻的隐藏状态 h_{t-1}。除了在 $t=0$ 时，输入仅是当前时刻的输入，当 $t>0$ 时，循环神经网络的模块 A 在读取了 x_t 和 h_{t-1} 之后会生成新的隐藏状态 h_t，并产生当前时刻的输出 o_t。因此可知循环神经网络当前的状态 h_t 是根据上一时刻的状态 h_{t-1} 和当前的输入 x_t 共同决定的。

将图 8.14 中的循环网络结构按时间进行展开，如图 8.15 所示。

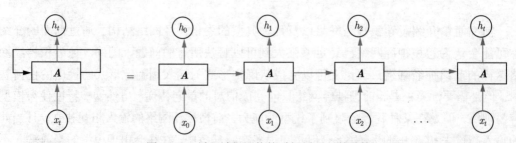

图 8.15　循环神经网络按时间展开后的结构

在 t 时刻，状态 h_t 包含了前面序列 $x_0, x_1, \cdots, x_{t-1}$ 的信息，并将这些信息作为输出

o_t 的参考。由于序列长度可以无限长，t 时刻的状态不可能把所有信息都给保存下来，因此模型必须学习只保留与后面任务 $o_t, o_{t+1}, \cdots$ 最为相关的最重要的信息。

图 8.15 中，循环神经网络对长度为 N 的序列展开后，可以将其视为一个具有 N 个中间层的前馈神经网络。由于该中间层没有循环链接，所以同样也可以使用反向传播算法进行训练，且无须其他特别的优化算法。这种训练方法被称为 "沿时间反向传播"，这种方法也是训练循环神经网络最为常见和常用的方法。

与前面的前馈神经网络相比，循环神经网络从某种程度上更加符合生物神经网络的结构。目前，循环神经网络已经被广泛运用于各种序列数据的处理应用中，像日常生活常见的语音识别以及根据面部年龄进行建模都运用了循环神经网络结构。

8.4 深度学习框架

8.4.1 深度学习框架的作用

近年来，深度学习在多个应用领域取得了飞跃性的进步和突破，带来了一种全新的方法论变革，很多大型公司都开始涉足深度学习和人工智能领域。一方面，可以说深度学习是一个强大的识别和学习工具，在很大程度上解决了一些传统方法难以解决的问题；另一方面，深度学习对大量数据的需求以及其本身的复杂性仍然是其发展壮大路上的最大阻碍。深度学习框架的出现降低了深度学习入门的门槛，通过提供一系列深度学习的组件，就可以避免重复造轮子。

1. 易用性

在深度学习框架的帮助下，深度学习模型的设置如同编写伪代码一样容易，程序员只需要关注模型的高层结构，而无须担心任何琐碎的底层问题。

2. 高效性

对于目前大规模的深度学习任务来说，巨大的数据量使得单片机很难在有限的时间内完成训练。这就需要集群式分布式并行训练或者使用多 GPU（图形处理器）进行计算，因此使用具有分布式性能的深度学习框架可以使模型训练更加高效。

8.4.2 常见的深度学习框架

目前研究人员使用的深度学习框架不尽相同，有飞桨（PaddlePaddle）、TensorFlow、Caffe、Keras 以及 Pytorch 等。这些深度学习框架被应用于计算机视觉、语音识别、自然语言处理等各个行业领域。下面简要介绍一下前四种深度学习框架：

1. 飞桨

飞桨是百度提供的国内首个开源深度学习框架，是基于 "深度学习编程语言" 的新一代深度学习框架。框架本身具有易用、易学、安全、高效四大特性，是最适合中国开发者和企业的深度学习工具。

2. TensorFlow

TensorFlow 是 2015 年 11 月 10 日 Google 宣布推出的全新的机器学习开源工具。TensorFlow 主要用于进行机器学习和深度神经网络研究。由于 Google 在深度学习领域的巨大影响力和强大的推广能力，TensorFlow 一经推出就获得了极大的关注，随之便迅速成为现如今用户最多的深度学习框架。

3. Caffe

Caffe 是由神经网络中的表达式、速度以及模块化产生的深度学习基础。Caffe 是一个基于 C++/CUDA （Computer Unified Device Architecture） 架构的框架，开发者能够利用其自由地组织网络，目前支持卷积神经网络和全连接神经网络。

4. Keras

Keras 是基于 Python 开发的极其精简并高度模块化的神经网络库，在 TensorFlow 或 Theano 上都能够运行，是一个高度模块化的神经网络库，支持 GPU 和 CPU 运算。

8.4.3　飞桨概述——深度学习开源平台 PaddlePaddle

飞桨（PaddlePaddle）是百度旗下的深度学习开源平台，也是国内首个开源深度学习平台。PaddlePaddle 以百度多年的深度学习技术研究和业务应用为基础，集深度学习核心框架、基础模型库、端到端开发套件、工具组件和服务平台于一体，是全面开源开放、技术领先、功能完备的产业级深度学习平台，该产品的官方地址是 https://www.paddlepaddle.org.cn/。

PaddlePaddle 可实现 CPU/GPU 单机和分布式模式，同时支持海量数据训练、数百台机器并行运算，轻松应对大规模的数据训练；此外，PaddlePaddle 具有易用、高效、灵活和可伸缩等特点，具备高质量 GPU 代码，提供机器翻译、推荐、图像分类、情感分析、语义角色标注等多个任务。在训练效果相同情况下，PaddlePaddle 比 TensorFlow 训练速度更快，这主要是由于 PaddlePaddle 与生俱来的框架设计更具优势，并且随着不断优化未来很有可能会具有更快的速度。

飞桨不仅包含深度学习框架，还提供了一整套紧密关联、灵活组合的完整工具组件和服务平台，有利于深度学习技术的应用落地，组件和服务平台如图 8.16 所示。目前飞桨已广泛应用于工业、农业、服务业等行业。

1. 飞桨特点

（1）支持动态图和静态图，兼顾灵活性和高性能。飞桨同时为用户提供动态图和静态图两种计算图。动态图组网更灵活、调试网络更便捷、实现 AI 想法更快速；静态图部署方便、运行速度快，应用落地更高效。

（2）源于产业实践，输出业界领先的超大规模并行深度学习平台能力。飞桨提供了 80 多个官方模型，全部经过真实应用场景的有效验证。不仅包含"更懂中文"的 NLP 模型，同时开源多个视觉领域国际竞赛冠军算法。

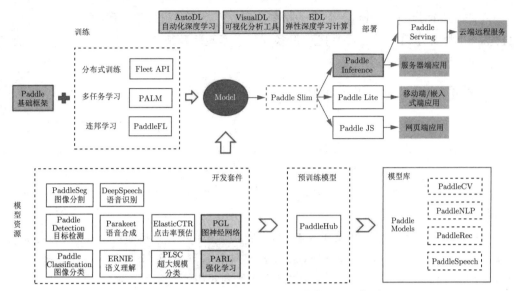

图 8.16 飞桨 PaddlePaddle 组件使用场景概览

（3）可提供强大的深度学习并行技术和高性价比的多机 CPU 参数服务器解决方案。飞桨同时支持稠密参数和稀疏参数场景的超大规模深度学习并行训练，支持万亿规模参数、数百个节点的高效并行训练，可有效地解决超大规模推荐系统、超大规模数据、自膨胀的海量特征及高频率模型迭代的问题，实现高吞吐量和高加速比。

（4）支持多框架、多硬件和多操作系统，为用户提供高兼容性、高性能的多端部署能力。飞桨依托业界领先的底层加速库，利用 Paddle Lite 和 Paddle Serving 分别实现端侧和服务器上的部署。

（5）丰富的工具组件。

① PaddleHub 组件，预训练模型管理和迁移学习组件，提供 40 多个预训练模型，覆盖文本、图像、视频三大领域八类模型；通过 Python API 或者命令行工具，一行代码完成预训练模型的预测；结合 Fine-tune API，10 行代码完成迁移学习。

② PARL 组件，基于飞桨的深度强化学习框架，具有高灵活性和可扩展性，支持可定制的并行扩展，覆盖 DQN、DDPG、PPO、IMPALA、A2C、GA3C 等主流强化学习算法。

③ VisualDL 组件，深度学习可视化工具库，帮助开发者方便地观测训练整体趋势、数据样本质量、数据中间结果、参数分布和变化趋势、模型的结构，更便捷地处理深度学习任务。

④ PALM 组件，灵活易用的多任务学习框架，框架中内置了丰富的模型和数据集读取与处理工具。对于典型的任务场景，用户几乎无须书写代码便可完成新任务的添加；对于特殊的任务场景，用户可通过预置接口来完成对新任务的支持。

⑤ PGL 组件，高效易用的图学习框架，PGL 提供一系列的 Python 接口用于存储/读取/查询图数据结构，并且提供基于游走（Walk Based）以及消息传递（Message Passing）两种计算范式的计算接口。利用这些接口，可以轻松地搭建最前沿的图学习算法。结合飞桨核心框架，就基本能够覆盖大部分的图网络应用，包括图表示学习以及图神经网络。

⑥ PaddleFL 组件，开源联邦学习框架。研究人员可以很轻松地用 PaddleFL 复制和比较不同的联邦学习算法，并且提供很多联邦学习策略及其在计算机视觉、自然语言处理、推荐算法等领域的应用。

2. PaddlePaddle 飞桨的安装与使用

PaddlePaddle 是一款以 Python 语言为主导开发的易用、高效、灵活、可扩展的深度学习框架。以下将介绍如何安装 PaddlePaddle 框架。虽然飞桨支持 CPU 运行，但是也有一些实例只能在 GPU 上运行，所以很有必要在学习本节之前购买一台带有 GPU 显卡的计算机。截至目前，PaddlePaddle 已经支持 Ubuntu、CentOS、macOS 和 Windows 操作系统。

（1）PaddlePaddle 安装环境和版本。目前 PaddlePaddle 要求的 Python 版本为 2.7.15+/3.5.1+/3.6/3.7（64 bit）并且 Python 的软件包管理系统 pip 或 pip3 的版本要求为 9.0.1+（64 bit），PaddlePaddle 适配的操作系统和对应的版本如下：

在 Windows 操作系统下进行安装，PaddlePaddle 官方要求的系统版本是 Windows 7/8/10 专业版/企业版（64bit）。Windows 操作系统下也有 GPU 版本，支持 CUDA 9.0/9.1/9.2/10.0/10.1，且仅支持单卡。

在 Ubantu 或者 Centos 操作系统下进行安装的版本情况如下：

① Ubuntu 14.04（GPU 版本支持 CUDA 10.0/10.1）；

② Ubuntu 16.04（GPU 版本支持 CUDA 9.0/9.1/9.2/10.0/10.1）；

③ Ubuntu 18.04（GPU 版本支持 CUDA 10.0/10.1）。

如果在 CentOS 的操作系统下，则要求 Cenos 系统的版本为 64 bit，支持的版本如下：

① CentOS 6（GPU 版本支持 CUDA 9.0/9.1/9.2/10.0/10.1，仅支持单卡）；

② CentOS 7（GPU 版本支持 CUDA 9.0/9.1/9.2/10.0/10.1，其中 CUDA 9.1 仅支持单卡）；

PaddlePaddle 支持的操作系统，同时也涵盖了 MacOS，其支持的版本为 MacOS 10.11/10.12/10.13/10.14（64 bit）（不支持 GPU 版本）。

（2）PaddlePaddle 安装和配置。安装 PaddlePaddle 深度学习框架前，需要自行根据电脑的操作系统安装对应 Python 的版本。推荐读者安装 Anaconda，它是一个比较流行的用于科学计算和信号处理等领域的开源的 Python 发行版本，提供了大规模数据处理、预测分析和科学计算工具，Anaconda 的官方地址为：https://www.anaconda.com/。

① 环境检查。前面已经介绍了 PaddlePaddle 所需要的环境，在安装前请先检查自己的已安装环境，在命令行窗口输入以下命令来输出 Python 的版本：

python - -version

如果使用的 Python2，输出的版本是 2.7.15+，Python3 则是 3.5.1+/3.6+/3.7+。

接着确认 pip（Python 包管理工具）的版本是否满足要求，PaddlePaddle 要求的 pip 版本为 9.0.1+，读者可以使用以下命令进行查看：

python -m ensurepip

python -m pip - -version

② 环境检查。如果计算机没有 NVIDIA® GPU，则安装 CPU 版的 PaddlePaddle；如果计算机有 NVIDIA® GPU，推荐安装 GPU 版的 PaddlePaddle 和 CUDA 工具包 9.0/10.0 配合 cuDNN v7.3+。另外，如需多卡支持，需配合 NCCL2.3.7 及更高。**注：目前官方发布的 Windows 安装包仅包含 CUDA 9.0/10.0 的单卡模式，不包含 CUDA 9.1/9.2/10.1，如需使用，请通过源码自行编译。**可参考 NVIDIA 官方文档了解 CUDA 和 CUDNN 的安装流程和配置方法，其网址如下：

CUDA：https://docs.nvidia.com/cuda/cuda-installation-guide-linux/

cuDNN：https://docs.nvidia.com/deeplearning/sdk/cudnn-install/

③ 安装方式。飞桨支持 pip 安装、conda 安装和源码编译安装。以下介绍如何使用 pip 进行安装。

CPU 版 PaddlePaddle：

python -m pip install paddlepaddle -i https://mirror.baidu.com/pypi/simple（推荐使用百度源）或 python -m pip install paddlepaddle -i https://pypi.tuna.tsinghua.edu.cn/simple

GPU 版 PaddlePaddle：

需要提前安装 CUDA，目前不同 PaddlePaddle 与 CUDA，cuDNN 版本的对应关系，请见安装包列表：https://www.paddlepaddle.org.cn/documentation/docs/zh/install/Tables.html#whls

在确认了对应的 cuDNN 版本之后使用命令：

python -m pip install paddlepaddle-gpu -i https://mirror.baidu.com/pypi/simple 或 python -m pip install paddlepaddle-gpu -i https://pypi.tuna.tsinghua.edu.cn/simple

④ 验证安装。安装完成后使用 Python 进入 Python 解释器，输入 import paddle.fluid as fluid，再输入 fluid.install_check.run_check()，如果出现 Your Paddle Fluid is installed successfully!，说明已成功安装。

⑤ 卸载。可使用以下命令卸载 PaddlePaddle：

CPU 版本的 PaddlePaddle：python -m pip uninstall paddlepaddle

GPU 版本的 PaddlePaddle：python -m pip uninstall paddlepaddle-gpu

8.5 线性回归小实例在飞桨深度学习平台的应用

```
In[1]:   # 查看当前挂载的数据集目录，该目录下的变更重启环境后会自动还原
         # View dataset directory. This directory will be recovered
     automatically after resetting environment.
         !ls /home/aistudio/data
Out[1]: data65   data760
```

```
In[2]:   # 查看工作区文件，该目录下的变更将会持久保存. 请及时清理不必要的文件，避免
     加载过慢.
```

```
        # View personal work directory. All changes under this directory will
     be kept even after reset.
        # Please clean unnecessary files in time to speed up environment
     loading.
        !ls /home/aistudio/work
Out[2]: infer_model          persisit_model_epoch2
     persisit_model_epoch0   persisit_model_epoch4
```

主要是采用静态图来实现，有关静态图和动态图的区别，请读者自行了解。首先导入实验所需要的包和模块，其中的 matplotlib 包用于可视化实验结果。

```
In[3]:   import math
         import sys
         from matplotlib import pyplot as plt
         import paddle
         import paddle.fluid as fluid
         import numpy as np
         print(paddle.__version__)
Out[3]: 1.7.0
```

1. 构造数据集

为了能够更加直观地展示实验结果，方便比较参数和真实模型的区别。我们线性回归的权重 w 为 $[-2.5,5]$，偏差 b 为 3.4，再添加一个随机噪声项 α。$y=xw+b+\alpha$。其中噪声项服从均值为 0、标准差为 0.01 的正态分布。

```
In[4]:   # 构造数据集
         def load_datas(w,b):
             # 目标函数的参数
             true_w=np.array(w).reshape(2,1)
             true_b=b
             # 随机生成一系列数据
             datas=np.random.normal(loc=0.0,scale=1.0,size=(800,2))
             # 将datas输入函数生成label
             labels=datas.dot(true_w)+true_b
             # 添加噪声扰乱数据
             labels+=np.random.normal(scale=0.01,size=labels.shape)
             return datas,labels
         datas,labels=load_datas([-2.5,5],3.4)
         print(datas.shape,labels.shape)
Out[4]: (800, 2) (800, 1)
```

将数据做成散点图，如图 8.17 所示，可以大致了解数据的分布情况，并且更加直观地观察特征和标签之间的线性关系。

```
In[5]:  plt.scatter(datas[:,1],labels,1),plt.scatter(datas[:,0],labels,1)
```

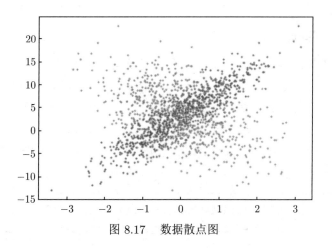

图 8.17　数据散点图

2. 数据层的定义

```
In[6]:  x = fluid.data(name='x', shape=[None,2], dtype='float32') # 定义输入的形
        状和数据类型
        y = fluid.data(name='y', shape=[None,1], dtype='float32') # 定义输出的形
        状和数据类型
```

3. 定义网络

对于线性回归来讲，它就是一个从输入到输出的简单的全连接层。

```
In[7]:  # 连接输入和输出的全连接层，这里仅使用一层
        y_predict = fluid.layers.fc(input=x, size=1, act=None,name='fc1')
```

4. 定义损失函数

由于是进行线性回归，这里使用了均方误差损失函数，用来衡量与标签真实值之间的差距。训练程序必须返回平均损失作为第一个返回值，因为它会被后面反向传播算法用到。

```
In[8]:  # 利用标签数据和输出的预测数据估计方差
        cost = fluid.layers.square_error_cost(input=y_predict, label=y)
        avg_loss = fluid.layers.mean(cost) # 对方差求均值，得到平均损失
```

5. 定义优化方法

使用 SGD 随机梯度下降法，通过不断迭代模型的参数来优化损失函数，learning_rate 表示学习率，其值设置为 0.001。

```
In[9]:  sgd_optimizer = fluid.optimizer.SGD(learning_rate=0.001)
        opts=sgd_optimizer.minimize(avg_loss)
```

6. 配置训练程序

前面描述了损失函数、优化方法和整个网络模型。参数初始化操作为 fluid.default_ startup_program() 函数。获取默认/全局 startup Program（初始化启动程序），startup_ program 会使用内在的 OP（算子）去初始化它们，并由 cn_api_fluid_layers 中的函数 将这些 OP 追加到 startup Program 中。使用 fluid.Executor() 运行这一程序，即可在全局 fluid.global_scope() 中随机初始化参数，初始化之后的参数默认被放在全局 scope 中，即 fluid.global_scope()。

```
In[10]: main_program = fluid.default_main_program() # 获取默认/全局主函数
        startup_program = fluid.default_startup_program() # 获取默认/全局启动程
        序

        # 克隆main_program得到test_program
        # 有些operator在训练和测试之间的操作是不同的，例如batch_norm,
        # 使用参数for_test来区分该程序是用来训练还是用来测试。
        # 该api不会删除任何操作符,请在backward和optimization之前使用
        test_program = main_program.clone(for_test=True)
```

7. 创建 Executor（执行器）

根据安装的 PaddlePaddle 版本，可以指定用 CPU 或 GPU 来进行模型的运算。

```
In[11]: use_cuda = True  #True: 使用GPU, False: 使用CPU
        place = fluid.CUDAPlace(0) if use_cuda else fluid.CPUPlace() # 指明
        executor的执行场所

        # executor可以接受传入的program，并根据feed map(输入映射表)和
          fetch list(结果获取表)
        # 向program中添加数据输入算子和结果获取算子。
        # 使用close()关闭该executor，调用run()执行program
        exe = fluid.Executor(place)
        exe.run(program=startup_program) #参数初始化

Out[11]:[]
```

8. 模型训练

网络模型设定好，初始化参数模型之后，就可以开始进行训练了。首先按 8:2 的比例 划分了训练集和验证集，设定迭代次数 epoch_num，每一次迭代都会遍历所有训练集的

数据并在验证集上检验训练的效果，了解泛化的性能。训练时，把已经全部初始化好参数的 main_program 传入执行器的 run 函数，feed 中可以添加对应的数据，其中的 x,y 是数据层中定义的名称，读取的数据要和数据层定义的数据形状一致。fetch_list 中指定了网络的输出的结果，这里是输出 loss 损失。run 函数运行时会自动调用反向函数 backward 计算小批量随机梯度，并调用优化算法 sgd 迭代模型参数，再计算指定的输出结果并返回。run 执行之后，为了防止训练时因为不可抗条件意外中断，设置了一个检查点，每两个 epoch 保存一次当前的已训练参数，这样就可以随时从保存的状态恢复训练。

```
In[12]:  # 设置并读取数据集
         w=[-2.5,5]
         b=3.4
         datas,labels=load_datas(w,b)
         # 划分数据集,按8:2划分训练集和验证集
         split_num=int(0.8*datas.shape[0])
         train_datas,train_labels=datas[:split_num,:],labels[:split_num,:]
         valid_datas,valid_labels=datas[split_num:,:],labels[split_num:,:]
         # 持久化变量保存的路径
         dirname='./work/persisit_model_epoch'
         # 训练模型, 遍历数据集的轮数
         all_epoch_train_loss=[]
         all_epoch_valid_loss=[]
         epoch_num=5
         for epoch in range(epoch_num):
             ### 训练
             epoch_train_loss=[] # 记录这一轮的训练损失
             for data,label in zip(train_datas,train_labels):
                 data_x=np.array(data).astype('float32').reshape((1,2)) # 需要将
         数据shape转换为(批量数,特征数)
                 data_y=np.array(label).astype('float32').reshape((1,1))
                 train_loss=exe.run(main_program,# 训练的program
                         feed={'x':data_x,'y':data_y}, # feed中添加自己的数据
                         fetch_list=[avg_loss])
                 # 注意这里不能把其他任何参数赋值给avg_loss,要保持avg_loss的损失
         函数计算方法
                 epoch_train_loss.append(train_loss[0])
             # 计算这一轮训练损失的平均值
             train_avg_loss=np.array(epoch_train_loss).mean()
             all_epoch_train_loss.append(train_avg_loss)
             print('train,epoch:{},loss:{}'.format(epoch,train_avg_loss))
             # 这里添加一个保存长期变量参数的模型,用于恢复训练
             if epoch%2==0:
                 dir_path=dirname+str(epoch)
                 fluid.io.save_persistables(exe,dir_path,main_program)
```

```
                    print('save persist model:',dir_path)
            ### 验证
            epoch_valid_loss=[] # 记录这一轮的验证集损失
            for data,label in zip(valid_datas,valid_labels):
                    data_x=np.array(data).astype('float32').reshape((1,2)) # 需要将
数据shape转换为(批量数,特征数)
                    data_y=np.array(label).astype('float32').reshape((1,1))
                    valid_loss=exe.run(test_program, # 传入测试用的program
                        feed={'x':data_x,'y':data_y}, # feed中添加自己的数据
                        fetch_list=[avg_loss])
                    # 注意这里不能把其他任何参数赋值给avg_loss，要保持avg_loss的损失
函数计算方法
                    epoch_valid_loss.append(valid_loss[0])
            valid_avg_loss=np.array(epoch_valid_loss).mean()
            all_epoch_valid_loss.append(valid_avg_loss)
            print('valid,epoch:{},loss:{}'.format(epoch,valid_avg_loss))

Out[12]:train,epoch:0,loss:17.59280776977539
        save persist model: ./work/persisit_model_epoch0
        valid,epoch:0,loss:3.096270799636841
        tarin,epoch:1,loss:1.186596155166626
        valid,epoch:1,loss:0.21587476134300232
        tarin,epoch:2,loss:0.08332128822803497
        save persist model: ./work/persisit_model_epoch2
        valid,epoch:2,loss:0.015564454719424248
        tarin,epoch:3,loss:0.006150102708488703
        valid,epoch:3,loss:0.0012015994871035218
        tarin,epoch:4,loss:0.00055780622264248729
        save persist model: ./work/persisit_model_epoch4
        valid,epoch:4,loss:0.00016186918946914375
```

为了比较直观地展示训练的效果，可使用 matplotlib 折线图展示 loss 下降的整体过程，如图 8.18 所示。

```
In[13]: plt.xlabel(u'epoch',fontsize=14) # 设置x轴，并设定字号大小
        plt.ylabel(u'loss',fontsize=14) # 设置y轴，并设定字号大小
        plt.plot(list(range(len(all_epoch_train_loss))),all_epoch_train_loss,
    label='train')
        plt.plot(list(range(len(all_epoch_valid_loss))),all_epoch_valid_loss,
    label='valid')
        plt.legend(loc=2) # 图例展示位置，数字代表第几象限
        plt.show() # 显示图像
```

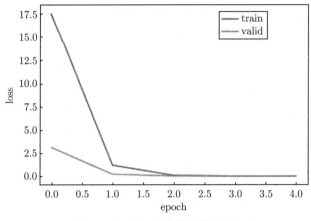

图 8.18 loss 下降的整体过程

训练损失和验证损失都已经基本接近 0，说明整体拟合效果非常好。

9. 模型/变量的保存和载入

PaddlePaddle 中提供了几种保存和读取模型的方法，包括 save_vars、save_params、save_persistables 以及 save_inference_model。它们的区别是：

save_inference_model 会根据用户配置的 feeded_var_names 和 target_vars 进行网络裁剪，保存裁剪后的网络结构的 ___model___ 以及裁剪后网络中的长期变量。

save_persistables 不会保存网络结构，会保存网络中的全部长期变量到指定位置。

save_params 不会保存网络结构，会保存网络中的全部模型参数到指定位置。

save_vars 不会保存网络结构，会根据用户指定的 fluid.framework.Parameter 列表进行保存。

save_persistables 保存的网络参数是最全面的，如果是增量训练或者恢复训练，请选择 save_persistables 进行变量保存。save_inference_model 会保存网络参数及裁剪后的模型，如果后续要做预测相关的工作，可选择 save_inference_model 进行变量和网络的保存。save_vars 和 save_params 仅在用户了解清楚用途及特殊目的情况下使用，一般不建议使用。

10. 恢复训练

在训练时，已经设置了检查点用来保存模型的参数，下面的 params_path 用来指明模型的参数路径。调用 fluid.io.load_persistables 程序会自动加载这个位置的模型参数，随时可以恢复模型的训练。

```
In[14]:  # 设置恢复点参数的位置
         params_path='./work/persisit_model_epoch0'

         recover_exe = fluid.Executor(place)
         recover_scope = fluid.core.Scope()
```

```
        with fluid.scope_guard(recover_scope):
            fluid.io.load_persistables(recover_exe,params_path,main_program) #
载入训练模型
        epoch_num=5
        for epoch in range(epoch_num):
            ### 训练
            epoch_train_loss=[] # 记录这一轮的训练损失
            for data,label in zip(train_datas,train_labels):
                data_x=np.array(data).astype('float32').reshape((1,2))
                # 需要将数据shape转换为(批量数,特征数)
                data_y=np.array(label).astype('float32').reshape((1,1))
                train_loss=exe.run(main_program,# 训练的program
                        feed={'x':data_x,'y':data_y}, # feed中添加自己的数据
                        fetch_list=[avg_loss])
                    # 注意这里不能把其他任何参数赋值给avg_loss,要保持
avg_loss的损失函数计算方法
                epoch_train_loss.append(train_loss[0])
            # 计算这一轮训练损失的平均值
            train_avg_loss=np.array(epoch_train_loss).mean()
            print('train,epoch:{},loss:{}'.format(epoch,train_avg_loss))

Out[14]:train,epoch:0,loss:1.186596155166626
        train,epoch:1,loss:0.08332128822803497
        train,epoch:2,loss:0.006150102708488703
        train,epoch:3,loss:0.0005578062264248729
        train,epoch:4,loss:0.00013972815941087902
```

可以看到恢复训练的第一个 epoch 的 loss 值和在初始训练时的第二个 loss 值很接近，说明是从训练第一个 epoch 后恢复了训练。训练完之后查看一下训练的权重 w 和 b，并对比一下真实的 w 和 b，从而了解训练的效果。

```
In[15]: # 通过调用以下功能，可以查看网络中所有的参数情况
        param_list = fluid.framework.default_main_program().block(0).
    all_parameters()
        print(param_list)

Out[15]:[name: "fc1.w_0"
        type {
        type: LOD_TENSOR
        lod_tensor {
            tensor {
            data_type: FP32
            dims: 2
            dims: 1
```

```
        }
    }
    }
    persistable: true
    , name: "fc1.b_0"
    type {
    type: LOD_TENSOR
    lod_tensor {
        tensor {
        data_type: FP32
        dims: 1
        }
    }
    }
    persistable: true
    ]
```

接着通过 name 获取上面的参数信息：

```
In[16]: pre_w=recover_scope.find_var('fc1.w_0').get_tensor()
        pre_b=recover_scope.find_var('fc1.b_0').get_tensor()
        print('pred_param',np.array(pre_w).reshape(-1,2),np.array(pre_b))
        print('true_param',w,b)

Out[16]:pred_param [[-2.4985452  4.9983   ]] [3.3988583]
        true_param [-2.5, 5] 3.4
```

模型学习的参数和真实参数非常接近了，证明线性回归已经基本收敛。再使用一些数据预测，看一下结果如何。

11. 预测模型保存

如果模型的目的是用于对新样本的预测，可以使用 fluid.io.save_inference_model() 接口来进行模型参数的保存。通过调用该函数，PaddlePaddle Fluid 会对默认 fluid.Program 也就是 prog 中的所有模型变量进行扫描，筛选出其中所有的模型参数，并将这些模型参数保存到指定的 param_path 之中。

```
In[17]: params_path='./work/infer_model' #保存模型参数的路径
        '''
        dirname (str) - 指定保存预测模型结构和参数的文件目录。
        feeded_var_names (list[str]) - 字符串列表，包含着Inference Program
        预测时所需提供数据的所有变量名称（即所有输入变量的名称）。
        target_vars (list[Variable]) - Variable （详见 基础概念 ）类型列表，包含
        着模型的所有输出变量。
```

通过这些输出变量即可得到模型的预测结果。

```
executor (Executor) - 用于保存预测模型的 executor
'''
fluid.io.save_inference_model(dirname=params_path,feeded_var_names=\
                              ['x'], target_vars=[y_predict],
                              executor=exe)
```

Out[17]:['fc1.tmp_1']

12. 预测模型加载与预测

预测模型加载与预测类似于训练过程，预测器需要一个预测程序来做预测。可以稍加修改训练程序来把预测值包含进来。通过 fluid.io.load_inference_model，预测器会从 params_dirname 中读取已经训练好的模型，来对新数据进行预测。

```
In[18]: infer_exe = fluid.Executor(place)
        inference_scope = fluid.core.Scope()

        with fluid.scope_guard(inference_scope):
            [inference_program, feed_target_names,
            fetch_targets] = fluid.io.load_inference_model(params_path,
    infer_exe) # 载入预测模型
            ip_data1=input('input x1: ')
            print(ip_data1)
            ip_data2=input('input x2: ')
            print(ip_data2)
            ip_data=np.array([[ip_data1,ip_data2]]).astype('float32').reshape
    ((1,2))
            # 变换数据格式为输入的格式
            result=infer_exe.run(
                inference_program,
                feed={feed_target_names[0]:ip_data},
                fetch_list=fetch_targets
            )
            print('the result of model is : ',result[0][0][0])
            label=ip_data.dot(np.array(w))+b
            print('the result of label is :',label[0])

        print(w,b)

Out[18]:input x1: 3
        input x2: 2
        the result of model is : 5.9024515
        the result of label is : 5.9
```

```
[-2.5, 5] 3.4
```

对比结果，可以看到学习到的模型的预测结果和真实值非常接近了。

总结：通过一个线性回归的小实例，简单介绍了 PaddlePaddle 框架的基本使用。可以发现整体实现过程非常简洁，PaddlePaddle 框架已经把大部分功能和需要的工具都封装好了，作为用户只需要关注自己的数据和模型结构，其他事情全都交给 PaddlePaddle 去处理就行了。此外，PaddlePaddle 是一个非常全面的框架，还有很多有用的工具和方法，本节不进行介绍，需要读者自行了解和实践。

8.6　深度学习应用实例——口罩识别

口罩识别，是指可以有效检测在密集人流区域中佩戴和未佩戴口罩的所有人脸，同时判断行人是否佩戴口罩。通常由两个功能单元组成，其一是口罩人脸的检测，其二是口罩人脸的分类。本次实践相比生产环境中口罩识别的问题，降低了难度，仅实现人脸口罩判断模型。本实践旨在通过一个口罩识别的案例，让大家理解和掌握如何使用飞桨动态图搭建一个经典的卷积神经网络。数据集下载：https://aistudio.baidu.com/aistudio/datasetdetail/22392。

特别提示：本实践所用数据集均来自互联网，请勿用于商务用途。该实验是在百度研发的开源深度学习平台飞桨上进行的。

1. 导入必要的包以及参数配置

```
In[1]:  import os
        import zipfile
        import random
        import json
        import paddle
        import sys
        import numpy as np
        from PIL import Image
        from PIL import ImageEnhance
        import paddle.fluid as fluid
        from multiprocessing import cpu_count
        import matplotlib.pyplot as plt

In[2]:  '''
        参数配置
        '''
        train_parameters = {
            "input_size": [None,3, 224, 224],          # 输入图片的shape
            "class_dim": -1,                            # 分类数
            "src_path":"data/data22392/maskDetect.zip", #原始数据集路径
```

```
        "target_path":"/home/aistudio/data/",          # 要解压的路径
        "train_list_path": "/home/aistudio/data/train.txt", #train.txt路径
        "eval_list_path": "/home/aistudio/data/eval.txt",  #eval.txt路径
        "readme_path": "/home/aistudio/data/readme.json",  #readme.json路径
        'params_path':'./work/infer_model',     # 保存预测模型参数的路径
        "label_dict":{},                        # 标签字典
        "num_epochs": 40,                       # 训练轮数
        "train_batch_size": 10,                 # 训练时每个批次的大小
        "learning_strategy": {                  # 优化函数相关的配置
            "lr": 0.00001                       #超参数学习率
        }
    }
```

2. 数据准备

（1）解压原始数据集；

（2）按照比例划分训练集与验证集；

（3）打乱数据顺序，生成数据列表；

（4）构造训练数据集提供器和验证数据集提供器。

```
In[3]:  def unzip_data(src_path,target_path):
            '''
            解压原始数据集，将src_path路径下的zip包解压至data目录下
            '''
            if(not os.path.isdir(target_path + "maskDetect")):
                z = zipfile.ZipFile(src_path, 'r')
                z.extractall(path=target_path)
                z.close()


In[4]:  def get_data_list(target_path,train_list_path,eval_list_path):
            '''
            生成数据列表
            '''
            # 存放所有类别的信息
            class_detail = []
            # 获取所有类别保存的文件夹名称
            data_list_path=target_path+"maskDetect/"
            class_dirs = os.listdir(data_list_path)
            # 总的图像数量
            all_class_images = 0
            # 存放类别标签
            class_label=0
            #存放类别数目
            class_dim = 0
```

```python
# 存储要写进eval.txt和train.txt中的内容
trainer_list=[]
eval_list=[]
# 读取每个类别, ['maskimages', 'nomaskimages']
for class_dir in class_dirs:
    if class_dir != ".DS_Store":
        class_dim += 1
        # 每个类别的信息
        class_detail_list = {}
        eval_sum = 0
        trainer_sum = 0
        # 统计每个类别有多少张图片
        class_sum = 0
        # 获取类别路径
        path = data_list_path  + class_dir
        # 获取所有图片
        img_paths = os.listdir(path)
        for img_path in img_paths:
        # 遍历文件夹下的每张图片
            name_path = path + '/' + img_path    # 每张图片的路径
            if class_sum % 10 == 0:
            # 每10张图片取一个做验证数据
                eval_sum += 1
                # test_sum为测试数据的数目
                eval_list.append(name_path+
                "\t%d" % class_label+"\n")
            else:
                trainer_sum += 1
                trainer_list.append(name_path
                + "\t%d" % class_label + "\n")
                # trainer_sum训练数据的数目
            class_sum += 1                # 每类图片的数目
            all_class_images += 1        # 所有类图片的数目

        # 说明的json文件的class_detail数据
        class_detail_list['class_name'] = class_dir
        # 类别名称, 如jiangwen
        class_detail_list['class_label'] = class_label
        # 类别标签
        class_detail_list['class_eval_images'] = eval_sum
        # 该类数据的测试集数目
        class_detail_list['class_trainer_images'] = trainer_sum
        # 该类数据的训练集数目
        class_detail.append(class_detail_list)
```

```python
            # 初始化标签列表
            train_parameters['label_dict'][str(class_label)]
            = class_dir
            class_label += 1


        # 初始化分类数
        train_parameters['class_dim'] = class_dim



        # 乱序
        random.shuffle(eval_list)
        with open(eval_list_path, 'a') as f:
            for eval_image in eval_list:
                f.write(eval_image)


        random.shuffle(trainer_list)
        with open(train_list_path, 'a') as f2:
            for train_image in trainer_list:
                f2.write(train_image)


        # 说明的json文件信息
        readjson = {}
        readjson['all_class_name'] = data_list_path
        # 文件父目录
        readjson['all_class_images'] = all_class_images
        readjson['class_detail'] = class_detail
        jsons = json.dumps(readjson, sort_keys=True, indent=4, separators
    =(',', ': '))
        with open(train_parameters['readme_path'],'w') as f:
            f.write(jsons)
        print ('生成数据列表完成！')
In[5]:  def custom_reader(file_list):
        '''
        自定义reader
        '''

        def reader():
            with open(file_list, 'r') as f:
                lines = [line.strip() for line in f]
                for line in lines:
                    img_path, lab = line.strip().split('\t')
                    img = Image.open(img_path)
                    if img.mode != 'RGB':
                        img = img.convert('RGB')
```

```
                    img = img.resize((224, 224), Image.BILINEAR)
                    img = np.array(img).astype('float32')
                    img = img.transpose((2, 0, 1))  # HWC to CHW
                    img = img/255
        # 像素值归一化

                    yield img, int(lab)
        return reader
```

　　不同于之前在线性回归小实例的数据配置，之前在遍历数据集时，需要每次都不断读取批量的训练数据进行模型训练。这里定义一个读取器的函数：使用生成器返回数据和标签。随后使用 paddle.batch 可以按顺序每次从生成器中读取出一批量的数据，每批量数据数量是 batch_size。

```
In[6]:  '''
        参数初始化
        '''
        src_path=train_parameters['src_path']
        target_path=train_parameters['target_path']
        train_list_path=train_parameters['train_list_path']
        eval_list_path=train_parameters['eval_list_path']
        batch_size=train_parameters['train_batch_size']

        '''
        解压原始数据到指定路径
        '''
        unzip_data(src_path,target_path)

        '''
        划分训练集与验证集，乱序，生成数据列表
        '''
        # 每次生成数据列表前，首先清空train.txt和eval.txt
        with open(train_list_path, 'w') as f:
            f.seek(0)
            f.truncate()
        with open(eval_list_path, 'w') as f:
            f.seek(0)
            f.truncate()
        # 生成数据列表
        get_data_list(target_path,train_list_path,eval_list_path)

        '''
        构造数据生成器
        '''
        train_reader = paddle.batch(custom_reader(train_list_path),
```

```
                                          batch_size=batch_size,
                                          drop_last=True)
          eval_reader = paddle.batch(custom_reader(eval_list_path),
                                          batch_size=batch_size,
                                          drop_last=True)
Out[6]: 生成数据列表完成！
```

3. 模型的配置

这里所使用的网络结构是 VGG-16，关于 VGGNet 在 8.2.3 节"VGGNet"中已经做过介绍，兹不赘述。

```
In[7]:   #vgg块-conv_bn
         def VGG_conv_bn_unit(x,num_convs,num_channels):
             #num_channe: 卷积输出通道数目，num_convs: conv_bn层数
             for i in range(num_convs):
                 x=fluid.layers.conv2d(input=x,filter_size=3,num_filters=\
                 num_channels,stride=1,padding=1,act=None)
                 # 这里我们添加了批归一化层能更快地完成模型的收敛以及提升训练速度
                 # x=fluid.layers.batch_norm(input=x,act='relu')
             out=fluid.layers.pool2d(input=x,pool_size=2,pool_stride=2,pool_type
         ='max',pool_padding=0)
             return out
         # VGG网络定义
         def VGG(x,classnum):
             #VGG11
             VGG11_channels_list=[(1,64),(1,128),(2,256),(2,512),(2,512)]
             #VGG16
             VGG16_channels_list=[(2,64),(2,128),(3,256),(3,512),(3,512)]
             # 生成并连接卷积层基本块
             for (num_convs,num_channels) in VGG16_channels_list:
                 x=VGG_conv_bn_unit(x,num_convs,num_channels)
             # 连接全连接层进行分类，其中使用dropout抑制过拟合
             fc1=fluid.layers.fc(input=x,size=4096,act='relu')
             dp1=fluid.layers.dropout(x=fc1,dropout_prob=0.5)
             fc2=fluid.layers.fc(input=dp1,size=4096,act='relu')
             dp2=fluid.layers.dropout(x=fc2,dropout_prob=0.5)
             fc3=fluid.layers.fc(input=dp2,size=classnum,act='softmax')
             return fc3
```

4. 模型的训练与评估

```
In[8]:   all_train_iter=0
         all_train_iters=[]
```

```
        all_train_costs=[]
        all_train_accs=[]

        def draw_train_process(title,iters,costs,accs,label_cost,lable_acc):
            plt.title(title, fontsize=24)
            plt.xlabel("iter", fontsize=20)
            plt.ylabel("cost/acc", fontsize=20)
            plt.plot(iters, costs,color='red',label=label_cost)
            plt.plot(iters, accs,color='green',label=lable_acc)
            plt.legend()
            plt.grid()
            plt.show()


        def draw_process(title,color,iters,data,label):
            plt.title(title, fontsize=24)
            plt.xlabel("iter", fontsize=20)
            plt.ylabel(label, fontsize=20)
            plt.plot(iters, data,color=color,label=label)
            plt.legend()
            plt.grid()
            plt.show()
```

上述代码定义了一个用于保存训练结果的列表，主要是损失和分类准确率。并定义了两个绘图函数用于直观展示训练情况。

```
In[9]:   '''
         配置训练模型使用的基本参数
         '''
         # 配置数据格式
         image=fluid.data(name='image',shape=train_parameters['input_size'],
         dtype='float32')
         # 定义输入的形状和数据类型
         label=fluid.data(name='label',shape=[None,1],dtype='int64')# 定义输出的
         形状和数据类型

         # 配置网络
         # predict=VGGNet(16).net(image,2)
         predict=VGG(image,2)
         # 配置损失方法，分类使用交叉熵
         loss=fluid.layers.cross_entropy(input=predict,label=label)
         avg_loss=fluid.layers.mean(loss)
         # 定义准确率方法
         acc=fluid.layers.accuracy(input=predict,label=label)
```

```
        # 优化方法,这里使用Adam进行优化
        optimizer=fluid.optimizer.AdamOptimizer(learning_rate=train_parameters
    ['learning_strategy']['lr'])
        opts=optimizer.minimize(avg_loss)
```

参照之前的线性回归的示例,配置网络结构,这里的任务是进行分类,所以需要修改损失计算方法为交叉熵。在上面代码中将优化方法改为了 Adam,由此来计算训练时的分类准确率。

```
In[10]: main_program = fluid.default_main_program() # 获取默认/全局主函数
        startup_program = fluid.default_startup_program()
        #获取默认/全局启动程序
        #克隆main_program得到test_program
        #有些operator在训练和测试之间的操作是不同的, 例如batch_norm,
        #使用参数for_test来区分该程序是用来训练还是用来测试
        #该api不会删除任何操作符,请在backward和optimization之前使用
        test_program = main_program.clone(for_test=True)

        use_cuda = True    #True: 使用GPU, False: 使用CPU
        place = fluid.CUDAPlace(0) if use_cuda else fluid.CPUPlace()
        # 指明executor的执行场所
        # 配置训练时数据输入器,将数据传入时,数据会自动转换成对应格式,不需要用户
    再去调整数据格式
        feeder=fluid.DataFeeder(feed_list=['image','label'],place=place)
        # executor可以接受传入的program,并根据feed map(输入映射表)和
          fetch list(结果获取表)
        # 向program中添加数据输入算子和结果获取算子
        # 使用close()关闭该executor, 调用run(...)执行program
        exe = fluid.Executor(place)
        exe.run(program=startup_program) # 参数初始化
        step=0 # 记录训练的数据批次

        all_epoch_train_loss=[]
        all_epoch_valid_loss=[]
        all_epoch_train_acc=[]
        all_epoch_valid_acc=[]
        temp_acc=0
        temp_loss=0
        # 训练模型, 遍历数据集的轮数
        for epoch in range(train_parameters['num_epochs']):
            # 训练
            epoch_train_loss=[] # 记录这一轮的训练损失
            epoch_train_acc=[] # 记录这一轮的训练准确率
            for batch_id, data in enumerate(train_reader()):
```

```
        train_loss,train_acc=exe.run(main_program, # 训练的program
                feed=feeder.feed(data), # feed中添加自己的数据
                fetch_list=[avg_loss,acc])
                # 注意这里不能把其他任何参数赋值给avg_loss,
                # 要保持avg_loss的损失函数计算方法
        epoch_train_loss.append(train_loss[0])
        epoch_train_acc.append(train_acc[0])

        all_train_iter=all_train_iter+train_parameters
                    ['train_batch_size']
        all_train_iters.append(all_train_iter)
        all_train_costs.append(train_loss[0])
        all_train_accs.append(train_acc[0])
        # 每5个batch输出一次结果
        # if step%5==0:
        #     print('train,epoch:{},step{},loss:{},acc:{}'.
                format(epoch,step,train_loss[0],train_acc[0]))
        step+=1
    # 计算这一轮训练损失和准确率的平均值
    train_avg_loss=np.array(epoch_train_loss).mean()
    train_avg_acc=np.array(epoch_train_acc).mean()
    all_epoch_train_loss.append(train_avg_loss)
    all_epoch_train_acc.append(train_avg_acc)
    print('train,epoch:{},loss:{},acc:{}'.format(epoch,train_avg_loss,
train_avg_acc))
    # 每5次epoch验证一次
    # if epoch%5==0:
    # 验证
    epoch_valid_loss=[] # 记录这一轮的验证集损失
    epoch_valid_acc=[] # 记录这一轮的验证集准确率
    for batch_id, data in enumerate(eval_reader()):
        valid_loss,valid_acc=exe.run(test_program, # 传入测试用的program
                feed=feeder.feed(data), # feed中添加自己的数据
                fetch_list=[avg_loss,acc])
                # 注意这里不能把其他任何参数赋值给avg_loss,
                # 要保持avg_loss的损失函数计算方法
        epoch_valid_loss.append(valid_loss[0])
        epoch_valid_acc.append(valid_acc[0])
    valid_avg_loss=np.array(epoch_valid_loss).mean()
    valid_avg_acc=np.array(epoch_valid_acc).mean()
    print('valid,epoch:{},loss:{},acc:{}'.format(epoch,valid_avg_loss,
valid_avg_acc))

    if epoch==0:
```

```
                      temp_acc=valid_avg_acc
                      # temp_loss=valid_avg_loss
                else:
                      if temp_acc<valid_avg_acc:
                          temp_acc=valid_avg_acc
                          # temp_loss=valid_avg_loss
                          # 保存最佳预测模型
                          fluid.io.save_inference_model(dirname=train_parameters\
                                  ['params_path'],
                              feeded_var_names=['image'],target_vars=[predict],
                                   executor=exe)
                          print('save_best_model')
```

```
Out[10]:train,epoch:0,loss:8.568411827087402,acc:0.637499988079071
        valid,epoch:0,loss:8.066410064697266,acc:0.6000000238418579
        train,epoch:1,loss:7.065877437591553,acc:0.625
        valid,epoch:1,loss:5.208528518676758,acc:0.800000011920929
        save_best_model
        train,epoch:2,loss:4.227389335632324,acc:0.71875
        valid,epoch:2,loss:2.7587685585021973,acc:0.800000011920929
        train,epoch:3,loss:3.01707124710083,acc:0.8187500238418579
        valid,epoch:3,loss:1.521191954612732,acc:0.800000011920929
        train,epoch:4,loss:1.9262055158615112,acc:0.831250011920929
        valid,epoch:4,loss:0.0811222568154335,acc:1.0
        save_best_model
        train,epoch:5,loss:1.7550828456878662,acc:0.8187500238418579
        valid,epoch:5,loss:0.39860236644744873,acc:0.8999999761581421
        train,epoch:6,loss:1.5333555936813354,acc:0.8562500476837158
        valid,epoch:6,loss:0.03704971820116043,acc:1.0
        train,epoch:7,loss:0.9499914646148682,acc:0.8687499761581421
        valid,epoch:7,loss:0.35067716240882874,acc:0.8999999761581421
        ...
        train,epoch:37,loss:0.15557101368904114,acc:0.9812500476837158
        valid,epoch:37,loss:0.8185185790061951,acc:0.8999999761581421
        train,epoch:38,loss:0.15148267149925232,acc:0.9812500476837158
        valid,epoch:38,loss:0.9471017122268677,acc:0.8999999761581421
        train,epoch:39,loss:0.10106916725635529,acc:0.9812500476837158
        valid,epoch:39,loss:0.9122005701065063,acc:0.8999999761581421
```

经过 20 次训练后，准确率接近 0.9。将 loss 和 acc 可视化对比一下，来看训练的效果怎么样，如图 8.19、图 8.20 和图 8.21 所示。

```
In[11]: draw_train_process("training",all_train_iters,all_train_costs,
    all_train_accs,\
```

```
        draw_process("trainning loss","red",all_train_iters,all_train_costs,"
    trainning loss")
        draw_process("trainning acc","green",all_train_iters,all_train_accs,"
    trainning acc")
```

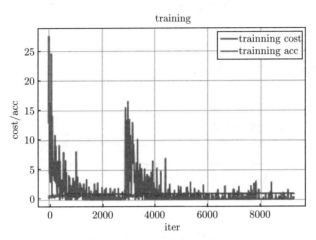

图 8.19   训练损失和精度图

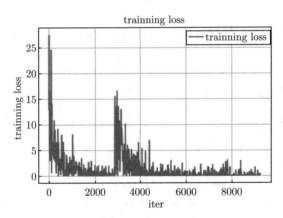

图 8.20   训练损失图

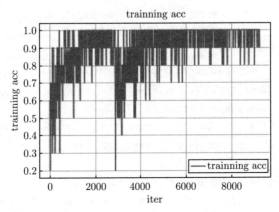

图 8.21   训练精度图

5. 量化模型

实际生产环境中的数据和任务的复杂度，都与开源的任务有较大的差异。直接将针对开源任务设计优化的模型用到实际需求中，难免会有信息冗余，这就需要针对特定任务和场景对已有的开源模型进行压缩优化。PaddleSlim 是 PaddlePaddle 框架的一个子模块，主要用于压缩图像领域模型。在 PaddleSlim 中，不仅实现了目前主流的网络剪枝、量化、蒸馏三种压缩策略，还实现了超参数搜索和小模型网络结构搜索功能。PaddleSlim 是一个功能非常强大有用的工具，读者可进入 PaddlePaddle 官网详细了解其使用。下面简单介绍如何使用 Paddleslim 量化模型。

```
# 首先安装paddleslim库
# !pip install paddleslim
```

```
In[12]:  import paddleslim as slim
         place = exe.place
         # 量化的配置
         config = {'weight_quantize_type': 'abs_max',
                 'activation_quantize_type': 'moving_average_abs_max'}
         # 进行量化
         quant_program =slim.quant.quant_aware(main_program,place,config,
         for_test=False)
         val_quant_program =slim.quant.quant_aware(test_program,place,config,
         for_test=True)

         # 量化后测试模型的效果
         for epoch in range(2):
             epoch_train_loss=[]
             epoch_train_acc=[]
             for batch_id, data in enumerate(train_reader()):
                 train_loss,train_acc=exe.run(quant_program,# 训练的program
                     feed=feeder.feed(data), # feed中添加自己的数据
                     fetch_list=[avg_loss,acc])
                     # 注意这里不能把其他任何参数赋值给avg_loss，要保持
         avg_loss的损失函数计算方法。
                 epoch_train_loss.append(train_loss[0])
                 epoch_train_acc.append(train_acc[0])
             # np.array(epoch_train_loss).mean()
             print('loss:{},acc:{}'.format(np.array(epoch_train_loss).mean(),\
                     np.array(epoch_train_acc).mean()))

             epoch_valid_loss=[] # 记录这一轮的验证集损失
             epoch_valid_acc=[] # 记录这一轮的验证集准确率
             for batch_id, data in enumerate(eval_reader()):
```

```
                    valid_loss,valid_acc=exe.run(val_quant_program, # 传入测试用的
program
                            feed=feeder.feed(data), # feed中添加自己的数据
                            fetch_list=[avg_loss,acc])
                            # 注意这里不能把其他任何参数赋值给avg_loss，要保持
avg_loss的损失函数计算方法
                    epoch_valid_loss.append(valid_loss[0])
                    epoch_valid_acc.append(valid_acc[0])
            valid_avg_loss=np.array(epoch_valid_loss).mean()
            valid_avg_acc=np.array(epoch_valid_acc).mean()
            print('valid,epoch:{},loss:{},acc:{}'.format(epoch,valid_avg_loss,
valid_avg_acc))

Out[12]:loss:0.07035578787326813,acc:0.9750000238418579
        loss:0.006161443889141083,acc:1.0
        valid,epoch:1,loss:0.012170936912298203,acc:1.0
```

测试量化后的模型，和原始模型训练和测试中得到的测试结果相比，精度相近，达到了无损量化。

```
In[13]: # 冻结program。可以将该返回的program保存为预测模型，用于预测。这里包含两种
        # 输入和权重被量化成8bit整数的program，以及量化为float的proagram
        float_program, int8_program = slim.quant.quanter.
        convert(val_quant_program,
                                place,
                                config,
                                scope=None,
                                save_int8=True)
        # 保存量化后预测模型
        fluid.io.save_inference_model(dirname='work/slim_infer_float_model',\
                                feeded_var_names=['image'],
                                target_vars=[predict],executor=exe,
                                main_program=float_program)
        fluid.io.save_inference_model(dirname='work/slim_infer_int8_model',\
                                feeded_var_names=['image'],
                                target_vars=[predict],executor=exe,
                                main_program=int8_program)

Out[13]:['fc_2.tmp_2']
```

VGG 训练后的原模型参数大小为 945MB，通过上面量化后，float 版本的模型参数大小为 196MB，被量化为 8bit 整数的模型参数大小为 124MB，压缩了将近 4.8 倍和 7.6 倍之多。而且通过测试的结果，看到量化后的精度非常接近原模型。

6. 模型预测

预测结果如图 8.22 所示。

```
In[14]: def load_image(img_path):
            '''
            预测图片预处理
            '''
            img = Image.open(img_path)
            if img.mode != 'RGB':
                img = img.convert('RGB')
            img = img.resize((224, 224), Image.BILINEAR)
            img = np.array(img).astype('float32')
            img = img.transpose((2, 0, 1))  # HWC to CHW
            img = img/255                   # 像素值归一化
            return img


        label_dic = train_parameters['label_dict']


        '''
        模型预测
        '''


        infer_exe = fluid.Executor(place)
        inference_scope = fluid.core.Scope()


        with fluid.scope_guard(inference_scope):
            [inference_program, feed_target_names,
            fetch_targets] = fluid.io.load_inference_model('work/
                        slim_infer_float_model', infer_exe) # 载入预测模型


            # 展示预测图片
            infer_path='work/infer_imgs/infer_mask01.jpg'
            # 设置需要预测的图片路径
            img = Image.open(infer_path)
            plt.imshow(img)              # 根据数组绘制图像
            plt.show()                   # 显示图像


            # 对预测图片进行预处理
            infer_imgs = []
            infer_imgs.append(load_image(infer_path))
            infer_imgs = np.array(infer_imgs)
            print(infer_imgs.shape)
            for i in range(len(infer_imgs)):
                # dy_x_data = np.array(data).astype('float32')
```

```
result=infer_exe.run(
    inference_program,
    feed={feed_target_names[0]:infer_imgs},
    fetch_list=fetch_targets
)
lab = np.argmax(result)  #argmax():返回最大数的索引
print("第{}个样本,被预测为: {}".format(i+1,label_dic[str(lab)]))
```

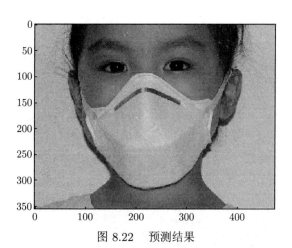

图 8.22 预测结果

```
Out[15]:(1, 3, 224, 224)
        第1个样本,被预测为: maskimages
```

7. 预测部署

为了让预测模型可以在服务端预测运算更加快速,Fluid 提供了高度优化的 C++ 预测库,为了方便使用,也提供了 C++ 预测库对应的 Python 接口,下面是其简单应用。

```
In[16]: import argparse
        import numpy as np
        from paddle.fluid.core import AnalysisConfig
        from paddle.fluid.core import create_paddle_predictor
        import cv2

In[17]: class mask_infer():
            def __init__(self,model_path):
                config = AnalysisConfig(model_path)
                config.disable_gpu()
                config.switch_use_feed_fetch_ops(False)
                config.switch_specify_input_names(True)
                # 创建PaddlePredictor
```

```python
        self.predictor = create_paddle_predictor(config)
        # 获取输入的名称
        input_names = self.predictor.get_input_names()
        self.input_tensor = self.predictor.get_input_tensor
        (input_names[0])


    def load_image(self,img):
        '''
        预测图片预处理
        '''
        img=Image.fromarray(cv2.cvtColor(img,cv2.COLOR_BGR2RGB))
        if img.mode != 'RGB':
            img = img.convert('RGB')
        img = img.resize((224, 224), Image.BILINEAR)
        img = np.array(img).astype('float32')
        img = img.transpose((2, 0, 1))  # HWC to CHW
        img = img/255                   # 像素值归一化
        return img


    def predict(self,img):
        # 对预测图片进行预处理
        infer_imgs = []
        infer_imgs.append(self.load_image(img))
        infer_imgs = np.array(infer_imgs)
        # 输入图片的尺寸
        self.input_tensor.reshape([1, 3, 224, 224])
        self.input_tensor.copy_from_cpu(infer_imgs)

        # 运行predictor
        self.predictor.zero_copy_run()

        # 获取输出
        output_names = self.predictor.get_output_names()
        output_tensor = self.predictor.get_output_tensor
                        (output_names[0])
        output_data = output_tensor.copy_to_cpu()  # numpy.ndarray类型
        lab = np.argmax(output_data)  #argmax():返回最大数的索引
        return lab
```

```python
In[18]: infer=mask_infer('work/slim_infer_float_model')
        img=cv2.imread('work/infer_mask01.jpg') # 戴口罩的图片
        pre=infer.predict(img)
```

```
        print(pre)
        img=cv2.imread('work/infer_imgs/5.jpg') # 未戴口罩的图片
        pre=infer.predict(img)
        print(pre)

Out[18]:1
                 0
```

8. 实时检测

为了达到实时检测佩戴口罩的效果，使用 cv2 调用摄像头的功能，从摄像头中实时捕获帧，然后将捕获到的图片输入到分类器中，最后输出结果。但是这样的话只会单纯地检测整张图片的戴口罩情况。现在想实现这种效果：根据人脸位置自动捕获人脸的位置并裁剪该位置，通过不同的人脸来对应不同人的戴口罩情况。

这样就变成了两阶段的检测，第一阶段，从摄像头中捕获的图片中裁剪出人脸的图片。第二阶段，识别不同人脸图片佩戴口罩的情况。因为使用两阶段检测所以效果可能不会很好，视频的帧数会比较低。所以建议自行学习目标检测类算法，将会得到更好的效果。实现第一阶段的功能，cv2 已经提供了人脸识别的检测器，直接获得人脸的图片。第二阶段将这个图片输入到部署好的预测环境中进行预测即可。

首先安装 OpenCV 以及相关的第三方包：

OpenCV 的安装，输入：

pip install opencv-python

注：numpy 与 OpenCV 绑定安装，无须自己输入命令。

pillow 的安装，输入：

pip install pillow

注：pillow 为图像处理包。

contrib 的安装，输入：

pip instal opencv-contrib-python

为了方便读者测试，预训练模型参数已经上传到 aistudio 上，可自行下载：https://aistudio.baidu.com/aistudio/datasetdetail/32146。

```
In[19]: '''以下代码需要在自带摄像头的计算机上运行'''
        # 安装完OpenCV后
        # 人脸识别检测器，该路径在自己Python安装目录下，请根据以下示例自行查找
        # 人脸识别分类器
        cls_face_path=r'D:\work\program\anaconda\Lib\site-packages\cv2\ \
                        data\haarcascade_frontalface_default.xml'
        faceCascade = cv2.CascadeClassifier(cls_face_path)
        # 参数模型文件夹的位置
        model_path='./mask_detct/slim_infer_float_model'
        # 加载预测模型
```

```
infer=mask_infer(model_path)
# 开启摄像头
cap = cv2.VideoCapture(0)
ok = True
while ok:
    # 读取摄像头中的图像，ok为是否读取成功的判断参数
    ok, img = cap.read()
    # 转换成灰度图像
    gray = cv2.cvtColor(img, cv2.COLOR_BGR2GRAY)

    # 人脸检测
    faces = faceCascade.detectMultiScale(
        gray,
        scaleFactor=1.2,
        minNeighbors=5,
        minSize=(32, 32)
        )

    # 画矩形
    for (x, y, w, h) in faces:
        # 裁剪出人脸框
        face_img=img[y:y+h,x:x+w]
        flag=infer.predict(face_img)
        if flag==1:
            # 已经佩戴了口罩
            cv2.rectangle(img, (x, y), (x+w, y+h), (100, 255, 100), 2)
        else:
            # 未佩戴口罩
            cv2.rectangle(img, (x, y), (x+w, y+h), (106,106,255), 2)

    cv2.imshow('video', img)
    k = cv2.waitKey(1)
    if k == 27:      # press 'ESC' to quit
        break

cap.release()
cv2.destroyAllWindows()
```

8.7　习题

从网上下载或自己编程实现一个卷积神经网络 CNN，并在手写字符识别数据集 MNIST 上进行测试。（MNIST 数据集见 http://yann.lecun.com/exdb/mnist/）

第 **9** 章

集成学习方法

日常生活中，当要做出一个重要决策时，大部分都会综合来自各个人之间不同的建议而不是只听一个人的意见。在医院时，当要为一个病情严重的患者给出治疗意见时，也会同时考虑吸取多个专家的意见然后给出最后的诊治方案。机器学习处理问题时也如出一辙，这就是元算法 (Meta-Algorithm) 背后的思想。元算法就是对其他算法进行组合的一种方式。

在机器学习的有监督算法中，我们的目标是训练出一个稳定、在各方面表现较好且泛化能力比较强的模型，但是实际情况往往并不是这么理想，有时只能得到多个弱监督模型。集成学习的目的就是将这些弱监督模型进行一个适当组合，从而得到一个更加全面的强监督模型，集成学习的潜在思想就是，即便某一个弱分类器得到了错误的预测，其他的弱分类器也可以将错误纠正回来。

本章将首先讨论不同分类器的集成方法，然后主要关注 Boosting 方法及其代表分类器 AdaBoost，和现在业界主流的 XGBoost 分类器。最后将分别利用 AdaBoost 分类器实现和 XGBoost 分类器完成两个应用实例。

9.1 集成学习的分类

在前面几章中我们已经介绍了几种不同的分类算法，它们各有优缺点。因此可以很自然地将不同的分类器组合起来相互之间取长补短，这种组合的结果称为集成方法或者元算法。使用集成方法时会有多种组合形式：可以是不同算法的集成，也可以是同一算法在不同设置下的集成，还可以是数据集不同部分分配给不同分类器之后的集成。接下来将介绍基于同一种分类器的多个不同实例的两种集成方法。

严格来说，集成学习主要是将多个算法 (可以是相同算法也可以是不同的算法) 组合在一起以提高分类的准确率，集成学习由训练集数据学得一组基分类器，然后通过每个基分类器的预测进行投票表决来进行分类。严格来说，集成学习只是一种将分类器进行组合的方法策略。在统计学和机器学习中，集成学习方法使用多种学习算法获得比单独使用任何单独的学习算法更好的预测性能[65-67]。一般来说，集成方法可分为两类：

- 串行集成方法 (Boosting 派系)：指的是基分类器以串行的方式连接，利用各个基分类器之间的依赖关系，通过对前一个错分类的样本赋值较高的权重来提升模型的性能。串行集成方法的学习过程一般是，先对整个训练集使用一个基分类器进行训练，然后将第一个基分类器表现效果不好的样本赋值较高的权重，最后再使用第二个基分类器进行训练直到训练到指定的第 T 个基分类器。

- 并行集成方法 (Bagging 派系)：指的是基分类器以并行的方式进行连接，各个基分类器之间是相互独立的，最后做出的分类决策是基于基分类器之间的加权投票而得到最终结果。因此，通常希望并行集成方法下的基分类器能够具有较大的差异性，否则无法有效地提升预测性能。并行集成方法的学习过程一般是，首先将训练数据集分为 M 块，然后每一块数据使用 T 个基分类器进行训练，最终加权投票得到最终结果。

9.2　Bagging 和随机森林

9.2.1　Bagging 并行集成学习

自举汇聚法 (Bootstrap Aggregating)，也称为 Bagging 方法[68]，是从原始训练集中选择 T 次后得到 T 个新的训练集的一种技术。其算法过程如下：

（1）从原始训练集中抽取出新的训练集。每次从原始训练集中使用 Bootstrap(自助法：一种有放回的抽样方法) 的方法抽取 n 个训练样本，共进行 T 次，得到 T 个新的训练集。

（2）每次使用一个新的训练集得到一个模型，T 个训练集共可以得到 T 个模型。

（3）对分类问题进行分类：将步骤（2）得到的 T 个模型采用投票的方式得到最终分类结果。

在这里，有放回地抽取 n 个训练样本就意味着可以多次抽取到相同的样本，这一性质就使得新训练集中可以有重复的值，而原始训练集中的某些值在新的训练集中则不再出现。上述训练过程可以直观地用图 9.1 表示：

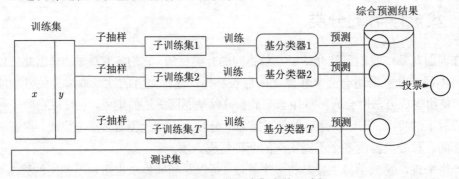

图 9.1　Bagging 并行式集成学习过程

为了更直观地理解 Bagging 方法，下面将给出一个例子。

例 9.1 x 表示一维属性特征，y 表示类别标号，决策条件为：当 $x \geqslant k$ 时，$y = ?$；当 $x < k$ 时，$y = ?$，其中 k 为最佳分裂点。表 9.1 表示属性 x 对应的唯一正确 y 类别。

表 9.1　属性 x 对应的 y 类别

x	0.1	0.2	0.3	0.4	0.5	0.6	0.7	0.8	0.9	1
y	1	1	1	−1	−1	−1	−1	−1	1	1

现在进行 5 轮随机抽样，然后将这 5 轮产生的 5 个基分类器进行一次融合。具体的预测过程如表 9.2 所示。对比预测和标签，可以发现在该例子中，Bagging 使得准确率达到 0.9。

现在总结一下 Bagging 方法：

（1）Bagging 通过降低基分类器的方差从而减小泛化误差；

（2）Bagging 方法的性能依赖于每个基分类器的稳定，如果基分类器不稳定，则 Bagging 有助于降低训练数据的随机波动导致的误差；如果稳定，则集成分类器的误差主要是基分类器的偏倚所导致的；

（3）由于是有放回的抽样，每个样本被选中的概率相同，因此 Bagging 不侧重于训练集中任何特定样本。

表 9.2　具体预测过程

第一轮：$k = 0.65, x \leqslant k, y = -1; x > k, y = 1;$ 准确率为 0.6									
x	0.1	0.3	0.2	0.4	0.5	0.8	0.9	1	1	1
y	1	1	1	−1	−1	−1	1	1	1	1

第二轮：$k = 0.75, x \leqslant k, y = -1; x > k, y = 1;$ 准确率为 0.7									
x	0.1	0.4	0.6	0.6	0.5	0.7	0.8	0.8	0.9	0.9
y	1	−1	−1	−1	−1	−1	1	1	1	1

第三轮：$k = 0.35, x \leqslant k, y = 1; x > k, y = -1;$ 准确率为 0.9									
x	0.1	0.2	0.3	0.4	0.4	0.7	0.7	0.5	0.8	0.9
y	1	1	1	−1	−1	−1	−1	−1	−1	1

第四轮：$k = 0.4, x \leqslant k, y = 1; x > k, y = -1;$ 准确率为 0.7									
x	0.1	0.1	0.2	0.5	0.6	0.6	0.6	1	1	1
y	1	1	1	−1	−1	−1	−1	−1	−1	−1

第五轮：$k = 1, x \leqslant k, y = 1; x > k, y = -1;$ 准确率为 0.5									
x	0.1	0.1	0.2	0.5	0.6	0.7	0.7	0.8	0.9	0.9
y	1	1	1	−1	−1	−1	−1	−1	1	1

轮	k	0.1	0.2	0.3	0.4	0.5	0.6	0.7	0.8	0.9	1.0
1	0.65	−1	−1	−1	−1	−1	−1	1	1	1	1
2	0.75	−1	−1	−1	−1	−1	−1	−1	1	1	1
3	0.35	1	1	1	−1	−1	−1	−1	−1	−1	−1
4	0.4	1	1	1	1	−1	−1	−1	−1	−1	−1
5	1	1	1	1	1	1	1	1	1	1	1
和	—	1	1	1	−1	−3	−3	−1	1	1	1
预测	—	1	1	1	−1	−1	−1	−1	1	1	1
标签	—	1	1	1	−1	−1	−1	−1	−1	1	1

9.2.2 随机森林

随机森林 (Random Forest，RF)[69] 是 Bagging 并行式集成学习方法的扩展体。通俗来讲，随机森林就是根据集成学习的思想将多棵树集成的一种算法。随机森林算法中的基本单元是决策树，随机森林是在以决策树为基学习器构建 Bagging 集成的基础上进一步在基学习器训练过程中引入随机属性的选择。多棵决策树通过某种集成学习算法集成随机森林。

因此，随机森林中有许多的分类树。当对一个输入样本进行分类时，需要将样本输入到每棵决策树中进行分类。比如，要辨别某种水果是草莓还是蓝莓，每棵树都要独立对这个水果进行分类决策，也就是说每棵决策树都要投票该水果到底是草莓还是蓝莓，最后根据投票情况来确定随机森林的分类结果。随机森林中的每棵决策树都是相互独立的，绝大部分决策树做出的预测可以涵盖所有可能结果，这些预测结果将会彼此抵消。只有少数优秀的决策树会做出一个好的结果。将若干个基分类器的分类结果进行投票选择从而组成一个强分类器，这就是随机森林 Bagging 的思想。

随机森林模型具有随机性且由多棵决策树构成。其随机性主要体现在随机抽样和随机特征选择这两方面，因此可以很好地防止过拟合现象的发生。

1. 随机森林过程

（1）样本的随机：从训练集中 Bootstrap 随机选取 n 个样本训练决策树；

（2）随机选取属性，作为节点的分裂属性；

（3）重复步骤（2），直到不能再分裂；

（4）建立大量的决策树形成森林。

---

2. 随机森林的优点

（1）基分类器之间相互独立，该算法可以并行处理并且模型结构相对简单；

（2）可以学习很高维度的数据，且无须降维、无须做特征选择；

（3）可以判断特征的重要程度；

（4）可以判断出不同特征之间的相互影响且训练出来的模型不容易过拟合；

（5）对于数据集来说，使用随机森林可以平衡误差。如果有很大一部分的特征丢失，模型仍然可以保持一定的准确度。

3. 随机森林的缺点

（1）随机森林会在某些噪声较大的分类或回归问题上过拟合；

（2）对于有多个特征值的特征数据，取值划分较多的属性可能会对随机森林产生更大的影响。

9.3 Boosting 集成学习方法

前文简要介绍了 Bagging 并行式集成学习方法以及随机森林算法，本节来认识一下另外一种集成算法——Boosting 集成学习方法[70]。Boosting 是一种与 Bagging 很类似的集成技术。不论是在 Boosting 中还是 Bagging 当中，所使用的多个分类器的类型都是相同的。但 Boosting 中的不同基分类器是通过串行训练而获得的，每个新的基分类器都是根据已训练出的基分类器的性能来进行训练。

Boosting 集成学习的思想是：通过改变训练数据的概率分布（训练数据的权值分布）学得多个弱分类器，并将这些弱分类器进行线性组合从而得到一个强分类器。其算法过程如下：

（1）先从初始训练集中训练出基分类器；

（2）根据前一个基分类器的表现对训练数据的分布进行调整，使得前一个基分类器分类错误的训练样本在后续的训练过程中受到更多的关注；

（3）通过对分类错误的样本赋值高权重来调整样本分布从而训练下一个基分类器；

（4）重复上述步骤，直至基分类器的数目达到 T，最后将这 T 个基分类器进行线性加权来获得最终结果。

上述训练过程可以直观地用图 9.2 来表示。

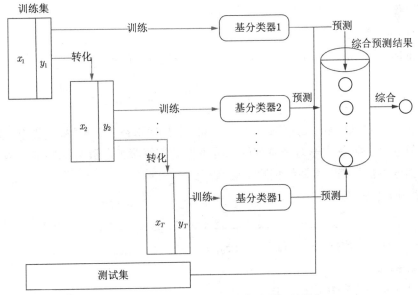

图 9.2 Boosting 串行式集成学习过程

现在总结一下 Boosting 方法，从前面的讲述中可知 Boosting 集成学习方法主要关注两个核心问题：

（1）每一轮如何改变训练数据的权重或者概率分布？

通过提高在前一轮被弱分类器分错的样本的权重，降低前一轮被分对的样本的权重。

（2）通过什么方式来将这些弱分类器进行组合？

通过加法模型将 T 个弱分类器进行线性组合，比如：AdaBoost（Adaptive Boosting）算法、GBDT（Gradient Boost Decision Tree）算法或 XGBoost 算法。

9.4　基于 AdaBoost 的分类

前文提到了两个问题：如何改变训练数据的权重和通过什么方式将这些弱分类器进行组合？本节将学习和了解在第 2 个问题中提到的 AdaBoost 算法。AdaBoost 是 Boosting 一族的一种迭代算法，由 Yoav Freund 和 Robert Schapire 提出[71]。其核心思想就是针对同一个训练集训练出不同的弱分类器，然后通过一定的规则将这些弱分类器组合起来构建成一个更强的分类器。AdaBoost 算法本身是通过改变数据分布来实现的，它根据每次训练集之中每个样本的分类是否正确，以及上次的总体分类的准确率，来重新确定每个样本的权值。将修改过权值的新数据集送给下层分类器进行训练，最后将每次得到的分类器融合起来，作为最后的决策分类器。

对于 9.3 节最后提到的两个问题，关于第一个问题，AdaBoost 的做法是提高那些在前一轮被弱分类器分错的样本的权重，降低前一轮被分对的样本的权重。这样一来，在后一轮弱分类器的学习中将会重点关注没有被正确分类的数据。对于第二个问题弱分类器的组合，AdaBoost 将采用加权多数表决的方法。即加大分类误差率大的弱分类器的权值，使其在表决中起较大作用；减小分类误差率小的弱分类器的权重，使其在表决中起比较小的作用[72]。

AdaBoost 算法

现在讲述一下 AdaBoost 算法。假设给定一个二分类的训练集：

$$D = \{(x_1, y_1), (x_2, y_2), \cdots, (x_N, y_N)\}$$

样本 $x_i \in \chi \subseteq \mathbb{R}^d$，标记 $y_i \in \gamma = \{-1, +1\}$，$\chi$ 是样本空间，γ 是标记集合。AdaBoost 利用下面算法从训练集中学习一系列的基分类器或弱分类器，并将这些基分类器线性组合成一个强分类器，来获得最终预测结果。

AdaBoost 算法流程

输入：训练集数据 $D = \{(x_1, y_1), (x_2, y_2), \cdots, (x_N, y_N)\}$，其中 $x_i \in \chi \subseteq \mathbb{R}^d, y_i \in \gamma = \{-1, +1\}$；

输出：最终的分类器 $C_t(x)$。

（1）初始化训练集数据的权重分布

$$W_1 = (w_{11}, \cdots, w_{1i}, \cdots, w_{1N}), \quad w_{1i} = \frac{1}{N}, \quad i = 1, 2, \cdots, N$$

（2）对 $t = 1, 2, \cdots, T$

① 使用具有权重分布 W_t 的训练集学习，得到基分类器：

$$C_t(x) : \chi \to \{-1, +1\}$$

② 计算 $C_t(x)$ 在训练集上的分类误差率：

$$e_t = \sum_{i=1}^{N} P(C_t(x_i) \neq y_i) = \sum_{i=1}^{N} w_{ti} I(C_t(x_i) \neq y_i) \tag{9.1}$$

③ 计算 $C_t(x)$ 的系数：

$$\alpha_t = \frac{1}{2} \log \frac{1 - e_t}{e_t} \tag{9.2}$$

④ 更新训练集的权重分布：

$$W_{t+1} = w_{t+1,1}, \cdots, w_{t+1,i}, \cdots, w_{t+1,N} \tag{9.3}$$

$$w_{t+1,i} = \frac{w_{ti}}{Z_t} \exp(-\alpha_t y_i C_t(x_i)), \quad i = 1, 2, \cdots, N \tag{9.4}$$

其中 Z_t 是规范化因子，表示为：

$$Z_t = \sum_{i=1}^{N} w_{ti} \exp(-\alpha_t y_i C_t(x_i)) \tag{9.5}$$

这个规范因子 Z_t 使得 Z_{t+1} 成为一个概率分布。

（3）将 T 个基分类器进行线性组合：

$$f(x) = \sum_{t=1}^{T} \alpha_t C_t(x) \tag{9.6}$$

最终的分类器为：

$$\begin{aligned} C(x) &= \mathrm{sign}(f(x)) \\ &= \mathrm{sign}\left(\sum_{t=1}^{T} \alpha_t C_t(x) \right) \end{aligned} \tag{9.7}$$

对上述 AdaBoost 算法做如下声明：

对于步骤（1）首先假设训练集具有均匀的权重分布，即每个训练样本在基分类器中的学习中作用相同，这一假设能够保证第（1）步能够在原始数据上学习基分类器 $C_1(x)$。

对于步骤（2）AdaBoost 反复学习基分类器，在每一轮 $t = 1, 2, \cdots, M$ 依次执行下列操作：

① 使用当前分布 D_t 加权的训练集学习基分类器 $C_t(x)$。

② 计算基分类器 $C_t(x)$ 在加权训练集上的误差分类率：

$$e_t = \sum_{i=1}^{N} P(G_t(x) \neq y_i)$$

$$= \sum_{G_t(x_i) \neq y_i} w_{ti}$$

w_{ti} 表示第 t 轮中第 i 个样本的权重，$\sum_{i=1}^{N} w_{ti} = 1$，这说明训练集上的误差率是被分错样本的权重之和，这也表明了权重分布 D_t 与基分类器 $G_t(x)$ 的分类误差率的关系。

③ 计算基分类器 $G_t(x)$ 的系数 α_t，系数 α_t 表示 $G_t(x)$ 在最终分类器中的重要性。根据 $\alpha_t = \frac{1}{2} \log \frac{1 - e_t}{e_t}$ 可知，$\frac{1}{2}$ 是一个分界线。当 $e_t \leqslant 1/2$ 时，$\alpha_t \geqslant 0$，由此可知 α_t 随着 e_t 的增大而减小，这也就可以说明为什么分类误差率越小的基分类器在最终的分类器中的作用越大。

④ 根据前一轮基分类器的表现更新权重为下一轮的训练做准备，式 (9.4) 可以写成：

$$w_{t+1,i} = \begin{cases} \dfrac{w_{t+1,i}}{Z_t} e^{-\alpha_m}, & C_t(x_i) = y_i \\ \dfrac{w_{t+1,i}}{Z_t} e^{-\alpha_m}, & C_t(x_i) \neq y_i \end{cases}$$

由上面的公式，可知 AdaBoost 算法改变权重分布的方法，提高被前一轮分类器分类错误的样本的权重，降低被前一轮分类器分对的样本的权重。具有较高权重的被分类错误的样本将在下一轮的学习中受到更多的关注。在不改变训练集数据的前提下不断改变训练集数据权重分布，从而使得训练数据在基分类器学习中起到不同作用，这也是 AdaBoost 算法的一大特点。

步骤（3）将 T 个基分类器进行线性组合 $f(x)$ 来加权表决。系数 α_t 表示每个基分类器在最终分类器中所起到的作用。通过多个基分类器的线性组合来构建最终的分类器，这也是 AdaBoost 算法的另一大特点。

有关提升方法的更多详细介绍可参见文献 [17,73]。关于 AdaBoost 算法的最早论文文献为 [74]。更多 AdaBoost 算法与其他模型的相关研究可以参见文献 [75-77]。

9.5 基于 XGBoost 的分类

9.5.1 GBDT

在引入 XGBoost 算法之前，先来了解一下 GBDT 算法。GBDT 算法也是一种 Boosting 算法，与 AdaBoost 算法不同，GBDT 每一轮的计算都是为了减少上一轮的残差，进而在残差减少（负梯度）的方向上建立一个新的模型。GBDT 是由提升树（Boosting Tree）

演变而来，**其关键点是利用损失函数的负梯度去拟合残差**，对于一般的损失函数只需一阶可导。因此损失函数的负一阶导数得到的残差便是接下来的树所要拟合的值。简单起见，引入一个简单的年龄预测示例来直观了解 GBDT 算法。

例 9.2 假定训练集中有 4 个人：A,B,C,D，其年龄分别是 14,16,24,26，其中 A、B 分别是高一和高三学生，C、D 分别是应届毕业生和已就业人员。通过一定的算法来预测这 4 个人的年龄。假设使用均值 20 岁来拟合该四人的年龄，然后根据实际情况不断调整。

（1）使用传统回归决策树进行训练，得到如图 9.3 所示结果。

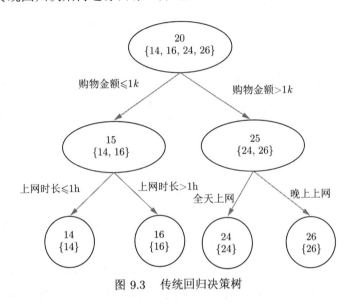

图 9.3　传统回归决策树

（2）使用 GBDT 来训练模型，限定叶子节点最多有两个且只学两棵树。得到如图 9.4 所示结果。

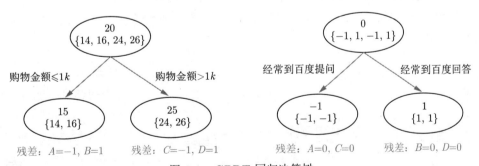

图 9.4　GBDT 回归决策树

在使用 GBDT 算法来训练回归决策树时，图 9.4 左侧决策树得到关于 A,B,C,D 四人的残差 $\{-1,1,-1,1\}$，进而再利用其相应残差替代 A,B,C,D 的原值用于第二棵树的学习，直到所有人的残差值为 0，结束。残差值为 0，说明第二棵树的预测值与其实际值相等，因此只需要把图 9.4 中第二棵树的结论累加至第一棵树上便能得到真实年龄，即每个人都得到了真实的预测值。

因此，GBDT 算法最大的特点是需要将多棵树的结论累加得到最终结论，且每一次迭代都是在现有树的基础上，增加一棵树去拟合前面一棵树的预测结果与真实值之间的残差。

9.5.2 XGBoost

XGBoost 是华盛顿大学陈天奇博士提出的一个算法，最初在 kaggle 数据比赛上大放异彩，后来因为其强大的性能被广泛用于工业数据处理中。XGBoost 可以认为是对 GBDT 算法的进一步优化，因此其算法思想与 GBDT 算法思想相似。在了解完 GBDT 算法的基本思想之后，来详细了解一下 XGBoost 算法。下面将就 XGBoost 算法中最难以理解的部分进行介绍：

（1）XGBoost 损失函数的定义：

$$\mathcal{L}(\varPhi) = \sum_i l(\hat{y}_i, y_i) + \sum_k \varOmega(f_k)$$

$$\text{其中,} \quad \varOmega(f) = \gamma T + \frac{1}{2}\lambda \|w\|^2$$

(9.8)

XGBoost 是一个树集成模型，其将 K 个树的结果进行求和，作为最终预测值：$\hat{y}_i = \varPhi(\boldsymbol{x_i}) = \sum_{k=1}^{K} f_k(\boldsymbol{x_i}), f_k \in \mathcal{F}$。$\hat{y}_i$ 表示模型的预测值，y_i 表示 i 个样本的类标签，k 表示树的数量，f_k 表示第 k 棵树模型，T 表示每棵树的叶子节点数量，w 表示每棵树叶子节点权重，w 与 λ 表示系数，也是在实际应用中我们需要调整的参数。损失函数式 (9.8) 可被视为由两部分组成，第一部分是类似于 GBDT 的损失函数，第二部分为正则项（树的参数)，用来控制树的复杂度，防止过拟合。

（2）XGBoost 的加法模型表达：

式 (9.8) 中目标函数的优化参数是模型，因此不能使用传统的优化方法在欧氏空间优化，但是模型在训练时，是一种加法方式，所以在第 t 时，将 $f(t)$ 加入模型中，最小化下面的目标函数：

$$\begin{aligned}
\hat{y}_i^{(0)} &= 0 \\
\hat{y}_i^{(1)} &= f_1(\boldsymbol{x_i}) = \hat{y}_i^{(0)} + f_1(\boldsymbol{x_i}) \\
\hat{y}_i^{(2)} &= f_1(\boldsymbol{x_i}) + f_2(\boldsymbol{x_i}) = \hat{y}_i^{(1)} + f_2(\boldsymbol{x_i}) \\
&\cdots \\
\hat{y}_i^{(t)} &= \sum_{k=1}^{t} f_k(\boldsymbol{x_i}) = \hat{y}_i^{(t-1)} + f_t(\boldsymbol{x_i})
\end{aligned}$$

(9.9)

训练时，新的一轮加入了一个新的函数，来最大化地降低目标函数。于是，在第 t 轮，XGBoost 的目标函数（加法模型）表示为：

$$\mathcal{L}^{(t)} = \sum_{i=1}^{n} l(y_i, \hat{y}_i^{(t-1)} + f_t(\boldsymbol{x_i})) + \varOmega(f_t)$$

(9.10)

加法模型主要体现在损失函数中。

（3）XGBoost 的二阶导数问题：

接下来对目标函数式 (9.10) 进行泰勒展开，取前三项，移除高阶无穷小项，最后将式 (9.10) 转化为：

$$\mathcal{L}^{(t)} \simeq \sum_{i=1}^{n} \left[l(y_i, \hat{y}^{(t-1)}) + g_i f_t(\boldsymbol{x_i}) + \frac{1}{2} h_i f_t^2(\boldsymbol{x_i}) \right] + \Omega(f_t) \tag{9.11}$$

当我们需要拟合当前树（或其他基学习器）时，式 (9.11) 中的 $l(y_i, \hat{y}^{(t-1)})$ 便是一个常数 constant，因此损失函数又可以改写为：

$$\overline{\mathcal{L}}^{(t)} = \sum_{i=1}^{n} \left[g_i f_t(\boldsymbol{x_i}) + \frac{1}{2} h_i f_t^2(\boldsymbol{x_i}) \right] + \Omega(f_t) \tag{9.12}$$

将式 (9.8) 代入式 (9.10)，有：

$$\begin{aligned} \overline{\mathcal{L}}^{(t)} &= \sum_{i=1}^{n} \left[g_i f_t(\boldsymbol{x_i}) + \frac{1}{2} h_i f_t^2(\boldsymbol{x_i}) \right] + \gamma T + \frac{1}{2} \lambda \sum_{j=1}^{T} w_j^2 \\ &= \sum_{j=1}^{T} \left[\left(\sum_{i \in I_j} g_i \right) w_j + \frac{1}{2} \left(\sum_{i \in I_j} h_i + \lambda \right) w_j^2 \right] + \gamma T \end{aligned} \tag{9.13}$$

其中，$f_t(x) = w_{q(x)}$ $w \in \boldsymbol{R}^T, q : \boldsymbol{R}^d \to \{1, 2, 3, \cdots, T\}$ 表示当前模型叶子节点的权值 w，$I_j = \{i | q(x_i) = j\}$ 表示叶子节点 j 的样本集合。于是我们的目标变为了对二次函数的优化问题，求二次函数的极值，根据二次函数的性质，可以得到 w 的最优值（即当前节点的值）：

$$w_j^* = - \frac{\sum\limits_{i \in I_j} g_i}{\sum\limits_{i \in I_j} h_i + \lambda} \tag{9.14}$$

（4）节点的分割：

XGBoost 是通过计算信息增益来寻找最优划分点，并且划分的准则与选取的损失函数相关，划分时，尝试对树的每个叶子节点进行划分，然后由下面给出的增益准则决定是否划分该节点：

$$\mathcal{L}_{\text{split}} = \frac{1}{2} \left[\frac{\left(\sum\limits_{i \in I_L} g_i \right)^2}{\sum\limits_{i \in I_L} h_i + \lambda} + \frac{\left(\sum\limits_{i \in I_R} g_i \right)^2}{\sum\limits_{i \in I_R} h_i + \lambda} - \frac{\left(\sum\limits_{i \in I} g_i \right)^2}{\sum\limits_{i \in I} h_i + \lambda} \right] - \gamma \tag{9.15}$$

式 (9.15) 可以表述为：分割后左子树的增益加上右子树的增益再减去分割前树的增益，最终选择增益最大的节点为最优切分点。

接下来就是枚举所有可能的划分点，重复上面操作，然后划分叶子节点的样本集合，这便是 XGBoost 的基本原理，实际上其步骤主要分为下面几步：

（1）损失函数后加入正则化项；

（2）将损失函数二阶泰勒级数展开；

（3）根据增益准则划分节点，构建 T 棵树。

9.6 应用实例

9.6.1 基于 AdaBoost 算法

本节将继续使用前面 Logistic 回归以及 BP 神经网络实例中所用到的马疝病数据集[①]，本节把 AdaBoost 分类器应用在马疝病数据集上。前面使用 Logistic 和 BP 算法来预测患疝病的马的正确率差不多均在 0.7 左右。本节将验证使用多个单层决策树和 AdaBoost 算法能不能预测得更加准确点。

1. 自适应数据加载函数

```
In[1]:   import numpy as np
         from math import *
         def loadDataset(filename):
             # 样本的属性个数
             count = len((open(filename).readline().split('\t')))
             # 声明存储样本属性值的空集合
             dataMat = []
             # 声明存储样本标签值的空集合
             labelMat = []
             fr = open(filename)
             # 遍历每一个样本
             for line in fr.readlines():
                 lineContent = []
                 # 对样本的属性值进行切分
                 curLine = line.strip().split('\t')
                 for i in range(count-1):
                     # 添加数据
                     lineContent.append(float(curLine[i]))
                 # 添加单个样本的属性值
                 dataMat.append(lineContent)
                 # 添加标签值
                 labelMat.append(float(curLine[-1]))
             return dataMat, labelMat
```

---

① 该数据集来自 2010 年 1 月 11 日的 UCI 机器学习数据库 (http://archive.ics.uci.edu/ml/dataset/Horse+Colic)。该数据最早由加拿大安大略省圭尔夫大学计算机系的 Mary McLeish 和 Matt Cecile 收集。

2. 基于单层决策树构建弱分类器

```
In[2]:   def stumpClassify(dataMat, dimen, threshold, sign):
             # 初始化结果值为1
             result = np.ones((np.shape(dataMat)[0],1))
             if sign == 'lt':
                 # 如果小于或等于阈值，结果值都初始化为-1
                 result[dataMat[:, dimen] <= threshold] = -1
             else:
                 result[dataMat[:, dimen] > threshold] = -1
             return result

In[3]:   def buildSingleLevelTree(dataArr,classLabels, weight):
             dataMat = np.mat(dataArr);
             labelMat = np.mat(classLabels).T
             m, n = np.shape(dataMat)
             # 初始化步长
             numSteps = 10.0
             # 初始化最优决策树
             bestDecisonTree = {}
             # 初始化最佳分类结果
             bestClasEst = np.mat(np.zeros((m, 1)))
             # 最小误差初始化为正无穷大
             minError = float('inf')
             # 遍历所有特征
             for i in range(n):
                 # 找到特征值中最小值和最大值
                 rangeMin = dataMat[:,i].min(); rangeMax = dataMat[:,i].max()
                 # 计算步长
                 stepSize = (rangeMax - rangeMin) / numSteps
                 for j in range(-1, int(numSteps) + 1):
                     # 大于和小于的情况，均遍历
                     for inequal in ['lt', 'gt']:
                         # 计算阈值
                         threshold = (rangeMin + float(j) * stepSize)
                         # 计算分类结果
                         predictedVals = stumpClassify(dataMat, i, threshold,
     inequal)
                         # 初始化误差矩阵
                         errArr = np.mat(np.ones((m,1)))
                         # 分类正确的,赋值为0
                         errArr[predictedVals == labelMat] = 0
                         # 计算误差
                         weightedError =weight.T * errArr
```

```
                    # 找到误差最小的分类方式
                    if weightedError < minError:
                        minError = weightedError
                        bestClasEst = predictedVals.copy()
                        bestDecisonTree['dim'] = i
                        bestDecisonTree['thresh'] = threshold
                        bestDecisonTree['ineq'] = inequal

            print("bestDecisonTree",bestClasEst )
            return bestDecisonTree,minError,bestClasEst
```

stumpClassi*fy*() 函数通过对阈值的比较对数据进行分类。所有在阈值一边的数据会分到类别 −1，在另一边会分到类别 +1。该函数的第一个参数是输入的数据矩阵，第二个参数表示第几个特征，第三个参数表示阈值，第四个参数表示标志。

第二个函数 buildSingleLevelTree() 将会遍历 stumpClassify() 函数的所有可能输入值，并找到在该数据集上最佳的单层决策树。这里的"最佳"是基于数据的权重向量 weight 来定义的。三层嵌套 for 循环是该函数最主要的部分。第一层 for 循环是遍历数据集上所有的特征。由于特征为数值型，便可通过计算最大值和最小值来了解需要多大的步长。然后第二层 for 循环便是在这些步长上遍历。最后一个 for 循环则是在大于和小于之间切换不等式。

到这里已经获得了一棵在马疝病数据集上训练得到的决策树 (弱分类器)，接下来将使用多个弱分类器来构建 AdaBoost 算法。

3. 基于单层决策树的 AdaBoost 训练过程

```
In[4]:  # 使用AdaBoost强化弱分类器性能
        def adaBoostStrengthen(dataArr, classLables, numIt = 100):
            # 初始化分类器集合为空
            classifierArr = []
            m = np.shape(dataArr)[0]
            # 初始化权重
            weight = np.mat(np.ones((m, 1))/m)
            aggClassEst = np.mat(np.zeros((m, 1)))
            for i in range(numIt):
                # 构建单层决策树
                bestDecisonTree, error, classEst=buildSingleLevelTree(dataArr,
        classLables, weight)
                # 计算弱学习算法权重alpha，使分母error不等于0
                alpha = float(0.5*log((1.0-error)/max(error, 1e-16)))
                # 添加权重
                bestDecisonTree['alpha'] = alpha
                # 分类器集合添加决策树
                classifierArr.append(bestDecisonTree)
```

```
            expon = np.multiply(-1*alpha*np.mat(classLables).T, classEst)
            # 根据权重计算公式计算权重
            weight = np.multiply(weight, np.exp(expon))
            weight = weight/weight.sum()
            aggClassEst += alpha*classEst
            aggErrors = np.multiply(np.sign(aggClassEst) != np.mat
            (classLables).T, np.ones((m, 1)))
            # 计算错误率
            errorRate = aggErrors.sum()/m
            if errorRate == 0.0:
                break
        print("classifierArr", classifierArr)
        print("aggClassEst", aggClassEst)
        return classifierArr, aggClassEst
```

4. 测试：基于 AdaBoost 算法的分类

```
In[5]:    # 分类函数
          def adaClassify(dataToClass, classifierArr):
              dataMatrix = np.mat(dataToClass)
              m = np.shape(dataMatrix)[0]
              # 初始化类别累计估计值为0
              aggClassEst = np.mat(np.zeros((m, 1)))
              # 遍历所有分类器，进行分类
              for i in range(len(classifierArr)):
                  # 单个决策树的类别累计估计值
                  classEst = stumpClassify(dataMatrix, classifierArr[i]['dim'],
                                      classifierArr[i]['thresh'],
                                      classifierArr[i]['ineq'])
                  # 类别累计估计值累加
                  aggClassEst += classifierArr[i]['alpha']*classEst
              return np.sign(aggClassEst)
```

adaClassify() 函数就是利用训练出的多个弱分类器进行分类的函数。每个弱分类器的结果以其对应的 alpha 值作为权重，所有这些弱分类器的结果加权求和就得到了最后的结果。

```
In[6]:    if __name__ == '__main__':
              # 加载数据
              dataArr, LabelArr = loadDataset('Train.txt')
              # 使用adaBoost强化分类器得到分类器集合和类别累计估计值
              weakClassArr, aggClassEst = adaBoostStrengthen(dataArr, LabelArr)
              # 加载测试数据
```

```
        testArr, testLabelArr = loadDataset('Test.txt')
        # 预测
        predictions = adaClassify(dataArr, weakClassArr)
        errArr = np.mat(np.ones((len(dataArr), 1)))
        print('训练集的错误率:%.3f%%' % float(errArr[predictions != np.mat
    (LabelArr).T].sum() / \
              len(dataArr) * 100))
        # 预测
        predictions = adaClassify(testArr, weakClassArr)
        errArr = np.mat(np.ones((len(testArr), 1)))
        print('测试集的错误率:%.3f%%' % float(errArr[predictions != np.mat
    (testLabelArr).T].sum() / \
              len(testArr) * 100))

Out[7]:  训练集的错误率:19.064%
         测试集的错误率:22.388%
```

当仅使用 100 个弱分类器时，采用 AdaBoost，其分类的正确率便已达到将近 81%。因此，使用 AdaBoost 算法能够在很大程度上提升算法的准确率。

9.6.2　基于 XGBoost 算法

这里采用的是直接生成的标准训练数据和测试数据，这两个数据集中的数据都服从高斯分布。模型的训练可通过调用 xgboost.train() 来实现，数据的预测则是通过调用 xgboost.predict() 来实现的。

```
In[1]:  import numpy as np
        import matplotlib.pyplot as plt
        import xgboost as xgb


        # train data
        def get_train_data(data_size=100):
            data_label = np.zeros((2*data_size, 1))
            # class 1
            x1 = np.reshape(np.random.normal(3, 1, data_size), (data_size, 1))
            y1 = np.reshape(np.random.normal(4, 1, data_size), (data_size, 1))
            data_train = np.concatenate((x1, y1), axis=1)
            data_label[0:data_size, :] = 0
            # class 2
            x2=np.reshape(np.random.normal(1, 1, data_size), (data_size, 1))
            y2=np.reshape(np.random.normal(0.5, 1, data_size), (data_size, 1))
            data_train = np.concatenate((data_train, np.concatenate((x2, y2),
        axis=1)), axis=0)
```

```
        data_label[data_size:2*data_size, :] = 1

        return data_train, data_label
```

获取测试数据：

```
In[2]:  # test data
        def get_test_data(start, end, data_size=100):
            data1 = (end - start) * np.random.random((data_size, 1)) +
start
            data2 = (end - start) * np.random.random((data_size, 1)) +
start
            data_test = np.concatenate((data1, data2), axis=1)
            return data_test
```

模型的训练与测试：

```
In[3]:  # plot predict res
        def plot_predict_data(train_data, data_size, test_data, predict_res1,
    predict_res2):
            plt.figure(figsize = (5,5))
            plt.subplot(1, 1, 1)
            plt.plot(train_data[0:data_size, 0], train_data[0:data_size, 1],
    'g.',
                    train_data[data_size:2*data_size, 0], train_data[data_size:
    2*data_size, 1], 'b*',
                    test_data[:, 0], test_data[:, 1], 'ms')
            plt.legend(['class1', 'class2', 'test_data'])
            plt.title('Distribution')
            plt.grid(True)
            plt.xlabel('axis1')
            plt.ylabel('axis2')
            plt.show()
            plt.figure(figsize=(5,5))
            plt.subplot(1, 1, 1)
            plt.plot(train_data[0:data_size, 0], train_data[0:data_size, 1],
    'g.',
                    train_data[data_size:2 * data_size, 0], train_data [data_
    size:2 * data_size, 1], 'b*',
                    predict_res1[:, 0], predict_res1[:, 1], 'ro',
                    predict_res2[:, 0], predict_res2[:, 1], 'rs')
            plt.legend(['class1', 'class2', 'predict1', 'predict2'])
            plt.title('Predict res')
            plt.grid(True)
```

```
        plt.xlabel('axis1')
        plt.ylabel('axis2')
        plt.show()

    # main function
    if __name__ == '__main__':
        data_size = 100
        train_data0, label_data = get_train_data(data_size)  # train data
generate
        # print(train_data0,label_data)
        test_data0 = get_test_data(-1, 5, 10)  # test data
        # print(test_data0)
        # data convert
        train_data = xgb.DMatrix(train_data0, label=label_data)
        test_data = xgb.DMatrix(test_data0)

        # data training
        iter_num = 50
    # booster为通用参数：宏观函数控制，通常是gbtree和gblinear两种。gbtree是采
用树的结构来运行数据，
    # 而gblinear是基于线性模型
    # Booster参数：调控模型效果和计算代价，所说的调参很大程度上都是在调整
Booster参数；
    # eta为Booster参数：学习率，表示每一步迭代的步长；
    # max_depth为Booster参数：表示树的最大深度；
    # objective为学习目标参数：binary:logistic表示学习任务是二分类的逻辑回
归，预测的概率
        param = {'booster': 'gbtree', 'eta': 0.1, 'max_depth': 5,
'objective': 'binary:logistic'}
        bst = xgb.train(param, train_data, iter_num) # 训练模型

        # make prediction
        predict_res = bst.predict(test_data) # 利用训练好的模型对测试数据进
行预测
        #print( predict_res)
        index1 = predict_res > 0.5
        res1 = test_data0[index1, :]
        res2 = test_data0[~index1, :]

        # plot prediction result
        plot_predict_data(train_data0, data_size, test_data0, res1, res2)
```

结果展示，如图 9.5 所示。

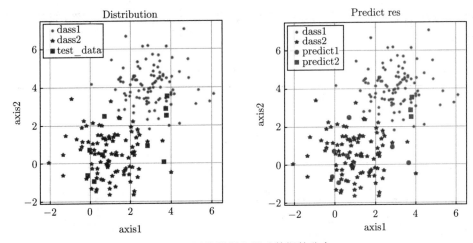

图 9.5 训练数据和测试数据的分布

9.7 习题

（1）用自己的话简述一下什么是集成学习？并简述一下 Bagging 集成学习和 Boosting 集成学习的优缺点。

（2）对于一个二分类问题，假如现在训练了 500 个子模型，每个模型权重大小一样。若每个子模型正确率为 51%，则整体正确率为多少？若把每个子模型正确率提升到 60%，则整体正确率为多少？

    a. 51%, 60%

    b. 60%, 90%

    c. 65.7%, 99.99%

    d. 65.7%, 90%

（3）现在有一份数据，随机地将数据分成了 n 份，然后同时训练 n 个子模型，再将模型最后相结合得到一个强学习器，这属于 Boosting 方法吗？

    a. 是

    b. 不是

    c. 不确定

（4）某公司招聘职员需考察职员的身体健康状况、业务能力、发展潜力这 3 项指标。身体健康状况分为合格 1、不合格 0 两级，业务能力和发展潜力分为上 1、中 2 和下 3 三级。分类为 1 合格、−1 不合格两类。现给出了 10 个人的数据（如表 9.3 所示）。试用 AdaBoost 算法学习一个强分类器。

（5）用 Python 实现 AdaBoost，并通过鸢尾花数据集中的前两种属性与种类对 AdaBoost 模型进行训练。然后再利用学得的模型对未知的鸢尾花进行分类。

（6）使用 sklearn 库中的 RandomForestClassifier 类完成手写数字识别任务。sklearn 库是基于 Python 的第三方库，它包括了机器学习开发的各个方面。sklearn 库共分为 6

大部分，分别用于完成分类任务、回归任务、聚类任务、降维任务、模型选择以及数据的预处理。

表 9.3　应聘人员情况数据表

	1	2	3	4	5	6	7	8	9	10
身体状况	0	0	1	1	1	0	1	1	1	0
业务能力	1	3	2	1	2	1	1	1	3	2
发展潜力	3	1	2	3	3	2	2	1	1	1
分类	−1	−1	−1	−1	−1	−1	1	1	−1	−1

第10章

K-均值聚类

从本章开始,将介绍无监督学习。与前面所介绍的分类方法不同,在无监督学习中,对于训练集数据是不知道其真实标签的,因此类似分类和回归中的目标变量事先并不存在。与前面"对输入数据 X 来预测变量 Y"不同的是,无监督学习中要回答的问题是:"能够从数据 X 中发现什么?"。因此在本章中将要接触第一个无监督算法——K-均值聚类算法,通俗来说就是将相似项聚团。

聚类是针对给定样本,依据它们特征的相似度或距离,将其归并到若干个"类"或"簇"的数据分析问题。聚类是一种无监督学习,把相似的对象归为同一个簇中,其过程有点像全自动分类。聚类方法几乎可以应用于所有对象,同一簇内的对象越相似其聚类效果越好。本章将要学习一种称为 K-均值 (K-means) 聚类的算法。之所以称之为 K-均值是因为该算法可以发现 K 个不同的簇,且每个簇中心均是采用簇中数据的均值计算而成的。后面将对 K-均值算法做更多的阐述与说明。

在介绍 K-均值算法前,先来了解一下簇识别。簇识别可以给出最后聚类结果的含义。假设有一些数据,现在将相似数据归并到一起,簇识别会告诉我们这些簇指的是什么。聚类与分类最大的区别便在于:分类是目标事先已知,而聚类的目标是没有预先定义的。

下面将对 K-均值聚类进行探究,首先将会介绍 K-均值聚类算法并对 K-均值算法中存在的一些缺陷进行讨论。为了解决其中存在的一些缺陷,可以通过后续的处理来产生更好的簇。其次将介绍二分 K-均值算法。最后给出一个应用 K-均值聚类算法的应用实例来加强对算法的理解和掌握。

10.1 K-均值聚类算法

K-均值聚类算法是一种用于发现给定数据集的 K 个簇的算法,它是一种基于样本集合划分的方法。将 N 个样本分到 K 个类别中，每个样本到其所属簇中心的距离最小。

10.1.1　模型

假设给定具有 N 个样本的训练集 $X = x_1, x_2, \cdots, x_N$，每个样本由 d 维的特征向量表示。K-均值聚类的目标就是将 N 个样本分到 K 个不同簇当中，其中 K 是超参数，K 个簇 $C_1, C_2, \cdots, C_K$ 便是对训练集数据 X 的划分，其中 $C_i \bigcap C_j = \phi, \bigcup_{i=1}^{K} C_i = X$。$C$ 表示划分，一个划分表示一个聚类结果。

划分 C 是一个多对一的函数，即一个簇中可以包含多个样本，但是一个样本只能分到唯一一个簇中。实际上，如果把每一个样本用一个整数 $i \in \{1, 2, \cdots, N\}$ 表示，每一个类别也用一个整数 $c \in \{1, 2, \cdots, K\}$ 表示，那么聚类过程可以用函数 $c = C(i)$ 来表示。所以说 K-均值聚类的模型是一个从样本到类别的映射函数。

10.1.2　算法

K-均值聚类的算法通过迭代过程把数据集划分到不同的簇中 [78, 79]。每次迭代过程包含两个步骤：

（1）首先初始化选择任意 K 个簇中心，将样本逐个分配到与其最近的簇中心所属簇中，初步得到一个聚类结果；

（2）然后更新计算每个簇中样本的均值并将该均值作为新的簇中心。

重复上述步骤，直到模型收敛为止。我们所期望的聚类最优性能是满足：每个簇中样本之间紧凑，而簇之间相互独立。具体算法过程如下：

首先，对于任意选择的 K 个簇中心 $\{m_1, m_2, \cdots, m_K\}$，求一个划分 C，使得目标函数最小化：

$$\min_{C} \sum_{c=1}^{K} \sum_{C(i)=c} \|x_i - m_c\|^2 \tag{10.1}$$

上面公式定义的是在簇中心确定的情况下，将每个样本分到一个簇中，并使得样本与其所属簇的簇中心之间的距离的总和最小。根据求解结果，将样本分配到距其最近的簇中心 m_c 的簇 C_c 中。

然后对于给定的划分 C，再求得各个簇中心 $\{m_1, m_2, \cdots, m_K\}$，使得目标函数最小化：

$$\min_{m_1, \cdots, m_K} \sum_{c=1}^{K} \sum_{C(i)=c} \|x_i - m_c\|^2 \tag{10.2}$$

也就是说，在划分确定的情况下，使样本和其所属簇的簇中心之间的距离总和最小。然后再求解对于每个包含 n_c 个样本的簇 C_c，更新计算均值 (簇中心)m_c：

$$m_c = \frac{1}{n_c} \sum_{C(i)=c} x_i, \quad c = 1, 2, \cdots, K \tag{10.3}$$

重复上面两个步骤，直到划分没有任何的变动为止，便得到最后的聚类结果。

K-均值聚类算法：

> 输入：N 个样本集合 X；
>
> 输出：样本集合的划分 C^*。
>
> (1) 初始化。令 $t = 1$，随机选择 K 个样本点作为初始簇中心 $m^{(1)} = (m_1^{(1)}, \cdots, m_c^{(1)}, \cdots, m_K^{(1)})$。
>
> (2) 对样本进行聚类，对固定的簇中心 $m^{(t)} = (m_1^{(t)}, \cdots, m_c^{(t)}, \cdots, m_K^{(t)})$，其中 m_c^t 为簇 C_c 的中心，计算每个样本到簇中心的距离，距离的计算采用欧氏距离 $d(x_i, x_j) = \sqrt{\sum_h^d (x_{ih} - x_{jh})^2}$。并将该样本分配到距簇中心最近的对应簇中，构成聚类结果 $C^{(t)}$。
>
> (3) 计算新的簇中心。对聚类结果 $C^{(t)}$，计算各个簇中样本的均值，作为新的簇中心 $m^{(t+1)} = (m_1^{(t+1)}, \cdots, m_c^{(t+1)}, \cdots, m_K^{(t+1)})$。
>
> (4) 如果迭代收敛或者符合结束条件，输出 $C^* = C^{(t)}$。否则，令 $t = t+1$，返回步骤 (2)。

以一个具体简单例子来对 K-均值聚类进一步熟悉和掌握。

例 10.1　给定一个含有 5 个样本的训练集 $x_1 = (0, 2), x_2 = (0, 0), x_3 = (1.5, 0), x_4 = (5, 0), x_5 = (5, 2)$。利用上述 K-均值聚类算法将该 5 个样本聚到 2 个簇中。

分析：利用前面提到的 K-均值聚类算法，$K = 2$。

（1）随机选择 2 个样本点作为初始簇中心，假设选择 x_1, x_2 为初始簇中心，即 $m_1^{(0)} = x_1 = (0, 2), m_2^{(0)} = x_2 = (0, 0)$。

（2）对样本进行聚类。对剩余的 3 个样本，计算每个样本距离各个簇中心之间的距离，然后将样本分配到距离最近的簇中。对于 x_3：

$$d(m_1^{(0)}, x_3) = \sqrt{(0 - 1.5)^2 + (2 - 0)^2} = 2.5$$

$$d(m_2^{(0)}, x_3) = \sqrt{(0 - 1.5)^2 + (0 - 0)^2} = 1.5$$

显然 $d(m_2^{(0)}, x_3) < d(m_1^{(0)}, x_3)$，因此将 x_3 分配到簇 $C_2^{(0)}$ 中。
对于 x_4：

$$d(m_1^{(0)}, x_4) = \sqrt{(0 - 5)^2 + (2 - 0)^2} = \sqrt{29}$$

$$d(m_2^{(0)}, x_4) = \sqrt{(0 - 5)^2 + (0 - 0)^2} = 5$$

因为 $d(m_2^{(0)}, x_4) < d(m_1^{(0)}, x_4)$，所以将 x_4 分配到簇 $C_2^{(0)}$ 中。
对于 x_5：

$$d(m_1^{(0)}, x_5) = \sqrt{(0 - 5)^2 + (2 - 2)^2} = 5$$

$$d(m_2^{(0)}, x_5) = \sqrt{(0 - 5)^2 + (0 - 2)^2} = \sqrt{29}$$

因为 $d(m_1^{(0)}, x_5) < d(m_2^{(0)}, x_5)$，所以将 x_5 分配到簇 $C_1^{(0)}$ 中。

（3）得到新的簇 $C_1^{(1)} = \{x_1, x_5\}$ $C_2^{(1)} = \{x_2, x_3, x_4\}$，然后计算新的簇中心 $m_1^{(1)}$ $m_2^{(2)}$：

$$m_1^{(1)} = ((0+5)/2, (2+2)/2) = (2.5, 2)$$

$$m_2^{(1)} = ((0+1.5+5)/3, (0+0+0)/3) = (2.17, 0)$$

（4）重复步骤（2）和步骤（3）。

将 x_1 分到簇 $C_1^{(1)}$，将 x_2 分到簇 $C_2^{(1)}$，x_3 分到簇 $C_2^{(1)}$，x_4 分到簇 $C_2^{(1)}$，x_5 分到簇 $C_1^{(1)}$ 中。得到新的簇 $C_1^{(2)} = \{x_1, x_5\}$ $C_2^{(2)} = \{x_2, x_3, x_4\}$。

由于得到的新的簇没有改变，聚类停止。因此得到聚类结果：

$$C_1^* = \{x_1, x_5\} \quad C_2^* = \{x_2, x_3, x_4\}$$

10.1.3 算法特性

1. 总体特点

K-均值聚类具有以下特点：基于划分的聚类方法；类别数 K 是事先指定的；以欧氏距离来表示样本点之间的距离，以簇中心或样本均值表示类别；以样本点和其所属簇的簇中心之间的距离总和作为最优化的函数目标；算法是迭代算法，因此不一定能够保证得到全局最优。

2. 收敛性

K-均值聚类属于启发式方法，初始簇中心的选择会直接影响到聚类结果的好坏。注意，簇中心在聚类的过程中会发生移动，但移动往往不会太大，因为在每一次的迭代过程中样本都被分到距其最近的簇中心的簇中。

3. 初始簇的选择

选择不同的初始簇中心，会得到不同的聚类结果。

4. 簇的数量选择

K-均值聚类中簇的数量 K 值需要预先指定，而在实际应用中最优的 K 值是不知道的。解决这一问题的方法是尝试不同的 K 值进行聚类，然后比较在不同 K 值情况下哪一个的聚类效果最好便选择那个 K 值作为最优 K 值。

10.2 二分 K-均值算法

10.2.1 使用后处理来提高聚类性能

在前面提到 K-均值聚类中的 K 是一个超参数，即用户预先定义的参数，那么用户如何知道 K 的选择是否正确？如何才能知道生成的簇比较好呢？在包含簇分配结果的矩阵中保存着每个样本点的误差，即该样本点到所属簇的簇中心的距离平方值。下面讨论利用该误差来评价聚类质量的方法。

K-均值聚类算法虽然是收敛即结束，但是其产生的聚类效果很可能还是不尽如人意的，因为 K-均值算法可能收敛到了局部最小值，而非全局最小值。

一种用于度量聚类效果的指标是误差平方和 (Sum of Squared Error, SSE)[78]，计算每个簇的 SSE 值。SSE 越小说明样本点越接近于它们的簇中心，其簇内聚类效果也越好。由于误差采用了平方值，因此会更加注重那些远离簇中心的样本点。一种肯定可以降低SSE 值的方法就是增加簇的个数，但这便背离了开始聚类的目标。聚类的最终目标便是在保持簇的数目不变的情况下提高每个簇的质量。

那么如何进行改进呢？可以对生成的簇进行后处理。一种处理方式是将具有最大 SSE值的簇分为两个簇。具体实现可以将最大簇包含的点过滤出来并在这些点上运行 K-均值算法。由于将一个簇划分为了两个簇，根据聚类的最终目标可知需要保持簇的总数不变，因此需要合并最近的簇中心，或者合并两个使得 SSE 增幅最小的簇中心。有两种思路可以用来实现上述目标。第一种是通过计算所有簇中心之间的距离，然后合并最近的两个簇中心来实现。第二种方法便是合并两个簇然后计算总的 SSE 值。必须在所有可能的两个簇上重复上述处理过程，直至找到最佳两个簇进行合并位置。接下来深入讨论二分 K-均值算法。

10.2.2 二分 K-均值聚类算法

为了克服 K-均值算法收敛于局部最小值的问题，有人提出来了一个称为二分 K-均值 (Bisecting K-means) 的算法。该算法首先将所有的点作为一个簇，然后将该簇一分为二。之后选择其中一个簇继续进行划分，选择哪一个簇进行划分取决于对其划分是否可以最大程度降低 SSE 的值。然后将上述基于 SSE 的划分过程不断重复，直至得到用户指定的簇数目为止。

二分 K-均值算法伪代码如下：

将所有的点看成一个簇
当簇的数目小于 K 时
对每一个簇
    计算总误差 $\text{SSE} = \sum_{i=1}^{K} \sum_{x \in c_i} \text{dist}(c_i, x)^2$
    在给定的簇上面进行 K-均值聚类 $(K = 2)$
    计算将该簇一分为二之后的总误差
选择使得误差最小的那个簇进行划分操作

聚类的方法有很多，其中有关聚类的各种方法的详细介绍可见文献 [80, 81]，层次化聚类的相关方法可见文献 [81]，K-均值聚类算法的详细介绍可见文献 [2, 17, 25, 82]。

10.3　应用实例

1. 读取数据

```
In[1]:  from numpy import *
        from matplotlib import pyplot as plt

        # 加载数据
        def loadDataSet(fileName):
            dataMat = []
            fr = open(fileName)
            for line in fr.readlines():
                curLine = line.strip().split('\t')
                fltLine = map(float, curLine)
                dataMat.append(list(fltLine))
            return dataMat
```

2. 可视化数据样本点

```
In[2]:  # 绘图-聚类之前
        def plotData1(dataMat):
            dataArr = array(dataMat)
            m = shape(dataMat)[0]
            xcord = []
            ycord = []
            for i in range(m):
                xcord.append(dataArr[i, 0])
                ycord.append(dataArr[i, 1])
            fig = plt.figure()
            ax = fig.add_subplot(111)
            ax.scatter(xcord, ycord)
            plt.title('testSet.txt')  # 绘制title
            plt.xlabel('x')
            plt.ylabel('y')  # 绘制label
            plt.savefig('before_clust.jpg')
            plt.show()
```

```
In[3]:  if __name__ == '__main__':
            dataMat = mat(loadDataSet('data.txt')) # 加载数据
            plotData1(dataMat)
```

可视化数据样本散点图如图 10.1 所示。

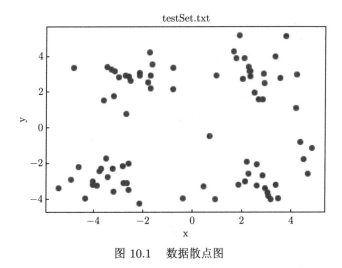

图 10.1　数据散点图

3. K-均值聚类算法中的辅助函数

```
In[4]:   # 欧氏距离
         def distance_Eclud(vecA, vecB):
             return sqrt(sum(power(vecA - vecB, 2)))


         # 构造K个随机质心
         def randCent(dataSet, k):
             n = shape(dataSet)[1]
             centroids = mat(zeros((k, n)))
             for j in range(n):
                 minJ = min(dataSet[:, j])
                 rangeJ = float(max(dataSet[:, j]) - minJ)
                 centroids[:, j] = minJ + rangeJ * random.rand(k, 1)
             return centroids
```

4. K-均值聚类算法

```
In[5]:   # K-均值聚类算法
         def kMeans(dataSet, k, distMeans=distance_Eclud, createCent=randCent):
             # 样本总数
             m = shape(dataSet)[0]
             # 记录簇索引值和误差
             clusterAssmet = mat(zeros((m, 2)))
             # 质点
             centroids = createCent(dataSet, k)
             # 簇分配结果是否改变的标志
             clusterChanged = True
             while clusterChanged:
```

```
                    clusterChanged = False
                    for i in range(m):
                        minDist = inf
                        minIndex = -1
                        # 寻找最近的质心
                        for j in range(k):
                            distJI = distMeans(centroids[j, :], dataSet[i, :])
                            if distJI < minDist:
                                minDist = distJI
                                minIndex = j
                        if clusterAssmet[i, 0] != minIndex:
                            clusterChanged = True
                        clusterAssmet[i, :] = minIndex, minDist**2
                    print(centroids)
                    # 更新质点的位置
                    for cent in range(k):
                        ptsInClust = dataSet[nonzero(clusterAssmet[:, 0].A==cent)
[0]]
                        centroids[cent, :] = mean(ptsInClust, axis=0)
                return centroids, clusterAssmet
```

Kmeans() 函数接受 4 个输入参数，只有数据集以及簇的数目是必选参数，用来计算距离以及创建初始质心的函数都是可选的。函数创建了一个矩阵来存储每个点的簇分配结果，簇分配结果 clusterAssmet 包含两列：一列记录簇的索引值，另一列记录当前点到簇中心的距离 (即存储误差)。

按照先计算簇中心——将数据点分配到最近的簇中心所对应的簇中——再重新计算簇中心方式反复迭代，直到所有的数据点的簇分配结果不再改变为止。函数的最后返回所有簇中心以及数据点的分配结果。

5. 二分 K-均值聚类算法

由于 K-均值算法会造成收敛于局部最小值，因此使用二分 K-均值聚类算法来克服这一弊端。

```
In[6]:  # 二分K-均值聚类算法
        def biKmeans(dataSet, k, distMeans=distance_Eclud):
            m = shape(dataSet)[0]
            clusterAssment = mat(zeros((m, 2)))
            centroid0 = mean(dataSet, axis=0).tolist()[0]  # 刚开始就一个簇
            centList = [centroid0]
            # 计算每个样本的误差
            for j in range(m):
                clusterAssment[j, 1] = distMeans(mat(centroid0), dataSet[j, :])
                                                                            ** 2
```

```
        while (len(centList) < k):  # 开始进行二分操作
            lowestSSE = inf
            for i in range(len(centList)):
                ptsInCurrCluster = dataSet[nonzero(clusterAssment[:, 0].A
== i)[0],:]

                # 对于任何一个簇都划分为2个族
                centroidMat, splitClustAss = kMeans(ptsInCurrCluster, 2,
distMeans)

                # 计算划分后的总误差
                sseSplit = sum(splitClustAss[:, 1])
                # 计算没有划分前的不在当前第i个簇里面的样本的总误差
                sseNotSplit = sum(clusterAssment[nonzero(clusterAssment[:,
0].A != i)[0], 1])
                print("sseSplit, and notSplit: ", sseSplit, sseNotSplit)
                # 如果对第i个簇的样本划分后的误差加上不是第i个簇样本的误差之和
小于没有对第i个
                # 簇样本进行划分前的误差和，则表示该次划分有效
                if (sseSplit + sseNotSplit) < lowestSSE:
                    bestCentToSplit = i
                    bestNewCents = centroidMat
                    bestClustAss = splitClustAss.copy()
                    lowestSSE = sseSplit + sseNotSplit

            # 开始实际的划分操作
            # 下面两行代码表示对划分后的新簇进行重新编号 0 1 2 3 ...
            bestClustAss[nonzero(bestClustAss[:, 0].A == 1)[0], 0] = len
(centList)
            bestClustAss[nonzero(bestClustAss[:, 0].A == 0)[0], 0] =
bestCentToSplit
            print('the bestCentToSplit is: ', bestCentToSplit)
            print('the len of bestClustAss is: ', len(bestClustAss))
            # 添加到质心集合中
            centList[bestCentToSplit] = bestNewCents[0, :].tolist()[0]
            centList.append(bestNewCents[1, :].tolist()[0])
            # 重新分配新簇和对应的SSE
            clusterAssment[nonzero(clusterAssment[:, 0].A ==
bestCentToSplit)[0],:] = bestClustAss
        return mat(centList), clusterAssment
```

聚类效果展示

```
In[7]:  # 绘图-聚类后
        def plotData2(dataSet, myCentroids, clustAssing):
            dataArray = array(dataSet)
```

```
        myCentroidsArray = array(myCentroids)
        clustAssingArray = array(clustAssing)

        myCentroidsArray_len = shape(myCentroidsArray)[0]
        dataArray_len = shape(dataArray)[0]
        clustAssing_len = shape(clustAssingArray)[0]

        myCentroidsArray_x_cord = []
        myCentroidsArray_y_cord = []
        dataArray_x0_cord = []
        dataArray_y0_cord = []
        dataArray_x1_cord = []
        dataArray_y1_cord = []
        dataArray_x2_cord = []
        dataArray_y2_cord = []
        dataArray_x3_cord = []
        dataArray_y3_cord = []

        for i in range(myCentroidsArray_len):
            myCentroidsArray_x_cord.append(myCentroidsArray[i, 0])
            myCentroidsArray_y_cord.append(myCentroidsArray[i, 1])

        for i in range(clustAssing_len):
            if clustAssingArray[i, 0] == 0:
                dataArray_x0_cord.append(dataArray[i, 0])
                dataArray_y0_cord.append(dataArray[i, 1])
            if clustAssingArray[i, 0] == 1:
                dataArray_x1_cord.append(dataArray[i, 0])
                dataArray_y1_cord.append(dataArray[i, 1])
            if clustAssingArray[i, 0] == 2:
                dataArray_x2_cord.append(dataArray[i, 0])
                dataArray_y2_cord.append(dataArray[i, 1])
            if clustAssingArray[i, 0] == 3:
                dataArray_x3_cord.append(dataArray[i, 0])
                dataArray_y3_cord.append(dataArray[i, 1])

    fig = plt.figure()
    ax = fig.add_subplot(111)
    ax.scatter(myCentroidsArray_x_cord, myCentroidsArray_y_cord, c=
'black', marker='+')
    ax.scatter(dataArray_x0_cord, dataArray_y0_cord, c='blue', marker=
's')
    ax.scatter(dataArray_x1_cord, dataArray_y1_cord, c='yellow', marker
='p')
```

```
            ax.scatter(dataArray_x2_cord, dataArray_y2_cord, c='green', marker
    ='*')
            ax.scatter(dataArray_x3_cord, dataArray_y3_cord, c='red', marker
    ='^')
            plt.title('testSet.txt')  # 绘制title
            plt.xlabel('x')
            plt.ylabel('y')  # 绘制label
            plt.savefig('after_clust.png')
            plt.show()

In[8]:  if __name__ == '__main__':
            # 加载数据
            dataMat = mat(loadDataSet('data.txt'))
            #可视化数据点
            # plotData1(dataMat)
            # print(randCent(dataMat, 2))
            # print(distance_Eclud(dataMat[0], dataMat[1]))
            # 分簇
            centList, myNewAssments = biKmeans(dataMat, 4)
            # 绘图
            plotData2(dataMat, centList, myNewAssments)
```

最终聚类效果如图 10.2 所示。

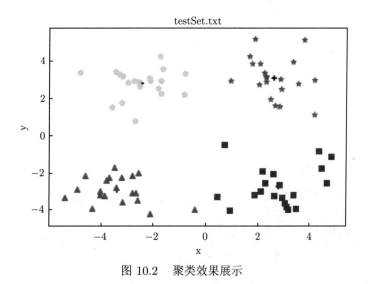

图 10.2　聚类效果展示

10.4　习题

（1）使用 Python 编写一个能计算样本间欧氏距离与曼哈顿距离的方法。

（2）使用 Python 实现 K-means 算法，并根据葡萄酒的 13 个特征对葡萄酒数据进行聚类。这份数据集包含来自 3 种不同起源的葡萄酒共 178 个样本，每个样本具有 13 个特征，该 13 种特征是葡萄酒的 13 种化学成分。通过对化学成分的分析，可以来推断葡萄酒的起源。葡萄酒数据的下载地址为 http://archive.ics.uci.edu/ml/datasets/Wine。

（3）调用 sklearn 中的 K-means 模型，对上述葡萄酒数据进行聚类。

（4）考虑能否使用二分 k-均值聚类算法改进上述聚类效果。

第 11 章

Apriori 算法及关联分析

平时在超市购物的过程中，超市里各个货架上都摆满了琳琅满目的销售货品，作为消费者并不会去过多地关注不同类型商品摆放的规律。但其实各个类别货物的摆放背后都蕴藏着商家对消费者们的消费助力。每个商品的展示方式、摆放位置、购物之后优惠券的提供以及用户忠诚度计划等，其背后也包含着许多机器学习算法的应用，并且都离不开大数据的分析。商家希望从消费者的身上获得尽可能多的利润，所以必然会利用各种技术来达到获利这一目的。

忠诚度计划是指顾客使用会员卡会获得一定的积分兑换商品或者是打一定的折扣，利用这种计划，超市可以获取消费者们的购买数据，商家在日复一日的运营中便集聚了大量的交易数据，有了大量的数据便可以对这些数据进行分析并挖掘出数据中包含的知识。然后利用这些知识便可以有针对性地为消费者们推荐经常购买的商品，从某种程度上会大大提升超市收益。

通过查看哪些商品经常一起购买，可以帮助商家了解到消费者们的购买行为。这种从大数据中发现的知识可以用于商品定价、市场促销、存货管理等环节。从海量的交易数据中寻找商品间的隐含关系被称作关联分析 (Association Analysis) 或者关联规则学习 (Association Rule Learning)。关联规则学习主要问题在于寻找商品间的不同组合，这是一个十分耗时的任务，其所需的计算成本很高。因此蛮力搜索很难解决这个问题，其需要更加智能的方法在合理的时间范围内找到频繁项集。本章将介绍如何使用 Apriori 算法来解决上述问题。

下面将首先详细介绍关联分析，然后讨论 Apriori 原理。因为 Apriori 算法正是基于该原理得到的，接下来便利用 Apriori 算法[83] 来发现频繁集并从频繁集中抽取关联规则。在本章的最后将给出一个应用实例来演示 Apriori 算法的应用。

11.1　关联分析

关联分析是什么？关联分析是一种在海量数据中寻找关联关系的任务。一般来说，这些关联关系可以有两种形式：频繁项集或者关联规则。**频繁项集** (Frequent Item Sets) 指的是经常一起出现的物品的集合，其暗示了某些事物之间总是结伴或成对出现。关联规则 (Association Rule) 暗示两种物品之间可能存在很强的关系。下面用一个例子来说明这两种形式，表 11.1 给出了某个杂货店的交易清单：

表 11.1　一个杂货店的简单交易清单

交易号码	商品
1	豆奶，莴苣
2	莴苣，胡萝卜，葡萄酒，尿布
3	豆奶，可乐，葡萄酒，尿布
4	豆奶，莴苣，葡萄酒，尿布
5	豆奶，可乐，莴苣，尿布

频繁项集指的是那些经常一起出现的物品集合，以表 11.1 中的交易清单为例，表中 {豆奶，尿布，葡萄酒} 就是频繁集的一个例子。频繁集是一个集合，因此频繁集也是用一对 "{}" 来表示的。从表 11.1 中的交易清单中也可以找到诸如 "尿布 → 葡萄酒" 的关联规则，即如果有人买了尿布那么这个人很有可能也会买葡萄酒。在这里注意一下，为什么说是 "尿布 → 葡萄酒" 的关联规则而不是 "葡萄酒 → 尿布" 的关联规则，原因是第 5 条清单中出现了尿布，但是没有出现葡萄酒，因此这个关联规则是不成立的。在这里看到，使用频繁项集和关联规则，商家可以更好地理解他们的顾客，并且这种关联规则的分析也可适用于其他行业，如网站流量分析以及医药行业。

这里穿插一个关于尿布和啤酒的小故事。"尿布与啤酒"是关联分析中最有名的例子。据报道，美国中西部的一家连锁店发现，男人们会在周四购买尿布的同时购买一瓶啤酒。这样商店实际上可以将尿布与啤酒放在一起销售并获利。这是一个最有名的关联分析的例子。问题来了，应该如何去定义这些有趣的关系？当要求得一个频繁项集时，频繁项集的定义又是什么？

11.1.1　频繁项集的评估标准

通常使用支持度、置信度以及提升度三个评估标准来度量事物间的关联关系，虽然事物间的关联关系十分复杂，但是基于统计规律以及贝叶斯条件概率理论的基础进行抽象，可以得到一种数值化的度量描述。

支持度：定义为数据集中包含该项集的记录所占的比例，或者是几个数据关联出现的概率。如果有两个待分析关联性的数据 X 和 Y，则对应的支持度为：

$$\text{Support}(X, Y) = P(XY) = \frac{\text{num}(XY)}{\text{num}(\text{Allsamples})} \tag{11.1}$$

依此类推，如果有三个待分析关联性的数据 X, Y 和 Z，则对应的支持度为：

$$\text{Support}(X,Y,Z) = P(XYZ) = \frac{\text{num}(XYZ)}{\text{num}(\text{Allsamples})} \tag{11.2}$$

一般来说，支持度高的项集不一定构成频繁项集，但是支持度太低的项集肯定不构成频繁项集[84]。以表 11.1 中的交易清单为例，可以得到 {豆奶} 的支持度为 4/5，而在这 5 条交易中有 3 条包含 {豆奶，尿布}，因此 {豆奶，尿布} 的支持度为 3/5。支持度是针对项集来说的，因此可以定义一个最小支持度，而只保留满足最小支持度的项集即可。

置信度：这是针对一条诸如"葡萄酒 → 尿布"的关联规则来定义的。置信度体现了一个数据出现后，另一个数据出现的概率，或者说是数据的条件概率。如果有两个待分析关联性的数据 X 和 Y，X 对 Y 的置信度为：

$$\text{Confidence}(X \leftarrow Y) = P(X|Y) = \frac{P(XY)}{P(Y)} \tag{11.3}$$

与支持度一样也可以类推到多个数据的关联置信度，比如对于三个数据 X，Y，Z，则 X 对于 Y 和 Z 的置信度为：

$$\text{Confidence}(X \leftarrow YZ) = P(X|YZ) = \frac{P(XYZ)}{P(YZ)} \tag{11.4}$$

从表 11.1 中可以看到，由于葡萄酒、尿布的支持度为 3/5，葡萄酒的支持度为 3/5，所以"葡萄酒 → 尿布"的置信度为 1，也就是说对于包含"葡萄酒"的所有记录，规则对其中 100% 的记录都适用。

举个例子，在购物数据中，纸巾对应辣条的置信度为 40%，支持度为 1%。则意味着在购物数据中，总共有 1% 的用户既买辣条又买纸巾；同时买辣条的用户中有 40% 的用户购买纸巾。

提升度：表示在含有 Y 的条件下，同时含有 X 的概率，与 X 总体发生的概率之比，即：

$$\text{Lift}(X \leftarrow Y) = \frac{P(X|Y)}{P(X)} = \text{Confidence}(X \rightarrow Y)/P(X) \tag{11.5}$$

提升度体现了 X 和 Y 之间的关联关系，如果提升度大于 1，则 $X \rightarrow Y$ 是有效的强关联规则；反之，如果提升度小于 1，则 $X \rightarrow Y$ 是无效的强关联规则。但有一个特殊情况，如果 X 和 Y 独立，则 $\text{Lift}(X \rightarrow Y) = 1$，此时 $P(X|Y) = P(X)$。

在一般情况下，通常将支持度和置信度作为评估关联分析是否成功的方法。要选择一个数据集中的频繁项集，最常用的评估标准也是使用支持度和置信度的组合。

11.1.2　关联分析算法过程

纯粹的项集是一个指数级的排列组合过程，每个数据集都可以得到一个天文数字的项集，但实际上大多数的项集都是我们不感兴趣的，因此，在分析的过程需要加入阈值判断[84]，对搜索进行剪枝，具体来说：

- 频繁项集发现阶段：按照 support ⩾ minsup threshold 的标准筛选满足最小支持度的频繁项集；
- 关联规则发现阶段：按照 confidence ⩾ minconf threshold 的标准筛选满足最小置信度的强规则[85]。

满足最小支持度和最小置信度的关联规则，也就是最终挖掘的关联规则。

11.2　Apriori 算法基本原理

假设对一家杂货店中经常一起被购买的商品非常感兴趣，有 4 种商品：商品 A、B、C 和 D。那么所有可能被一起购买的商品组合有哪些？商品的组合包括一种、两种、三种或四种商品。在购买商品的顾客中，我们只关心购买了一种或多种商品的顾客。

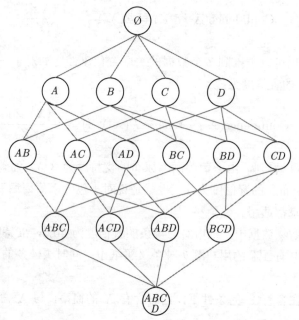

图 11.1　商品 $\{A, B, C, D\}$ 中所有可能的组合

图 11.1 显示了商品之间所有的可能组合。为了易于表示编号 A 代表商品 A，图中从上往下的第一个集合 φ 表示空集。物品之间的连线表示物品之间可以进行组合以形成更大的集合。

Apriori 算法目标是要找到最大的 K 项频繁集。因此首先要找到符合最低支持度的频繁集，但是这样的频繁集可能有很多，其次要找到最大个数的频繁集。以图 11.1 来说，比如找到符合支持度标准的频繁项集 $\{A\}$ 和 $\{A, B\}$，那么会抛弃 $\{A\}$ 并只保留 $\{AB\}$。还有一个所谓 Apriori 原理就是：如果某个项集是频繁的，那么它所有的非空子集也是频繁的。如 $\{A, B\}$ 是频繁项集，那么项集 A, B 也是频繁的。这个原理直观上对我们寻找最大的 K 项频繁集没有什么帮助，但是将其反过来看却大有作用，即如果说一个项集是非频繁集，那么它所有的超集也是非频繁的。

在图 11.2 中，假设 $\{C, D\}$ 是非频繁项集，利用前面讲的原理，便可以得知 $\{A, C, D\}$、$\{B, C, D\}$ 以及 $\{A, B, C, D\}$ 均是非频繁项集，也就是说，一旦求得 $\{C, D\}$ 的支持度之后，便无须再计算 $\{A, C, D\}$、$\{B, C, D\}$ 和 $\{A, B, C, D\}$ 的支持度，这一处理可以大大降低计算成本并且有效避免项集数目的指数增长，从而在合理时间内计算出频繁项集。

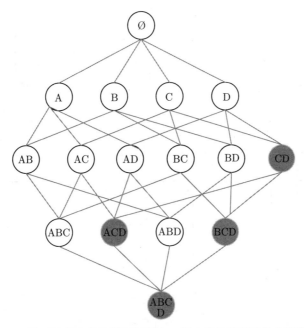

图 11.2 展示了所有商品的不同组合，其中蓝色表示的为非频繁项集

在下一节中将介绍基于 Apriori 算法基本原理的 Apriori 算法。

11.3 使用 Apriori 算法来发现频繁项集

在 11.1 节"关联分析"中有提到，关联分析的目标包括两项：发现频繁项集和发现关联规则。只有先找到频繁项集然后才能获得关联规则。本节将只关注于发现频繁项集[17]。Apriori 算法是一种用来发现频繁项集的算法，其输入的两个参数分别为最小支持度和数据集。Apriori 算法采用了迭代的思想，该算法首先搜索出候选 1 项集及对应的支持度，然后剪枝去掉低于支持度的 1 项集，得到频繁 1 项集。接着对剩下的频繁 1 项集进行连接，得到候选的频繁 2 项集，筛选去掉低于支持度的候选频繁 2 项集，得到真正的频繁 2 项集，依此类推，迭代下去，直到无法找到频繁 $k+1$ 项集为止，对应的频繁 k 项集的集合即为算法的输出结果。

整个 Apriori 算法过程可以简要地概括为——第 i 次迭代过程包括扫描计算候选频繁 i 项集的支持度，剪枝得到真正频繁 i 项集和连接生成候选频繁 $i+1$ 项集三步。

下面将以一个简单实例来说明 Apriori 算法过程 (如图 11.3 所示)。

数据集 D 有 4 条记录，分别是 134,235,1235 和 25。现在用 Apriori 算法来寻找频繁 k 项集，最小支持度设置为 50%。首先生成候选频繁 1 项集，包括所有的 5 个数据并计算 5 个数据的支持度，计算完毕后将不满足最小支持度的项集去掉，数据 4 由于支持度只有 25% 被剪掉。最终的频繁 1 项集为 {1}、{2}、{3}、{5}；接着对剩下的频繁 1 项集进行连接，得到候选频繁 2 项集，此时第一轮迭代结束。

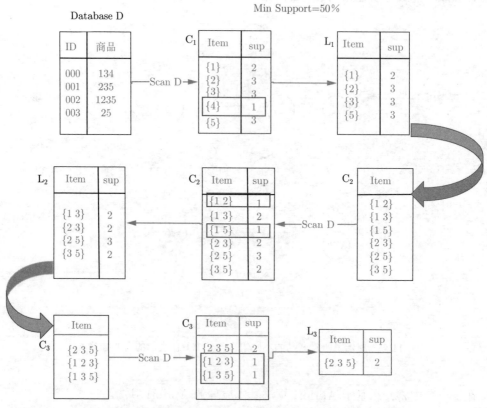

图 11.3　Apriori 算法过程示例

进入第二轮迭代，扫描数据集并计算候选频繁 2 项集的支持度，去掉不满足最小支持度的项集，由于 12 和 15 的支持度只有 25% 所以被去掉，便得到真正的频繁 2 项集 {13}、{23}、{25}、{35}。接着对剩下的频繁 2 项集进行连接，得到候选频繁 3 项集，此时第二轮迭代结束。然后再计算候选频繁 3 项集的支持度，将不满足最小支持度的项集去掉得到最终的真正频繁 3 项集 {235}。由于此时无法再进行数据连接，进而得到候选频繁 4 项集，最终的结果即为频繁 3 三项集 {235}。

Aprior 算法流程：

输入：数据 D，最小支持度 sup

输出：最大的频繁 k 项集

（1）扫描整个数据集，得到所有出现过的数据，作为候选频繁 1 项集。$k=1$，频繁 0 项集为空集；

（2）挖掘频繁 k 项集：

① 扫描数据并计算候选频繁 k 项集的支持度。

② 去除候选频繁 k 项集中支持度低于最小支持度 sup 的项集，得到频繁 k 项集。如果得到的频繁 k 项集为空，则直接返回频繁 $k-1$ 项集的集合作为算法结果，算法结束。如果得到的频繁 k 项集只有一项，则直接返回频繁 k 项集的集合作为算法结果，算法结束。

③ 基于频繁 k 项集，连接生成候选频繁 $k+1$ 项集。

（3）令 $k = k+1$，转入步骤（2）。

从算法的步骤可以看出，Aprior 算法每轮迭代都要扫描数据集，因此如果当数据集很大数据种类很多时，Apriori 的算法效率相对来说会比较低。

11.4　从频繁项集中挖掘关联规则

在前面说到过，关联分析是一种在海量数据中寻找关联关系的任务，利用关联关系可以发现许多有趣的内容。人们最常寻找的两个目标是频繁项集和关联规则[86]。上一节便介绍了如何使用 Aprior 算法来发现频繁项集，所以现在需要解决的问题是如何找出关联规则。

要找到关联规则，就必须先从一个频繁项集开始。从表 11.1 中杂货店清单的例子可以得到，如果有一个频繁项集 {尿布，葡萄酒}，那么就可能会有一条关联规则 "尿布 → 葡萄酒"。即意味着当有人买了尿布，那么他同时购买葡萄酒的概率很大。但是，这种规则反过来不一定总成立。

前面给出了频繁项集的量化定义，即需满足最小支持度要求。对于关联规则，也有类似的量化指标，这种量化指标称为置信度。一条规则 $X \rightarrow Y$ 的置信度定义为 $P(X|Y) = \dfrac{P(XY)}{P(Y)} = \dfrac{\mathrm{Support}(XY)}{\mathrm{Support}(Y)}$。在获取所有频繁项集的支持度之后，要想获取置信度，所需要做的就是取出那些支持度做一次除法运算。

一个频繁项集中可以产生多少条关联规则？图 11.4 给出了项集 $\{A, B, C\}$ 产生的所有关联规则。为了找到一个感兴趣的规则，先生成一个可能的规则列表，然后测试每条规则的置信度。如果置信度不满足最小要求，则去掉该规则。

类似于前面最大 k 项频繁项集的生成，可以为每个频繁项集产生许多关联规则。如果能够减少规则的数目并同时保证问题的可解性，那么将会大大降低计算成本。可以观察到，如果某条规则不满足最小置信度的要求，那么该规则的所有子集也不会满足最小置信度要求。以图 11.4 为例，假设 $ABC \rightarrow D$ 不满足最小置信度要求，那么所有左部 (前件) 为 $\{A, B, C\}$ 子集的规则也均不能满足最小置信度要求 (如图 11.4 中蓝色阴影表示)。

利用上述关联规则的性质属性可以有效减少需要测试的规则数目。类似于 Apriori 算法，可首先从一个频繁项集开始创建一个规则列表，其中规则列表的右部只包含一个元素，然后对这些规则进行测试筛选出满足最小置信度的规则。接下来合并所有剩余规则来创建一个新的规则列表，其中规则的右部包含两个元素，这种方法被称作分级法。

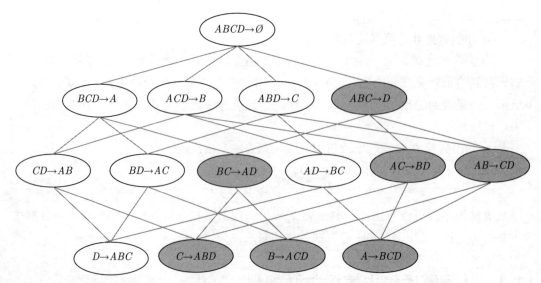

图 11.4 对于频繁项集 $\{A, B, C, D\}$ 的关联规则示意图。蓝色阴影表示置信度低的规则

11.5 应用实例

在下列某家便利店的销售数据中，每一个数字代码代表一种商品，data.txt 是近一个季度中顾客购买商品数大于 10 件的交易数据（商品可重复，即可重复计件）。接下来将用代码随机生成 10000 位顾客的购买清单并写入 data.txt 中。0：矿泉水，1：可乐，2：啤酒，3：香烟，4：瓜子，5：抽纸，6：咖啡，7：泡面，8：火腿，9：面包。

1. 随机生成顾客消费清单

```
In[1]:  import random

        def ran():
            fr = open('data.txt', 'a')

            # 总共10000位顾客
            for i in range(0, 10000):
                # 随机生成每位顾客购买的商品数量
                goods = []
                num = random.randrange(10, 20)
                for j in range(num):
                    # 随机生成每位顾客买的商品代码
                    good = random.randrange(0, 10)
                    goods.append(str(good))
                for num in goods:
                    fr.write(num)
                    fr.write(' ')
                fr.write('\n')
```

```
In[2]:   if __name__ == '__main__':
             ran()
```

2. 读取数据

```
In[1]:   def loadDataset(filename):
             dataMat = []
             fr = open(filename)
             for line in fr.readlines():
                 lineArr = line.strip().split(' ')
                 dataMat.append(lineArr)
             return dataMat
```

3. 构建候选集

```
In[2]:   def createCandidateSet(dataSet):
             # 创建空列表
             Can1 = []
             # 遍历数据集中的每一项
             for transaction in dataSet:
                 # 遍历每一项中的每一个元素
                 for item in transaction:
                     # 如果Can1中未包含此元素，则添加到集合中
                     if not [item] in Can1:
                         Can1.append([item])
             # 排序
             Can1.sort()
             return list(map(frozenset, Can1))
```

函数 createCandidateSet() 将构建所有大小为 1 的候选集的集合。Apriori 算法首先构造集合 Can1，然后扫描候选集来判断这些 1 元项集是否满足最小支持度的要求。那些满足最小支持度的项集构成集合 L1，而 L1 中的元素相互构成 Can2,Can2 进一步过滤变为 L2。

```
In[3]:   def scanDList(DList, Ck, minSupport):
             ssCnt = {}
             # 遍历每个样本
             for tid in DList:
                 # 遍历每个项集
                 for can in Ck:
                     # 统计频数
```

```
                if can.issubset(tid):
                    if not can in ssCnt:
                        ssCnt[can] = 1
                    else:
                        ssCnt[can] += 1
        numItems = float(len(DList))
        retList = []
        supportData = {}
        for key in ssCnt:
            # 转换为频率
            support = ssCnt[key] / numItems
            # 如果大于最小支持度，则保持
            if support >= minSupport:
                retList.insert(0, key)
            supportData[key] = support
        return retList, supportData
```

函数 scanDList() 有三个参数，分别是数据集、候选项集列表 Ck 以及项集的最小支持度 minSupport。该函数用于从 Can1 中生成满足最小支持度的频繁 1 项集 L1。

4. Apriori 算法

```
In[4]:  def aprioriGen(Lk, k):
            retList = []
            lenLk = len(Lk)
            for i in range(lenLk):
                for j in range(i+1, lenLk):
                    L1 = list(Lk[i])[:k-2]
                    L2 = list(Lk[j])[:k-2]
                    L1.sort()
                    L2.sort()
                    if L1 == L2:
                        retList.append(Lk[i] | Lk[j])
            return retList

In[5]:  def apriori(dataSet, minSupport=0.5):
            Can1 = createCandidateSet(dataSet)
            DList = list(map(set, dataSet))
            L1, supportData = scanDList(DList, Can1, minSupport)
            L = [L1]
            k = 2
            while (len(L[k-2]) > 0):
                Ck = aprioriGen(L[k-2], k)
                Lk, supK = scanDList(DList, Ck, minSupport)
```

```
        supportData.update(supK)
        L.append(Lk)
        k += 1
    return L, supportData
```

函数 aprioriGen() 的输入参数是频繁项集列表 Lk 以及项集元素个数 k，输出为 $Ck+1$。假设输入为 {0} {1} {2}，便会生成 {0,1} {0,2} {1,2}。即 $L1$ 中的元素相互组合形成 $C2$。

前面所提及到的所有操作均封装在 apriori() 函数中，该函数传递一个数据集以及一个最小支持度。该函数首先将会通过 createCandidateSet() 函数来构建初始候选项集 Can1，然后扫描 Can1 来构建初始频繁 1 项集 $L1$。然后通过 while 循环来继续迭代寻找 $L2, L3, \cdots$，直到 Lk 为空时，程序结束并返回符合要求的 L。

5. 测试算法

```
In[6]:  if __name__ == '__main__':
            DataSet = loadDataset('data.txt')
            #print(DataSet)
            L, suppData = apriori(DataSet, minSupport=0.4)
            for item in L[2]:
                # 测试与香烟(编号 3)相关联的商品
                if item.intersection("3"):
                    print(item)

Out[6]:  frozenset({'3', '2', '6'})
         frozenset({'3', '9', '6'})
         frozenset({'4', '9', '3'})
         frozenset({'9', '2', '3'})
         frozenset({'9', '8', '3'})
         frozenset({'7', '9', '3'})
         frozenset({'9', '5', '3'})
         frozenset({'9', '1', '3'})
         frozenset({'9', '0', '3'})
         frozenset({'8', '2', '3'})
         frozenset({'5', '2', '3'})
         frozenset({'4', '2', '3'})
            ......
         frozenset({'6', '1', '3'})
         frozenset({'7', '0', '3'})
         frozenset({'6', '0', '3'})
         frozenset({'0', '1', '3'})
```

可能呈现出来的结果数据会由于数据集的影响造成有些异常，但是最重要的是掌握整个算法流程以及 Apriori 原理。

11.6　习题

给定 5 个事务。设置 $\min\_sup = 60\%, \min\_conf = 80\%$。

TID	购买的商品
T001	$\{M, O, N, K, E, Y\}$
T002	$\{D, O, N, K, E, Y\}$
T003	$\{M, A, K, E\}$
T004	$\{M, U, C, K, Y\}$
T005	$\{C, O, O, K, I, E\}$

（1）利用 Python 编程 Apriori 算法找出其中的频繁项集。

（2）列举所有与下面原规则匹配的强关联规则 (给出支持度 S 和置信度 C)，其中，X 表示顾客的变量，item_i 表示项的变量 (如 "A" "B" 等)：

$$\forall x \in \mathrm{transaction}, \mathrm{buys}(X, \mathrm{item}_1) \bigwedge \mathrm{buys}(X, \mathrm{item}_2) \Rightarrow \mathrm{buys}(X, \mathrm{item}_3)\,[S, C]$$

第 12 章

FP–growth 算法及频繁项集的挖掘

在日常网上冲浪的过程中，都会用到搜索引擎。当输入单词的部分或者是完整单词时，搜索引擎就会自动补全查询词项。用户们甚至事先都不知道搜索引擎推荐的东西是否存在，反而会去查找那些推荐词项。当输入"水果"开始查询时，有时甚至会出现一些稀奇古怪的推荐结果。为了给出这些推荐查询词项，搜索引擎便是使用了本章将要介绍的一种算法来高效地发现频繁项集[87]。

常见的挖掘频繁项集算法有两类，一类是 Apriori 算法，另一类是 FP-growth(Frequent Pattern-Growth) 算法[88]。上一章所介绍的 Apriori 算法通过不断地构造候选集、筛选候选集挖掘出频繁项集，每次增加频繁项集的大小，Apriori 算法都需要多次重新扫描原始数据，当数据集很大时，使用 Apriori 算法将会显著降低发现最大 k 项频繁项集的速度。FP-growth 不同于 Apriori 的"试探"策略，算法只需扫描原始数据两遍，FP-growth 算法法基于 Apriori 构建，但在完成发现频繁项集的任务中采用了一些不同技术。将数据集存储在一个特定的 FP 树结构之后发现频繁项集，即常同时出现的元素项的集合 FP 树。通过 FP-tree 数据结构对原始数据进行压缩，将会大大提升算法的执行速度[89]。

上一章讨论了从数据集中获取有趣信息的两种方法——发现频繁项集以及关联规则。本章将继续探讨发现频繁项集这一任务。FP-growth 算法虽然能够有效提升发现频繁项集的速度，但该算法不能够用于发现关联规则。

当处理小数据时，Apriori 算法处理起来并没有什么问题，一旦数据集很大时，就会产生较大的问题。而此时使用 FP-growth 算法无疑是最优选择，因为 FP-growth 算法仅会对数据集扫描两次，它发现频繁项集的基本过程如下：

（1）构建 FP 树；

（2）从 FP 树中挖掘频繁项集。

本章将从以下三方面来介绍 FP-growth 算法及频繁项集的挖掘：FP 树介绍、构造

FP 树、从 FP 树中挖掘频繁项集。最后将会展现一个应用 FP-growth 算法的应用实例。

12.1　FP 树介绍

　　FP 代表频繁模式，一棵 FP 树看上去与数据结构中的其他树结构类似，但是它通过链接 (Link) 来连接相似元素，被连起来的元素项可以看成是一个链表。图 12.1 给出了一棵 FP 树的例子：

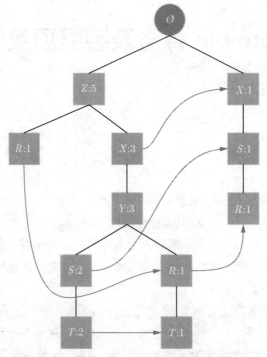

图 12.1　FP 树，包含着连接相似节点的链接

　　与搜索树不同，一个元素项可以在一棵 FP 树中出现多次。FP 树中会存储项集出现的频率，每个项集会以路径的方式存储在树结构中，存在相似元素时项集会共享树结构的一部分。只有当项集之间完全不同时，树才会分叉。通常情况下，FP 树的大小比未压缩的原始数据集要小。当所有项集都相同，FP 树只包含一条节点路径；若所有项集均不相同时，将导致最坏情况发生，FP 树的大小将与原始数据大小一样。FP 树中的树节点给出集合中的单个元素及其在序列中的出现次数，路径会给出该序列出现的次数。

　　相似项之间的链接即节点链接 (Node Link)，用来发现相似项的位置。表 12.1 给出了用于生成图 12.1 所示的 FP 树的数据。

　　从图 12.1 中的 FP 树可知元素 Z 一共出现了 5 次，集合 $\{Z, R\}$ 出现了 1 次。于是有 Z 一定是其本身或与其他字符出现了 4 次。接下来看一下其他有 Z 字符的情况，分别是 $\{Z, X, Y, S, T\}$ 出现了两次、$\{Z, X, Y, R, T\}$ 出现了一次和一次 Z 单独出现的情况。$\{Z, X, Y, R, T\}$ 只出现了一次，但在 Item 数据集中看到 005 号记录，看到的却是 $\{Q, T, Y, R, X, P, Z\}$，那么 P 和 Q 是什么情况？这是由于在使用支持度时会设定一个最低支持度标准，在这里最小支持度为 3，所以 P 和 Q 被去掉了。

表 12.1　用于生成图 12.1 中 FP 树的 Item 数据样例

Item	Item 中的元素项
001	R, H, J, P, Z
002	X, Y, Z, W, T, U, V, S
003	Z
004	R, X, N, O, S
005	Q, T, Y, R, X, P, Z
006	X, Y, Z, E, S, M, T, Q

FP-growth 算法的工作流程如下：首先构造 FP 树，然后利用 FP 树来挖掘频繁项集。因此第一步先构建 FP 树，FP 树的构建需要对原始数据集扫描两遍。第一遍将所有出现的元素项进行计数，并统计每个元素项出现的概率。第二遍扫描只考虑那些频繁元素。请牢记第 11 章所给出的 Apriori 原理，即如果某元素是非频繁项集，那么该元素所有的超集均是非频繁项集。

12.2　构造 FP 树

在 12.1 节中提到构造 FP 树需要对原始数据集扫描两次，在第一次的扫描中会过滤掉所有不满足最小支持度的元素项，最小支持度设为 3，将筛选出的满足最小支持度的元素项按照全局最小支持度排序，如表 12.2 所示。在第二次的扫描中将会构建一棵 FP 树，而参与构造的是筛选出来的那些频繁元素。

表 12.2　用于生成图 12.1 中 FP 树的 Item 数据样例

TID	Item 中的元素项	Item 中过滤并排序后的元素项
001	$R, H, J, P,$	Z, R
002	X, Y, Z, W, T, U, V, S	Z, X, Y, T, S
003	Z	Z
004	R, X, N, O, S	X, S, R
005	Q, T, Y, R, X, P, Z	Z, X, Y, T, R
006	X, Y, Z, E, S, M, T, Q	Z, X, Y, T, S

FP 树的建立需要引入一些数据结构来临时存储数据，这个数据及结构包括三部分：第一部分是头指针表——记录了所有频繁 1 项集出现的次数，按照次数降序排列；第二部分是 FP 树——将原始数据集映射到内存的一棵 FP 树；第三部分是节点链表——所有头指针表中的频繁 1 项集都是一个节点链表的头节点，它依次指向 FP 树中该频繁 1 项集出现的位置。这样做的主要目的就是方便头指针表和 FP 树的查找与更新。

12.2.1　头指针表的建立

FP 树的建立需要依赖于头指针表的建立。当第一次扫描原始数据集时，得到所有频繁 1 项集的计数。然后删除所有不满足最小支持度 3 的元素项，并按照支持度降序排列。观察前面表 12.1 中的 6 条数据，发现 H, J, W, U, V, N, O, M 都只出现了一次，P, Q 都只出现了两次，支持度低于最小支持度，因此将它们剔除在头指针表外。剩下 Z, X, Y, T, R, S 按照支持度的大小降序排列，组成了头指针表。

接着第二次扫描数据，剔除每条数据中的非频繁 1 项集并按照支持度降序排列，过滤后降序排列的数据如表 12.2 所示。在第二次的扫描中将会构建一棵 FP 树，而参与构造的是筛选出来的那些频繁元素。

通过两次扫描，头指针表已经建立好，排序后的数据项也得到了，如图 12.2 所示。下面开始构建 FP 树。

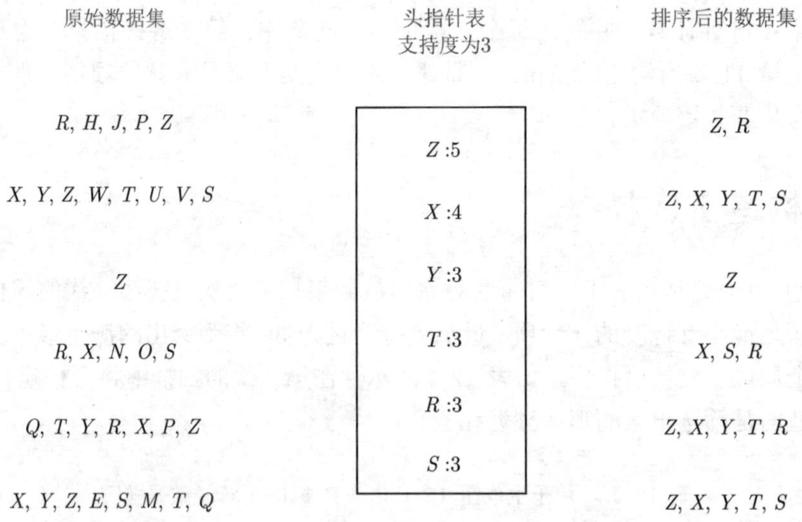

原始数据集	头指针表 支持度为3	排序后的数据集
R, H, J, P, Z	$Z:5$	Z, R
X, Y, Z, W, T, U, V, S	$X:4$	Z, X, Y, T, S
Z	$Y:3$	Z
R, X, N, O, S	$T:3$	X, S, R
Q, T, Y, R, X, P, Z	$R:3$	Z, X, Y, T, R
X, Y, Z, E, S, M, T, Q	$S:3$	Z, X, Y, T, S

图 12.2　头指针表以及排序后的数据集

12.2.2　FP 树的建立

有了头指针表和排序后的数据集，就可以开始着手 FP 树的建立了。刚开始时 FP 树没有数据，在建立 FP 树时将排序后的数据集一条一条地读入并插入 FP 树中，插入时按照排序后的顺序插入 FP 树中。排序靠前的节点是祖先节点，靠后的节点是子孙节点。如果有共用的祖先节点，则将共用的祖先节点计数加 1。插入后，如果有新节点出现，则头指针表会通过节点链表链接上新节点。直到所有的数据都插入到 FP 树中便完成了 FP 树的构建。

依旧以图 12.2 中的数据来描述将数据插入到 FP 树中的过程。首先插入第一条数据:Z, R。因为 FP 树中没有节点，因此 Z, R 是一条独立的路径，且 FP 树中节点计数为 1，头指针表通过节点链表链接上对应插入的新增树节点。如图 12.3 所示。

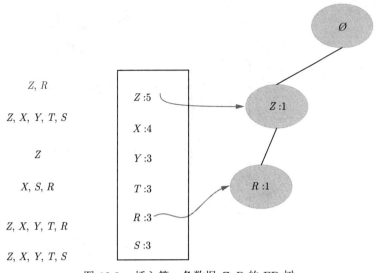

图 12.3　插入第一条数据 Z, R 的 FP 树

　　接着插入第二条数据 Z, X, Y, T, S，第二条数据与现有的 FP 树共享祖先节点 Z，因此将 Z 节点的计数加 1 变为 2。同时对应的 X, Y, T, S 节点的节点链表要进行更新。如图 12.4 所示。

　　使用与前面相似的方法插入后面的四条数据，如图 12.4～图 12.8 所示。相信读者如果可以自己独立地插入这 6 条数据，那么 FP 的构建对大家来说就没有什么困难了。

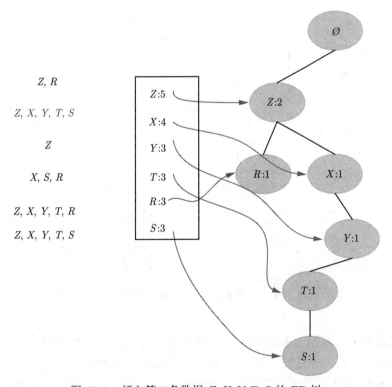

图 12.4　插入第二条数据 Z, X, Y, T, S 的 FP 树

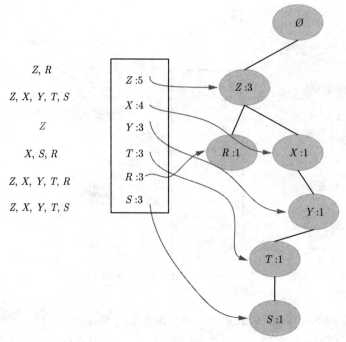

图 12.5 插入第三条数据 Z 的 FP 树

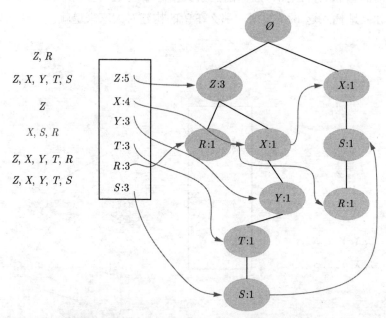

图 12.6 插入第四条数据 X, S, R 的 FP 树

值得注意的是，对项的关键字排序会影响 FP 树的结构。图 12.1 与图 12.8 是相同训练集生成的 FP 树，但是图 12.1 除了按照最小支持度排序外，未对项做任何处理；图 12.8 则将项按照关键字进行了降序排序。树的结构也将影响后续发现频繁项的结果。在后面频繁项集的挖掘中将采用图 12.8 表示的结果。

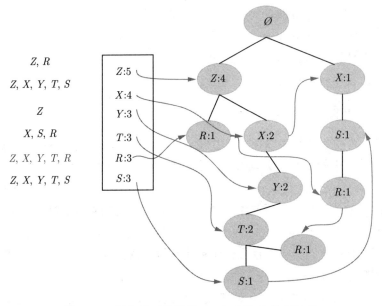

图 12.7　插入第五条数据 Z, X, Y, T, R 的 FP 树

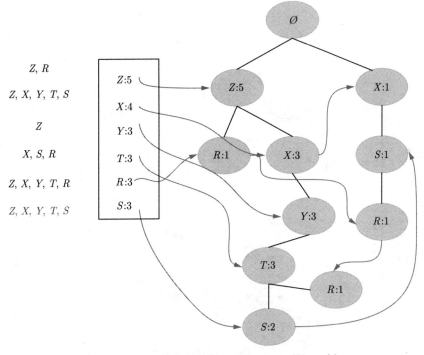

图 12.8　插入第六条数据 Z, X, Y, T, S 的 FP 树

12.3　从 FP 树中挖掘频繁项集

在 12.2 节 "构造 FP 树" 中, 已经把 FP 树构建起来了, 那么如何从 FP 树中挖掘

频繁项集呢？从 FP 树中抽取频繁项集的三个基本步骤如下：

（1）从 FP 树中获取条件模式基；

（2）利用条件模式基构建一个 FP 树；

（3）迭代重复步骤（1）和（2），直到树包含一个元素项为止。

12.3.1　抽取条件模式基

得到了 FP 树和头指针表以及节点链表后，首先要从头指针表的底部项依次向上挖掘。从保存在头指针表中的单个频繁项开始，获取其对应的**条件模式基**（Conditional Pattern Base）。所谓的条件模式基是以要挖掘的节点作为叶子节点所对应的 FP 子树，即以所查找元素项为结尾的路径集合。每一条路径其实都是一条前缀路径。简言之，一条前缀路径是介于所查找元素项与树根节点之间的所有内容。将这个 FP 子树中每个节点的计数设置为叶子节点的计数，同时去掉计数低于最小支持度的节点。从这个条件模式基，就可以递归挖掘得到频繁项集了。

对于上面一段话的理解有一定的难度。还是以图 12.8 中最后产生的 FP 树来讲解。先从头指针表的底部 S 节点开始，先来找寻 S 节点的条件模式基。S 节点的前缀路径为 $\{Z, X, Y, T\}$ 2 条以及 $\{X\}$ 1 条，即前缀路径集合为 $\{\{Z, X, Y, T\}\, 2, \{X\}\, 1\}$。此时 Z, Y, T 节点会由于在条件模式基中支持度小于最小支持度 3，所以被去除了，最终在除去不满足最小支持度节点并不包含叶子节点后 S 的条件模式基为 $\{X : 3\}$。最终 S 的条件模式基如图 12.9 所示。

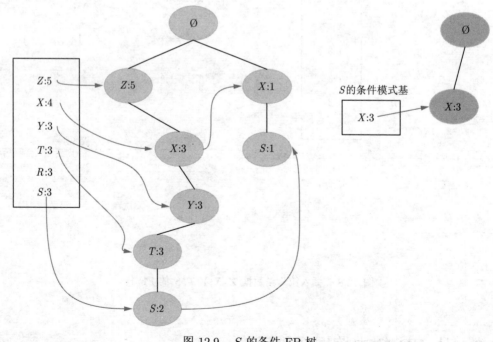

图 12.9　S 的条件 FP 树

通过图 12.9 可以很容易得到 S 的频繁 2 项集为 $\{X : 3, S : 3\}$。

S 挖掘完了，便开始挖掘 R 节点。与挖掘 S 节点类似，先获取 R 节点的前缀路径。R 节点的前缀路径有三条，分别为 $\{Z\}$、$\{Z,X,Y,T\}$ 和 $\{X,S\}$。前缀路径集合为
$\{\{Z\}1,,\{Z,X,Y,T\}1,\{X,S\}1\}$。剔除在条件模式基中支持度小于 3 的节点，发现所有
节点均不满足。因此节点 R 没有符合最小支持度的模式条件基，R 的条件模式基为空。
如图 12.10 所示。

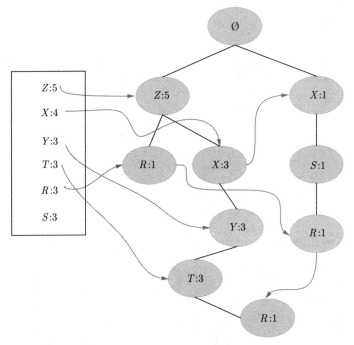

图 12.10　R 的条件 FP 树

使用上面同样的方法可以得到 T 的条件模式基如图 12.11 所示，递归挖掘到 T 的最
大频繁项集为频繁 4 项集 $\{Z:3,X:3,Y:3,T:3\}$。

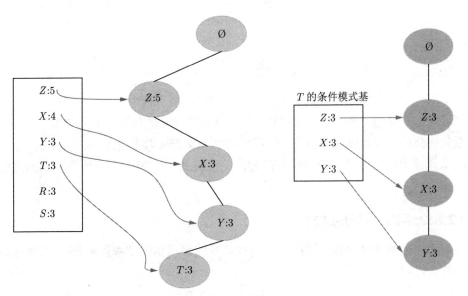

图 12.11　T 的条件 FP 树

继续挖掘 Y 的频繁项集，挖掘到的 Y 的条件模式基如图 12.12 所示，递归挖掘到 Y 的最大频繁项集为频繁 3 项集 $\{Z:3, X:3, Y:3\}$。

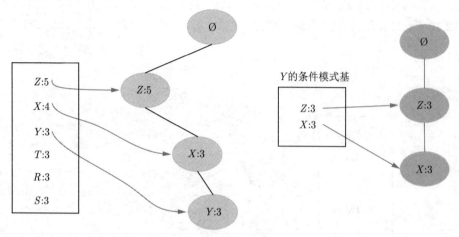

图 12.12　Y 的条件 FP 树

接着挖掘 X 的频繁项集，X 的条件模式基如图 12.13 所示，递归挖掘到 X 的最大频繁项集为频繁 2 项集 $\{Z:4, X:4\}$。

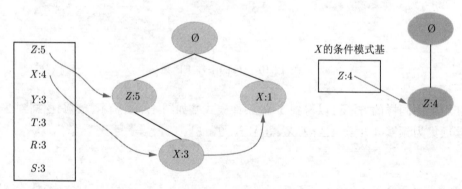

图 12.13　X 的条件 FP 树

至于 Z，由于它的条件模式基为空，因此可以不用去挖掘了。

到这里已经得到了所有的频繁项集，但是我们的目标是获取最大的频繁 k 项集。从前面一系列的分析过程可以看到，最大的频繁项集为频繁 4 项集 $\{Z:3, X:3, Y:3, T:3\}$。相信大家通过上面的一步步详细分析过程，已经对从 FP 树中挖掘频繁项集的过程很熟悉了。

12.3.2　FP 算法归纳

在前面已经熟悉并掌握了 FP 树的构建以及频繁项集的挖掘过程[90]。现在来归纳一下 FP 算法流程：

（1）扫描原始数据集得到所有的频繁 1 项集，并删除所有支持度不满足最小支持度的项集，把满足最小支持的频繁 1 项集放入头指针表中，并按照降序排列。

（2）再次扫描数据，将读到的原始数据剔除其中包含的非频繁 1 项集，并按照支持度降序排列。

（3）一条一条地读入重排序后的数据并按照排序后的顺序插入 FP 树中，排序靠前的节点为祖先节点，排序靠后的节点是子孙节点。如果有共同的祖先节点，则对应共享的祖先节点计数加 1。插入后，如果有新的节点出现，则头指针表对应的节点会通过节点链表链接上新节点。当所有数据均插入到 FP 树中，便完成了 FP 树的构建。

（4）从头指针表的底部依次向上找到头指针表对应的条件模式基，然后从条件模式基递归挖掘得到头指针表项对应的频繁项集。

（5）如果未限制频繁项集的项数，则返回步骤 4 中挖掘到的所有频繁项集，否则只返回满足项数要求的频繁项集。

如果想要更进一步了解 FP-growth 算法可以参考文献 [78, 88, 89, 91, 92]。

12.4　应用实例

下面将在一个更大的文件中应用 FP-growth 算法，有一个 kosarak.dat 文件，该文件里面包含近 100 条记录[①]。该文件中的每一行表示某用户浏览过的新闻报道。其中一些用户只看过一篇报道，而有些用户看过 2 498 篇报道。用户和报道被编码成整数，因此本节将使用 FP-growth 算法从该数据集中挖掘出更多数据的有用知识，查看该数据集中的频繁项集很难得到更多东西，但是该数据对于展示前面讲述到的 FP-growth 算法的速度十分有效。

使用 FP 算法挖掘频繁项集总的来说一般是两个步骤：① 构建 FP 树；② 从 FP 树中挖掘频繁项集。

1. 创建 FP 树的数据结构——FP 树的类定义

```
In[1]:   class treeNode:
             def __init__(self, nameValue, numOccur, parentNode):
                 self.name = nameValue    # 节点名
                 self.count = numOccur    # 计数
                 self.nodeLink = None     # 用于链接相似的元素项
                 self.parent = parentNode    # 父节点，需要更新
                 self.children = {}   # 用于存放节点的子节点

             def inc(self, numOccur):
```

---

① Hungarian online news portal clickstream retrieved July 11,2011;from Frequent Itemset Mining Dataset Repository, http://fimi.ua.ac.be/data/,donated by Ferenc Bodon.

```
                self.count += numOccur

        def disp(self, ind=1):
            #print(' ' * ind, self.name, ' ', self.count)
            for child in self.children.values():
                child.disp(ind + 1)
```

treeNode 类用来保存 FP 树的每一个节点。

2. 数据的加载

```
In[2]:  def loadscanDList(filename):
            fr = open(filename)
            scanDList = [line.split() for line in fr.readlines()]
            return scanDList
```

3. FP 树的构建

```
In[3]:  def createTree(scanDList, minSup=1): # minSup表示最小支持度
            headerTable = {}
            # 遍历数据集两次
            # 第一次遍历统计频数
            for trans in scanDList:
                for item in trans:
                    headerTable[item] = headerTable.get(item, 0) + scanDList
    [trans]
            # 移除不满足最小支持度的元素项
            for k in list(headerTable.keys()):
                if headerTable[k] < minSup:
                    del (headerTable[k])
            freqItemSet = set(headerTable.keys())
            # 如果没有元素满足要求则退出
            if len(freqItemSet) == 0: return None, None
            for k in headerTable:
                # 重新格式化headertable使用nodelink
                headerTable[k] = [headerTable[k], None]
            # 创建节点
            retTree = treeNode('Null Set', 1, None)
            # 遍历数据集第二次
            for tranSet, count in scanDList.items():
                localD = {}
                # 排序
                for item in tranSet:
                    if item in freqItemSet:
```

```
                                localD[item] = headerTable[item][0]
                    if len(localD) > 0:
                        orderedItems = [v[0] for v in sorted(localD.items(), key=
         lambda p: p[1], reverse=True)]
                        # 使用排序后的频率项集对树进行填充
                        updateTree(orderedItems, retTree, headerTable, count)
              return retTree, headerTable

In[4]:   def updateTree(items, inTree, headerTable, count):
             # 检查事务中第一个节点是否作为子节点存在
             if items[0] in inTree.children:
                 inTree.children[items[0]].inc(count)
             # 否则添加子节点
             else:
                 inTree.children[items[0]] = treeNode(items[0], count, inTree)
                 if headerTable[items[0]][1] == None:
                     headerTable[items[0]][1] = inTree.children [items[0]]
                 else:
                     updateHeader(headerTable[items[0]][1], inTree.children
         [items[0]])
             if len(items) > 1:
                 updateTree(items[1::], inTree.children[items[0]], headerTable,
         count)

In[5]:   def updateHeader(nodeToTest, targetNode):
             while (nodeToTest.nodeLink != None):
                 nodeToTest = nodeToTest.nodeLink
             nodeToTest.nodeLink = targetNode
```

从上面可以看到 FP 树的构建包含 3 个函数。第一个函数 createTree() 使用数据集以及设定的最小支持度作为参数来构建 FP 树。树的构建过程中一共会遍历两遍数据集，第一次遍历将对所有出现的项进行计数并将信息存入头指针表中，然后将存入的项与 minSup 进行比较删除那些出现次数少于 minSup 的项。在第二遍的扫描中只考虑那些频繁项集。

FP 树的创建还需要进行更新，updateTree() 函数首先会测试事务中的第一个元素项是否作为子节点存在，如果存在则更新该元素项的计数，如果不存在，则会创建一个新的 treeNode 并将其作为一个新的子节点加入到 FP 树中。同时，头指针表也要更新直到新的节点，头指针表的更新需要调用 updateHeader() 函数。

updateHeader() 函数便是用来确保节点链接指向树中该元素项的每一个实例。

4. 数据包装容器

```
In[6]:   def createInitSet(scanDList):
```

```
          retDict = {}

          for trans in scanDList:
              retDict[frozenset(trans)] = 1
          return retDict
```

由于 createTree() 函数的输入数据类型不是列表而是字典类型，因此需要将列表转换为字典，项集为字典中的键，频率对应字典中每个键的取值。*createInitSet*() 函数便是用来实现这一功能。

5. 发现以给定元素项结尾的所有路径

```
In[7]:  def ascendTree(leafNode, prefixPath):
            if leafNode.parent != None:
                prefixPath.append(leafNode.name)
                ascendTree(leafNode.parent, prefixPath)


In[8]:  创建条件模式基
        def findPrefixPath(basePat, treeNode):
            condPats = {}
            while treeNode != None:
                prefixPath = []
                ascendTree(treeNode, prefixPath)
                if len(prefixPath) > 1:
                    condPats[frozenset(prefixPath[1:])] = treeNode.count
                treeNode = treeNode.nodeLink
            return condPats
```

上述函数用于为给定元素项生成一个条件模式基，这通过访问树中所有包含给定元素项的节点来完成。findPrefixPath() 遍历链表直到结尾。每遇到一个元素项都会调用 ascendTree() 函数来回溯 FP 树。

6. 从条件模式基中挖掘频繁项集

```
In[9]:  def mineTree(inTree, headerTable, minSup, preFix, freqItemList):
            bigL = [v[0] for v in sorted(headerTable.items(), key=lambda p: p
    [1][0])]  # (sort header table)
            for basePat in bigL:
                newFreqSet = preFix.copy()
                newFreqSet.add(basePat)
                freqItemList.append(newFreqSet)
                condPattBases = findPrefixPath(basePat, headerTable[basePat]
    [1])
                myCondTree, myHead = createTree(condPattBases, minSup)
```

```
        if myHead != None:
            #print('conditional tree for: ',newFreqSet)
            myCondTree.disp(1)
            mineTree(myCondTree, myHead, minSup, newFreqSet,
    freqItemList)
```

程序将每一个频繁项集添加到频繁项集列表 freqItemList 中,然后递归调用函数 find-PrefixPath() 来创建条件模式基。该条件模式基将会被当作一个新的数据集输送到 create-Tree() 函数中来创建 FP 条件树 (挖掘频繁项集)。最后,如果头指针表中还有元素的话,重复上述过程。

7. 测试查看运行结果

```
In[10]:  if __name__ == '__main__':
            dataSet = loadscanDList('kosarak.dat')
            initSet = createInitSet(dataSet)
            myFPtree, myHeaderTab = createTree(initSet, 100000)
            myFreqList = []
            mineTree(myFPtree, myHeaderTab, 100000, set([]), myFreqList)
            print(myFreqList)
            print(len(myFreqList))

Out[10]: [{'1'}, {'6', '1'}, {'3'}, {'11', '3'}, {'11', '6', '3'}, {'6', '3'},
    {'11'}, {'11', '6'}, {'6'}]
        9
```

12.5 习题

(1) 给定 5 个事务,如表 12.3 所示。设置 $\min\_sup = 60\%, \min\_conf = 80\%$。使用 FP-growth 算法找出其中的频繁项集。并与前一章中利用 Apriori 算法挖掘频繁项集的有效性进行比较。

表 12.3 事务数据

TID	购买的商品
T001	$\{M, O, N, K, E, Y\}$
T002	$\{D, O, N, K, E, Y\}$
T003	$\{M, A, K, E\}$
T004	$\{M, U, C, K, Y\}$
T005	$\{C, O, O, K, I, E\}$

(2) 用自己的话总结一下分别利用 Apriori 算法和 FP-growth 算法挖掘频繁项集的优缺点。

第 **13** 章

PCA 及数据降维

从本章开始将要介绍一些机器学习实践中的其他常用工具，这些工具可以用在前面介绍的机器学习算法中。在前面的实践中，都是将数据直接拿来使用而没有对数据进行一个属性简化处理。在实际生活中，所研究的数据往往是受到许多因素的影响，数据中带有很多变量，比如研究房价的影响因素，需要考虑的变量有物价水平、市民的薪资水平、土地价格、利率、该城市的消费水平、城市化率等。变量和数据都很多，但是其中存在着噪音和数据冗余。数据处理的目标是剔除数据中的噪声和降低数据的冗余，提高机器学习方法的性能。

因为这些变量中有些是相关的，那么可以考虑从相关变量中选择一个或者是将几个变量综合为一个变量作为这些变量的代表。用少数变量来代表所有的变量来解释所要研究的问题，就能由繁化简、提炼关键，这也是降维的思想。

本章将介绍一种按照数据方差最大方向调整数据的主成分分析 (Principal Component Analysis,PCA) 降维方法。首先将对降维技术进行一个简要概述，然后将详细介绍 PCA，在本章的最后将通过一个具体的应用实例来展示 PCA 的工作过程。

13.1 降维技术

贯穿于前 10 章内容的一个难题就是对数据和结果的可视化，在很多情况下可能只会显示三维图像或者是只显示其相关特征，但现实情况中数据往往具有超出显示能力的更多特征。数据的可视化并不是海量数据特征下面临的唯一难题，对数据进行一定的简化降维还有如下一些主要原因：

- 使得数据集变得更加易于使用；
- 去除数据中包含的噪声以及降低数据冗余度；

- 降低了算法的计算成本；
- 降低数据的复杂性；
- 使得结果易懂。

在有标签数据和无标签数据的学习中都可使用降维技术，在这里将主要关注无标签数据上的降维技术，因为该技术更具有推广性，可以应用于有标签数据上。

主要的降维技术一般有三种：主成分分析 (Principal Component Analysis,PCA)、因子分析 (Factor Analysis) 和独立成分分析 (Independent Component Analysis,ICA)。

PCA 是一种使用最为广泛的数据压缩算法。PCA 有一个很大的特点就是数据从原来坐标系转换到了新的坐标系，而新坐标系的选择由数据本身来决定。第一个新坐标轴选择的是原数据中方差最大的方向，第二个新坐标轴的选择和第一个新坐标轴正交且具有最大方差。该过程一直重复，重复次数为原始数据中心特征的数目。在重复的处理过程中会发现一个规律，即大部分方差都包含在最前面的几个新坐标轴中。这样一来，便可以忽略剩下的坐标轴，即达到了对数据进行降维处理的目的。

在因子分析中，首先假设在观察数据的生成中有一些无法观察到的隐变量，数据是由这些隐变量和某些噪声的线性组合。那么隐变量的数据就很有可能会比实际观察数据的数目要少，换句话说，也就是通过寻找隐变量就可以实现数据降维的目的。

对于 ICA 来说，假设数据是从 N 个数据源生成的，这一点与因子分析有些许类似，数据是多个数据源的混合观察结果。这些数据源之间在统计上是相互独立的，而在 PCA 中只假设数据是不相关的。ICA 中，当数据源的数目少于观察数据的数目，便可以实现数据降维这一目的。

在前面讲述的 3 种降维技术中，目前 PCA 的应用最为广泛。因此接下来将重点讲解PCA。

13.2　PCA 技术

PCA 是一种常用的无监督学习方法。该方法最早由 Karl Pearson 于 1990 年提出[93]，用于分析数据和建立数学模型，但只是针对非随机变量。1933 年，由 Hotelling 推广到随机变量，主要是通过对协方差矩阵进行特征分解[94]，以得出数据的主成分 (即特征向量)与它们的权值 (即特征值)。这一方法利用正交变换将线性相关变量表示的原始观测数据，转换为由几个线性无关变量表示，这些线性无关的变量便称之为主成分。在统计分析中，数据的变量间可能存在相关性，这种潜在的相关性增加了我们对数据的分析难度。于是考虑将用线性无关的变量代替相关变量来表示数据，并且能够保留数据中的大部分信息。

PCA 中，首先对数据进行规范化，使得数据的均值为 0，方差为 1[95]。利用正交变换将原来由线性相关变量表示的数据变为由若干线性无关的新变量表示。新变量是正交变换中变量的方差和（信息保存）最大的，方差越大说明数据越混乱，结合决策树中提到的信息熵可知，数据越混乱其包含的信息越多，所以方差的大小可以间接表示新变量上信息的大小。

顾名思义，PCA 将找出数据中最主要的方面，用数据里最主要的方面来代替具体数据，具体而言，数据里的主要方面涵盖了数据中的绝大部分信息。假如所给的数据集是 d 维的，共有 n 个数据 $(x^{(1)}, x^{(2)}, \cdots, x^{(n)})$，目标是将这 n 个数据的维度从 d 维降到 d' 维的同时让这 n 个 d' 维的数据集能够尽最大可能地代表原始数据集。毋庸置疑，数据从 d 维降到 d' 维肯定会有一定程度的损失，但是我们希望损失最小化。那么如何让这 n 个 d' 维的数据尽最大可能地表示原始数据呢？

先从最简单的情形开始，如图 13.1 所示，假定数据集中的原始变量只有两个，即数据是二维的，每个观测值都由两个变量 x_1, x_2 来表示，每个点表示一个样本。很明显在这个数据中的变量是线性相关的，即当知道 x_1 的取值时，对变量 x_2 的预测就不是完全随机的。

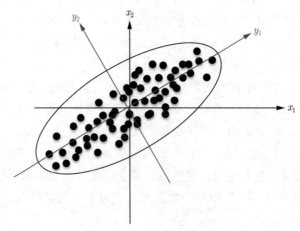

图 13.1　主成分分析示例

主成分分析对数据进行正交变换，即对原坐标系进行旋转变换，选择方差最大的方向作为新的坐标轴，等价于将数据垂直投影到坐标轴上。在图 13.1 中的红色短轴形成的 y_2 轴上，如果把这些数据点垂直地投影到 y_2 上，会发现观测点数据的变化较小，因为有很多的数据点的投影会重合，这相当于很多数据点的信息都没有被充分利用到；而在长轴形成的坐标轴 y_1 上，数据点的变化比较大，长轴便是主成分分析中方差最大的方向。因此代表长轴的变量 y_1 直接可以从数据集的原始变量中找到，它描述了数据的主要变化，而 y_2 就代表短轴的变量，描述的是数据的次要变化。在极端情况下，短轴退化成一个点，那么就只能用长轴的变量来解释数据点的所有变化，就可以把二维数据降至一维。

下面再看一下方差的解释。假设有两个变量 x_1 和 x_2，三个样本点 A, B, C，其样本分布在由 x_1 和 x_2 轴组成的坐标系中。如图 13.2 所示，然后对坐标轴进行旋转得到新的坐标轴 y_1，表示新变量 y_1。将样本 A, B, C 投影到 y_1 轴得到 A', B', C'。坐标值的平方和 $OA'^2 + OB'^2 + OC'^2$ 表示样本在变量 y_1 上的方差。主成分分析的目标是选择正交变换中方差最大的变量，作为第一主成分。注意到旋转变换中样本点到原点的距离平方和 $OA^2 + OB^2 + OC^2$ 保持不变，根据勾股定理，平方和 $OA'^2 + OB'^2 + OC'^2$ 的最大值等价于样本点到 y_1 轴的距离的平方和 $AA'^2 + BB'^2 + CC'^2$ 最小。所以选择坐标轴方差最大的方向，等价于主成分分析在旋转变换中选取距样本点的距离平方和最小的轴。第二主成分等的选取，在保证与已知坐标轴正交的条件下类似进行。

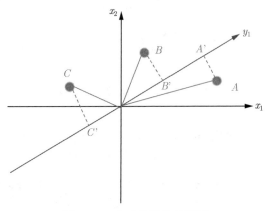

图 13.2 主成分的几何解释

基于上述最后提到的两种选择变换的标准，接下来将对这两种标准进行公式推导。

13.2.1 PCA 的推导：基于最小投影距离

首先看第一种解释的推导，即旋转变换中选取距样本点的距离平方和最小的轴。

假设 n 个 d 维数据 $(\boldsymbol{x}^{(1)}, \boldsymbol{x}^{(2)}, \cdots, \boldsymbol{x}^{(n)})$ 都已经进行了中心化，即 $\sum\limits_{i=1}^{n} \boldsymbol{x}^{(i)} = 0$。经过投影变换后得到的新坐标系为 $\boldsymbol{w} = \{w_1, w_2, \cdots, w_{d'}\}$，其中 $\boldsymbol{w}$ 是标准正交基，即 $\|\boldsymbol{w}\|_2 = 1, \boldsymbol{w}_i^{\mathrm{T}} w_j = 0$。

将数据从 d 维降到 d' 维，将会丢弃原始数据的部分信息，新的坐标系为 $\{w_1, w_2, \cdots, w_{d'}\}$，样本点 $\boldsymbol{x}^{(i)}$ 在 d' 坐标系中的投影为：$\boldsymbol{z}^{(i)} = (z_1^{(i)}, z_2^{(i)}, \cdots, z_{d'}^{(i)})^{\mathrm{T}}$。其中 $z_j^{(i)} = \boldsymbol{w}_j^{\mathrm{T}} \boldsymbol{x}^{(i)}$ 表示样本 $\boldsymbol{x}^{(i)}$ 在新坐标系中第 j 维的坐标。

假设用 $\boldsymbol{z}^{(i)}$ 来恢复原始数据 $\boldsymbol{x}^{(i)}$，则得到的恢复数据 $\overline{\boldsymbol{x}}^{(i)} = \sum\limits_{j=1}^{d^i} \boldsymbol{w}_j = \boldsymbol{W} \boldsymbol{z}^{(i)}$，其中 $\boldsymbol{W}$ 为标准正交基组成的矩阵。

现在来考虑整个数据集，目标是所有样本到新坐标系的距离平方和最小，即最小化下式：

$$\sum_{i=1}^{n} \left\| \overline{\boldsymbol{x}}^{(i)} - \boldsymbol{x}^{(i)} \right\|_2^2 \tag{13.1}$$

现在将式子进行整理，可以得到：

$$\begin{aligned}
\sum_{i=1}^{n} \left\| \overline{\boldsymbol{x}}^{(i)} - \boldsymbol{x}^{(i)} \right\|_2^2 &= \sum_{i=1}^{n} \left\| \boldsymbol{W} \boldsymbol{z}^{(i)} - \boldsymbol{x}^{(i)} \right\|_2^2 \\
&= \sum_{i=1}^{n} (\boldsymbol{W} \boldsymbol{z}^{(i)})^{\mathrm{T}} (\boldsymbol{W} \boldsymbol{z}^{(i)}) - 2 \sum_{i=1}^{n} (\boldsymbol{W} \boldsymbol{z}^{(i)})^{\mathrm{T}} x^{(i)} + \sum_{i=1}^{n} \boldsymbol{x}^{(i)\mathrm{T}} \boldsymbol{x}^{(i)} \\
&= \sum_{i=1}^{n} \boldsymbol{z}^{(i)\mathrm{T}} \boldsymbol{z}^{(i)} - 2 \sum_{i=1}^{n} \boldsymbol{z}^{(i)\mathrm{T}} \boldsymbol{z}^{(i)} + \sum_{i=1}^{n} \boldsymbol{x}^{(i)\mathrm{T}} \boldsymbol{x}^{(i)}
\end{aligned} \tag{13.2}$$

$$= -\sum_{i=1}^{n} \boldsymbol{z}^{(i)\mathrm{T}} \boldsymbol{z}^{(i)} + \sum_{i=1}^{n} \boldsymbol{x}^{(i)\mathrm{T}} \boldsymbol{x}^{(i)} \tag{13.3}$$

$$= -\mathrm{tr}\left(\boldsymbol{W}^{\mathrm{T}} \left(\sum_{i=1}^{n} \boldsymbol{x}^{(i)} \boldsymbol{x}^{(i)\mathrm{T}}\right) \boldsymbol{W}\right) + \sum_{i=1}^{n} \boldsymbol{x}^{(i)\mathrm{T}} \boldsymbol{x}^{(i)} \tag{13.4}$$

$$= -\mathrm{tr}(\boldsymbol{W}^{\mathrm{T}} \boldsymbol{X} \boldsymbol{X}^{\mathrm{T}} \boldsymbol{W}) + \sum_{i=1}^{n} \boldsymbol{x}^{(i)\mathrm{T}} \boldsymbol{x}^{(i)} \tag{13.5}$$

其中 (13.2) 用到了矩阵转置公式 $(\boldsymbol{AB})^{\mathrm{T}} = \boldsymbol{B}^{\mathrm{T}} \boldsymbol{A}^{\mathrm{T}}, \boldsymbol{W}^{\mathrm{T}} \boldsymbol{W} = \boldsymbol{I}$，(13.3) 用到了 $\boldsymbol{z}^{(i)} = \boldsymbol{W}^{\mathrm{T}} \boldsymbol{x}^{(i)}$ 以及合并同类项，(13.4) 用到了 $\boldsymbol{z}^{(i)} = \boldsymbol{W}^{\mathrm{T}} \boldsymbol{x}^{(i)}$ 和矩阵的积，(13.5) 将代数和表达为矩阵形式。其中 $\sum_{i=1}^{n} \boldsymbol{x}^{(i)} \boldsymbol{x}^{(i)\mathrm{T}}$ 表示数据集的协方差矩阵，$\boldsymbol{W}$ 的每个向量 $\boldsymbol{w}_j$ 表示标准正交基，$\sum_{i=1}^{n} \boldsymbol{x}^{(i)\mathrm{T}} \boldsymbol{x}^{(i)}$ 是一个常量。所以最小化公式 (13.5) 等价于：

$$\underset{\boldsymbol{W}}{\mathrm{argmin}} \quad -\mathrm{tr}(\boldsymbol{W}^{\mathrm{T}} \boldsymbol{X} \boldsymbol{X}^{\mathrm{T}} \boldsymbol{W}) \tag{13.6}$$

$$\mathrm{s.t.} \quad \boldsymbol{W}^{\mathrm{T}} \boldsymbol{W} = \boldsymbol{I} \tag{13.7}$$

这个最小化可直接观察发现最小值对应的 $\boldsymbol{W}$ 由协方差矩阵 $\boldsymbol{X} \boldsymbol{X}^{\mathrm{T}}$ 最大的 d' 个特征值对应的特征向量组成[94]。利用拉格朗日函数可以得到：

$$L(\boldsymbol{W}) = -\mathrm{tr}(\boldsymbol{W}^{\mathrm{T}} \boldsymbol{X} \boldsymbol{X}^{\mathrm{T}} \boldsymbol{W} + \lambda(\boldsymbol{W}^{\mathrm{T}} \boldsymbol{W} - \boldsymbol{I})) \tag{13.8}$$

令 $L(\boldsymbol{W})$ 对 $\boldsymbol{W}$ 求导有：

$$\frac{\partial L(\boldsymbol{W})}{\partial \boldsymbol{W}} = 0$$

$$\boldsymbol{X} \boldsymbol{X}^{\mathrm{T}} \boldsymbol{W} = \lambda \boldsymbol{W} \tag{13.9}$$

根据线性代数中方阵特征值与特征向量的定义可以清楚地看出，$\boldsymbol{W}$ 为 $\boldsymbol{X} \boldsymbol{X}^{\mathrm{T}}$ 的 d' 个特征向量组成的矩阵，而 λ 为 $\boldsymbol{X} \boldsymbol{X}^{\mathrm{T}}$ 的若干特征值组成的矩阵，特征值在主对角线上，其余位置为 0。当数据集从 d 维降到 d' 维时，需找到最大的 d' 个特征值所对应的特征向量，d' 个特征向量组成矩阵 $\boldsymbol{W}$。对于原始数据，使用 $\boldsymbol{z}^{(i)} = \boldsymbol{W}^{\mathrm{T}} \boldsymbol{x}^{(i)}$ 就可以把原始数据集降维到最小投影距离的 d' 维数据。

13.2.2 PCA 的推导：基于最大投影方差

对数据的假设与 13.2.1 节中假设一致。

任意一样本 $\boldsymbol{x}^{(i)}$ 在新坐标系中的投影为 $\boldsymbol{W}^{\mathrm{T}} \boldsymbol{x}^{(i)}$，在新坐标系中的投影方差为 $\boldsymbol{x}^{(i)\mathrm{T}} \boldsymbol{W} \boldsymbol{W}^{\mathrm{T}} \boldsymbol{x}^{(i)}$，要使所有样本的投影方差和最大，即最大化 $\sum_{i=1}^{n} \boldsymbol{W}^{\mathrm{T}} \boldsymbol{x}^{(i)} \boldsymbol{x}^{(i)\mathrm{T}} \boldsymbol{W}$ 的积，即：

$$\underset{\boldsymbol{W}}{\mathrm{argmax}} \quad \mathrm{tr}(\boldsymbol{W}^{\mathrm{T}} \boldsymbol{X} \boldsymbol{X}^{\mathrm{T}} \boldsymbol{W}) \tag{13.10}$$

$$\mathrm{s.t.} \quad \boldsymbol{W}^{\mathrm{T}} \boldsymbol{W} = \boldsymbol{I} \tag{13.11}$$

利用拉格朗日函数可以得到：

$$L(\boldsymbol{W}) = \mathrm{tr}(\boldsymbol{W}^{\mathrm{T}}\boldsymbol{X}\boldsymbol{X}^{\mathrm{T}}\boldsymbol{W} + \lambda(\boldsymbol{W}^{\mathrm{T}}\boldsymbol{W} - \boldsymbol{I})) \tag{13.12}$$

令 $L(\boldsymbol{W})$ 对 $\boldsymbol{W}$ 求导有：

$$\frac{\partial L(\boldsymbol{W})}{\partial \boldsymbol{W}} = 0$$

$$\boldsymbol{X}\boldsymbol{X}^{\mathrm{T}}\boldsymbol{W} = -\lambda\boldsymbol{W} \tag{13.13}$$

与基于最小投影距离的分析类似，$\boldsymbol{W}$ 为 $\boldsymbol{X}\boldsymbol{X}^{\mathrm{T}}$ 的 d' 维特征向量组成的特征矩阵，$-\lambda$ 为 $\boldsymbol{X}\boldsymbol{X}^{\mathrm{T}}$ 特征值组成的对角矩阵。与前面一小节的分析类似，对于原始数据集，使用 $\boldsymbol{z}^{(i)} = \boldsymbol{W}^{\mathrm{T}}\boldsymbol{x}^{(i)}$ 就可以把原始数据集降维到最小投影距离的 d' 维数据集。

13.2.3 PCA 算法流程

从前面介绍的两种 PCA 推导过程可知，求样本 $\boldsymbol{x}^{(i)}$ 的 d' 维的主成分就是求数据集协方差矩阵 $\boldsymbol{X}\boldsymbol{X}^{\mathrm{T}}$ 的前 d' 个特征值对应的特征向量矩阵 $\boldsymbol{W}$，然后对每个数据样本 $\boldsymbol{x}^{(i)}$ 通过 $\boldsymbol{z}^{(i)} = \boldsymbol{W}^{\mathrm{T}}\boldsymbol{x}^{(i)}$ 做变换可以达到最终降维的目的。

PCA 算法流程：

输入：d 维数据集 $D = (x^{(1)}, x^{(2)}, \cdots, x^{(d)})$，要降维到 d' 维

输出：降维后的数据集 D'

（1）对所有样本进行中心化：$\boldsymbol{x}^{(i)} = \boldsymbol{x}^{(i)} - \dfrac{1}{n}\sum\limits_{j=1}^{n} \boldsymbol{x}^{(j)}$；

（2）计算样本的协方差矩阵 $\boldsymbol{X}\boldsymbol{X}^{\mathrm{T}}$；

（3）求解矩阵 $\boldsymbol{X}\boldsymbol{X}^{\mathrm{T}}$ 的特征值以及特征值对应的特征向量；

（4）取出最大的 d' 个特征值对应的特征向量 $(w_1, w_2, \cdots, w_{d'})$，将所有的特征向量标准化后组成特征向量矩阵 $\boldsymbol{W}$；

（5）对数据集中的每个样本 $\boldsymbol{x}^{(i)}$ 转化成新的数据样本 $\boldsymbol{z}^{(i)} = \boldsymbol{W}^{\mathrm{T}}\boldsymbol{x}^{(i)}$；

（6）得到新的降维后的数据集 $D' = (z^{(1)}, z^{(2)}, \cdots, z^{(n)})$

有时不会指定降维后的 d' 值，而是会通过指定一个降维后的主成分比重阈值 $\alpha \in (0, 1]$。假设有 d 个特征值 $(\lambda_1、\lambda_2 \cdots \lambda_d)$ 满足 $\lambda_1 \geqslant \lambda_2 \geqslant \cdots \geqslant \lambda_d$，则 d' 可以通过下面式子得到：

$$\frac{\sum\limits_{i=1}^{d'} \lambda_i}{\sum\limits_{i=1}^{d} \lambda_i} \geqslant \alpha \tag{13.14}$$

下面将举一个简单的例子来说明前述的 PCA 分析过程。

例 13.1：给定一个包含 10 个二维数据 (x_1, x_2) 的数据集 $(2.5, 2.4), (2.2, 2.9), (0.5, 0.7),$ $(2.3, 2.7), (1.9, 2.2), (3.1, 3.0), (2, 1.6), (1.5, 1.6), (1, 1.1), (1.1, 0.9)$，需要用 PCA 降到 1 维特征。

第一步：对样本进行中心化，先对样本特征求均值 $\dfrac{1}{10}\sum\limits_{i=1}^{10} x_1 = 1.81, \dfrac{1}{10}\sum\limits_{i=1}^{10} x_2 = 1.91,$

因此这里的样本均值为 $(1.81, 1.91)$。由于要对样本进行中心化，将数据集中所有的样本减去该均值向量得到中心化后的数据:$(0.69, 0.49), (0.39, 0.99), (-1.31, -1.21), (0.49, 0.79),$ $(0.09, 0.29), (1.29, 1.09), (0.19, -0.31), (-0.31, -0.31), (-0.81, -0.81), (-0.71, -1.01)$。

第二步: 求取样本的协方差矩阵:

$$\boldsymbol{X}\boldsymbol{X}^{\mathrm{T}} = \begin{pmatrix} \mathrm{cov}(x_1, x_1) & \mathrm{cov}(x_1, x_2) \\ \mathrm{cov}(x_2, x_1) & \mathrm{cov}(x_2, x_2) \end{pmatrix} = \begin{pmatrix} 0.616555556 & 0.615444444 \\ 0.615444444 & 0.716555556 \end{pmatrix}$$

第三步: 求出协方差矩阵的特征值以及特征值对应的特征向量。$\boldsymbol{X}\boldsymbol{X}^{\mathrm{T}}$ 的特征值为 $(0.0490833989, 1.28402771)$，对应的特征向量为分别为 $(0.735178656, 0.677873399)^{\mathrm{T}}$，$(-0.677873399, -0.735178656)^{\mathrm{T}}$，由于最大的 $k = 1$ 个特征值为 1.28402771，该特征值对应的特征向量为 $(-0.677873399, -0.735178656)^{\mathrm{T}}$，则 $\boldsymbol{W} = (-0.677873399, -0.735178656)^{\mathrm{T}}$。

第四步: 利用 $z^{(i)} = \boldsymbol{W}^{\mathrm{T}} x^{(i)}$ 对原始数据集进行投影，得到 PCA 降维后的 10 个一维数据集: $(-0.827970186, -0.992197494, 1.77758033, -0.912949103, -0.274210416,$ $-1.67580142, 0.099109437, 0.438046137, 1.14457216, 1.22382056)$。

如果对主成分分析 PCA 感兴趣，想要进一步了解可以参阅文献 [2, 21, 98-100]。主成分分析是关于一组变量之间的相关关系的分析方法，典型的相关分析 (Canonical Correlation Analysis) 是关于两组变量之间的相关关系的分析方法[101]。

13.3 应用实例

本节将对鸢尾花数据集 iris.txt 应用 PCA 进行降维。前面几章中已经对该数据有所认识，该数据中包含三种鸢尾花分类，每种类别占 50 个数据，每条记录中都包含 4 个特征: 花萼长度、花萼宽度、花瓣长度以及花瓣宽度。以花萼的长度和宽度以及花瓣的长度三维特征可视化原始数据。如图 13.3 所示。

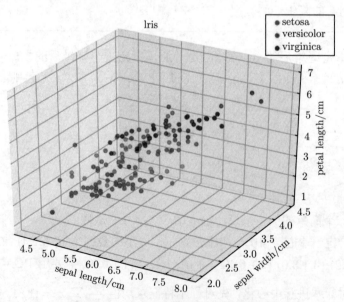

图 13.3　鸢尾花数据集的 3D 可视化

现在对鸢尾花数据集①应用 PCA 进行降维，在 NumPy 中实现 PCA。

1. 加载数据

```
In[1]:   import numpy as np
         from matplotlib import pyplot as plt

         # 加载数据
         def loadDataset(filename):
             fr = open(filename)
             dataMat = []
             for line in fr.readlines():
                 lineArr = line.strip().split(' ')
                 for x in lineArr:
                     lineContent = []
                     x = x.split(',')
                     for content in x:
                         # 去除标签
                         if content == 'Iris-setosa' or content == 'Iris-
versicolor' or content == 'Iris-virginica':
                             continue
                         lineContent.append(content)
                     dataMat.append(list(map(float, lineContent)))
             return dataMat
```

2. 样本中心化

```
In[2]:   def meanVal(dataMat):
             # 求数据矩阵每一列的均值
             meanVals = np.average(dataMat, axis=0)
             # 数据矩阵每一列特征减去该列的特征均值
             meanRemoved = dataMat - meanVals
             # 返回每个值与平均值的差
             return meanRemoved
```

3. 计算协方差矩阵以及对应的特征值和特征向量

```
In[3]:   def eig(meanRemoved):
             # 计算协方差矩阵，除数n-1是为了得到协方差的无偏估计
             # cov(X,0) = cov(X) 除数是n-1(n为样本个数)
```

---

① 该数据集来自 UCI 机器学习数据库 (http://archive.ics.uci.edu/ml/datasets/Iris)。该数据集最早由 Edgar Anderson 从加拿大加斯帕半岛上的鸢尾属花朵中提取的形态学变异数据，后由 FRS 作为判别分析的一个例子，运用到统计学中。

```
# cov(X,1) 除数是n
covMat = np.cov(meanRemoved,rowvar=0)
# 计算协方差矩阵的特征值及对应的特征向量
# 均保存在相应的矩阵中
eigVals,eigVects = np.linalg.eig(np.mat(covMat))
return eigVals, eigVects
```

4. PCA 降维和绘图

```
In[3]:  def pcaAndPlot(e2, meanRemoved):
            # 我们要降到2维，在特征值中，4.22396988 0.24215651 为最大的两个，因此
        取特征向量的前两列
            finalX = e2[:, 0:1]
            finalY = e2[:, 1:2]
            # 做矩阵乘法，
            finalDataX = np.matmul(meanRemoved, finalX)
            finalDataY = np.matmul(meanRemoved, finalY)

            plt.axis([finalDataX.min().round(), finalDataX.max().round()
                    , finalDataY.min().round(), finalDataY.max().round()])
            # 前50个数据setosa(山鸢尾)的散点图，用红色表示
            plt.scatter(finalDataX[0:50].tolist(), finalDataY[0:50].tolist(), c
        ='r')
            # 中50个数据versicolor(变色鸢尾)的散点图，用绿色表示
            plt.scatter(finalDataX[50:100].tolist(), finalDataY[50:100].tolist
        (), c='g')
            # 后50个数据virginica(维吉尼亚鸢尾)的散点图，用蓝色表示
            plt.scatter(finalDataX[100:].tolist(), finalDataY[100:].tolist(), c
        ='b')
            plt.savefig('pca.jpg')
            plt.show()
```

```
In[4]:  if __name__ == '__main__':
            # 加载数据
            DataSet = loadDataset('iris.txt')
            # 获取平均值与数据的差
            meanRemoved = meanVal(DataSet);
            # 特征值和特征向量
            e1, e2 = eig(meanRemoved)
            # PCA降维和绘图
            pcaAndPlot(e2, meanRemoved)
```

降维效果如图 13.4 所示。

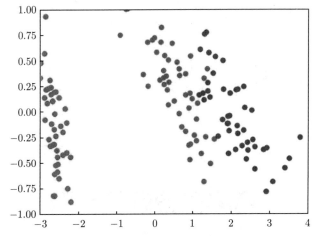

图 13.4 使用 PCA 对鸢尾花数据集进行降维后的效果展示

13.4 习题

（1）下列说法中正确的是：

a）使用原始数据训练出的回归器已经过拟合，可以试试通过降维来提升性能

b）使用原始数据训练出的回归器已经欠拟合，可以试试通过降维来提升性能

c）过拟合一定是维数灾难造成的

d）降维能够缓解维数灾难的负面影响

（2）下列说法中错误的是：

a）降维能够减小训练的时间复杂度

b）降维能够减小预测的时间复杂度

c）维数灾难不会引起过拟合

d）根据原始数据挖掘出新的特征后，特征数量较多，可能会引发维数灾难

（3）用自己的话概述一下降维的作用。

（4）利用 PCA 对半导体制造数据进行降维。该数据集比前面所使用的数据集更大，并且包含了许多特征。具体来讲，该半导体制造数据拥有 590 个特征，几乎所有样本都有 NaN，因此可以用平均值来代替缺失值。(该半导体制造数据集下载地址:http://archive.ics. uci.edu/ml/machine-learning-databases/secom/)

（5）对以下样本数据进行主成分分析：

$$\boldsymbol{X} = \begin{bmatrix} 2 & 3 & 3 & 4 & 5 & 7 \\ 2 & 4 & 5 & 5 & 6 & 8 \end{bmatrix}$$

第 14 章

奇异值分解及应用

奇异值分解 (Singluar Value Decomposition,SVD) 是一种矩阵因子分解方法,在统计学中被广泛应用。通常餐厅可以根据其特色划分为许多类别,比如中式、日式、西式等。但是你是否想过这些餐厅的类别是否够用?我们如何才能知道到底有多少种类的餐馆呢?为此,可以从数据入手,通过记录客户关于餐馆观点的数据进行处理,并从中提取出其背后的因素。

这些因素可能与餐馆的类别、烹饪时所使用的某个特定配料,或其他任意对象一致。因此,可以根据这些因素来估计人们对没有去过的餐馆的看法,提取这些信息的方法称作奇异值分解,SVD 是一种提取信息的强大工具。

本章将对奇异值分解 (SVD) 进行一个大致介绍,包括奇异值分解的应用以及矩阵分解的相关知识,最后还将会介绍基于 Python 的 SVD 实现的一个应用实例。

14.1 奇异值分解的应用

利用 SVD,可以实现使用轻量数据集来表示原始数据集,在某种程度上是去除了噪声以及数据冗余信息。去除原始数据中的噪声和冗余信息能够大大节省计算成本以及提高模型性能。在这里将从数据中抽取信息,基于这个视角便可以把 SVD 看作是从有噪声的数据中抽取相关特征的一种算法。

首先介绍 SVD 是如何通过隐形语义索引应用于搜索和信息检索领域,以及 SVD 在推荐系统中的应用。

14.1.1 隐形语义索引

最早的 SVD 应用之一就是信息检索,利用 SVD 的方法为隐形语义索引 (Latent Semantic Indexing,LSI) 或者隐形语义分析 (Latent Semantic Analysis,LSA)。在 LSI 中,

一个矩阵是由文档和词语组成的。当在该矩阵上应用 SVD 时，就会构建出多个奇异值，这些值代表了文档中的主题，因此利用这一方法我们可以在进行文档搜索时变得更加高效。当单词拼写错误时，只基于单词的存在与否的简单搜索方法是行不通的，并且简单搜索的另一个问题就是同义词的使用。也就是说，当查找一个单词时，其同义词所在的文档可能不会匹配上。如果说从成千上万篇相似的文档中抽取出其对应概念，那么同义词就会映射为同一概念。

14.1.2 推荐系统

SVD 的另一个应用是推荐系统。简单版本的推荐系统能够计算项与项之间或者人与人之间的相似度。考虑下面给出的矩阵，它是由品菜师对餐厅菜品的评分所构成。品菜师使用 1~5 的任意一个整数来对餐厅中的菜品进行评级，矩阵从左到右每列分别表示：寿司、乌冬面、鳗鱼饭、牛排、鹅肝。如果品菜师未品尝某道菜，则评级为 0。

$$
\begin{array}{c}
\text{Jack} \\
\text{Peter} \\
\text{Frank} \\
\text{Tracy} \\
\text{Fan} \\
\text{Ivan}
\end{array}
\begin{bmatrix}
0 & 0 & 0 & 3 & 3 \\
0 & 0 & 0 & 1 & 1 \\
0 & 0 & 0 & 3 & 3 \\
1 & 1 & 1 & 0 & 0 \\
5 & 5 & 5 & 0 & 0 \\
2 & 2 & 2 & 0 & 0
\end{bmatrix}
$$

对上述矩阵进行 SVD 处理，会得到两个奇异值。因此就会有两个主题与矩阵中的数据有关。观察一下这个矩阵，发现 Jack、Peter、Frank 对牛排和鹅肝都进行了评级，并且这三人都未对其他菜品进行评级。牛排和鹅肝都是美式烧烤餐厅才有的菜，其他的菜则在日式餐厅才有。

因此可以把奇异值想象成一个新空间，与前面的原始矩阵的维数不同，最终所使用的矩阵仅有二维。那么这二维分别是什么呢？这个二维矩阵中包含了数据怎样的信息呢？其实这二维矩阵分别对应了矩阵中的两个组，矩阵前三行表示一个组，后三行又表示另一个组。可以基于每个组的共同特征来命名这个二维，比如美式 BBQ 和日式美食这二维。

那么如何才能将原始矩阵变换到上述新空间中呢？在下一节中将会详细介绍 SVD，届时将会了解到 SVD 是如何得到 U 和 V^{T} 两个矩阵的。V^{T} 矩阵会将用户映射到美式 BBQ/日式美食空间去。类似地，U 矩阵也会将餐厅的菜映射到 BBQ/日式美食空间去。

除此之外，推荐引擎中会存在一些噪声数据，比如某个人对某些菜品的评级就存在噪声，并且推荐系统也可以从这些原始数据中提取出这些基本主题。基于这些所提取的基本主题，推荐系统就能取得比原始数据更好的推荐效果。

在下一节中将会深入了解 SVD 原理以及矩阵分解的详细过程。

14.2 奇异值分解原理

任意一个 $m \times n$ 矩阵，都可以表示为三个矩阵的乘积形式，分别是 m 阶正交矩阵、由降序排列的非负对角线元素组成的 $m \times n$ 矩形对角矩阵和 n 阶正交矩阵，称为该矩阵的奇异值分解。矩阵的奇异值分解一定存在，但不唯一。奇异值分解可以看作是矩阵数据压缩的一种方法，换句话说来，就是使用因子分解的方式来近似地表示原始矩阵，这种近似是在平方损失意义下的最优近似[103]。

在详细了解 SVD 之前，首先来梳理一下特征值与特征向量的相关知识。

14.2.1　特征值与特征向量的回顾

特征值和特征向量的定义如下：

$$Ax = \lambda x \tag{14.1}$$

A 是一个 n 阶实对称矩阵，λ 是矩阵 A 对应的一个特征值，x 是特征值所对应的特征向量。利用所求出来的特征值与特征向量便可以将矩阵 A 进行分解。利用线性代数中的一个定理：若 A 为 n 阶对称阵，则必有正交矩阵 P，使得 $P^{-1}AP = P^T AP = \Lambda$，其中 Λ 是以 A 的 n 个特征值为对角元的对角矩阵。根据这个定理，如果求出了矩阵 A 的 n 个特征值 $\lambda_1 \leqslant \lambda_2 \leqslant \cdots \leqslant \lambda_n$ 以及这 n 个特征值对应的 n 个特征向量 $\{w_1, w_2, \cdots, w_n\}$ 我们便可以将矩阵 A 用下式的特征分解表示：

$$A = W \Sigma W^{-1}$$

其中 W 是 n 个特征向量所组成的 n 阶矩阵，Σ 为 n 个特征值所组成的 n 阶对角矩阵。一般会将矩阵 W 中的 n 个特征向量进行规范正交化，即满足 $w_i^T w_i = 1$，此时 W 中的 n 个特征向量为标准正交基，满足 $W^T W = I$，即 $W^T = W^{-1}$，矩阵 W 称为正交矩阵。于是上面的特征分解表达式又可以写为：

$$A = W \Sigma W^T$$

这里有一个大前提，即 A 必须为方阵。那么现在来考虑一个问题，如果 A 不是方阵，那么还可以对矩阵进行分解吗？答案是当然可以，此时 SVD 将要隆重登场。

14.2.2　奇异值分解的定义

SVD 也是对矩阵进行分解，其可分解的矩阵更具有一般形式[101]，SVD 并不要求被分解的矩阵为方阵。假设矩阵 A 为一个 $m \times n$ 的矩阵，那么定义矩阵 A 的 SVD 为：

$$A = U \Sigma V^T \tag{14.2}$$

U 为一个 m 阶的方阵，Σ 是一个除主对角线以外全为 0 的 $m \times n$ 的矩阵，该矩阵主对角线上的每个元素都称为奇异值，V 是一个 n 阶矩阵。U V 均是正交矩阵，即满足 $U^T U = I, V^T V = I$。那么如何求得 U, V, Σ 这三个矩阵呢？

$A^T A$ 将会得到一个 n 阶对称方阵，根据前面提及实对称方阵的特征分解，便可以对 $A^T A$ 进行特征分解，得到的特征值和特征向量满足：

$$(A^T A)v_i = \lambda_i v_i \tag{14.3}$$

这样一来便可以得到矩阵 $\boldsymbol{A}^{\mathrm{T}}\boldsymbol{A}$ 对应的 n 个特征值以及 n 个特征值所对应的 n 个特征向量，将 n 个特征向量组合起来便得到了一个 n 阶矩阵 $\boldsymbol{V}$，即 SVD 公式里面的 $\boldsymbol{V}$ 矩阵了。一般将矩阵 $\boldsymbol{U}$ 中的每个特征向量称为矩阵 $\boldsymbol{A}$ 的右奇异向量。

同样 $\boldsymbol{A}\boldsymbol{A}^{\mathrm{T}}$ 会得到一个 m 阶对称方阵，由于是一个对称方阵，则可以进行特征分解得到特征值和特征向量：

$$(\boldsymbol{A}\boldsymbol{A}^{\mathrm{T}})u_i = \lambda_i u_i \tag{14.4}$$

这样一来便可以得到矩阵 $\boldsymbol{A}\boldsymbol{A}^{\mathrm{T}}$ 对应的 m 个特征值以及 m 个特征值所对应的 m 个特征向量，将 m 个特征向量组合起来便得到了一个 m 阶矩阵 $\boldsymbol{U}$，即 SVD 公式里面的 $\boldsymbol{U}$ 矩阵了。一般将矩阵 $\boldsymbol{V}$ 中的每个特征向量称为矩阵 $\boldsymbol{A}$ 的左奇异向量。

根据公式 (14.3)、(14.4) 求出来了 $\boldsymbol{U}$ 和 $\boldsymbol{V}$，那么奇异值矩阵 $\boldsymbol{\Sigma}$ 如何求呢？由于 $\boldsymbol{\Sigma}$ 除了对角线上是奇异值其他位置均是 0，所以只需求出每个奇异值 θ_i 便可以得到 $\boldsymbol{\Sigma}$。注意到有：

$$\boldsymbol{A} = \boldsymbol{U}\boldsymbol{\Sigma}\boldsymbol{V}^{\mathrm{T}} \Rightarrow \boldsymbol{A}\boldsymbol{V} = \boldsymbol{U}\boldsymbol{\Sigma}\boldsymbol{V}^{\mathrm{T}}\boldsymbol{V} \Rightarrow \boldsymbol{A}\boldsymbol{V} = U\boldsymbol{\Sigma} \Rightarrow \boldsymbol{A}\boldsymbol{v}_i = \theta_i u_i \Rightarrow \theta_i = \frac{\boldsymbol{A}\boldsymbol{v}_i}{u_i} \tag{14.5}$$

还有一个问题就是为什么说 $\boldsymbol{A}^{\mathrm{T}}\boldsymbol{A}$ 的特征向量组成的矩阵为 SVD 中的 $\boldsymbol{V}$ 矩阵，$\boldsymbol{A}\boldsymbol{A}^{\mathrm{T}}$ 的特征向量组成的矩阵为 SVD 中的 $\boldsymbol{U}$ 矩阵？以 $\boldsymbol{V}$ 矩阵的证明为例：

$$\boldsymbol{A} = \boldsymbol{U}\boldsymbol{\Sigma}\boldsymbol{V}^{\mathrm{T}} \Rightarrow \boldsymbol{A}^{\mathrm{T}} = \boldsymbol{V}\boldsymbol{\Sigma}^{T}\boldsymbol{U}^{\mathrm{T}} \Rightarrow \boldsymbol{A}^{\mathrm{T}}\boldsymbol{A} = \boldsymbol{V}\boldsymbol{\Sigma}^{\mathrm{T}}\boldsymbol{U}^{\mathrm{T}}\boldsymbol{U}\boldsymbol{\Sigma}\boldsymbol{V}^{\mathrm{T}} = \boldsymbol{V}\boldsymbol{\Sigma}^2\boldsymbol{V}^{\mathrm{T}} \tag{14.6}$$

可以看出 $\boldsymbol{A}^{\mathrm{T}}\boldsymbol{A}$ 的特征向量组成的矩阵为 SVD 中的 $\boldsymbol{V}$ 矩阵，同样也可以证明 SVD 中的 $\boldsymbol{U}$ 矩阵。进一步还可以看出特征值矩阵等于奇异值矩阵的平方，于是有关系：

$$\theta_i = \sqrt{\lambda_i} \tag{14.7}$$

于是求解奇异值有两种方法：一个是利用 $\theta_i = \dfrac{\boldsymbol{A}\boldsymbol{v}_i}{u_i}$ 来求奇异值；另一个是通过对 $\boldsymbol{A}^{\mathrm{T}}\boldsymbol{A}$ 的特征值取平方根 $\theta_i = \sqrt{\lambda_i}$ 来求奇异值。

下面来看一个奇异值分解的具体例子来进一步加深理解。

例 14.1 给定一个 3×2 矩阵 $\boldsymbol{A}$，对矩阵 $\boldsymbol{A}$ 进行奇异值分解。

$$\boldsymbol{A} = \begin{bmatrix} 0 & 1 \\ 1 & 1 \\ 1 & 0 \end{bmatrix}$$

现在来求解 $\boldsymbol{A}^{\mathrm{T}}\boldsymbol{A}$ 和 $\boldsymbol{A}\boldsymbol{A}^{\mathrm{T}}$：

$$\boldsymbol{A}^{\mathrm{T}}\boldsymbol{A} = \begin{bmatrix} 0 & 1 & 1 \\ 1 & 1 & 0 \end{bmatrix} \begin{bmatrix} 0 & 1 \\ 1 & 1 \\ 1 & 0 \end{bmatrix} = \begin{bmatrix} 2 & 1 \\ 1 & 2 \end{bmatrix}$$

$$\boldsymbol{A}\boldsymbol{A}^{\mathrm{T}} = \begin{bmatrix} 0 & 1 \\ 1 & 1 \\ 1 & 0 \end{bmatrix} \begin{bmatrix} 0 & 1 & 1 \\ 1 & 1 & 0 \end{bmatrix} = \begin{bmatrix} 1 & 1 & 0 \\ 1 & 2 & 1 \\ 0 & 1 & 1 \end{bmatrix}$$

求 $\boldsymbol{A}^{\mathrm{T}}\boldsymbol{A}$ 的特征值和特征向量。

$$\lambda_1 = 3; v_1 = \begin{bmatrix} \dfrac{1}{\sqrt{2}} \\ \dfrac{1}{\sqrt{2}} \end{bmatrix} \quad \lambda_2 = 1; v_2 = \begin{bmatrix} -\dfrac{1}{\sqrt{2}} \\ \dfrac{1}{\sqrt{2}} \end{bmatrix}$$

求 $\boldsymbol{A}\boldsymbol{A}^{\mathrm{T}}$ 的特征值和特征向量。

$$\lambda_1 = 3; u_1 = \begin{bmatrix} \dfrac{1}{\sqrt{6}} \\ \dfrac{2}{\sqrt{6}} \\ \dfrac{1}{\sqrt{6}} \end{bmatrix} \quad \lambda_2 = 1; u_2 = \begin{bmatrix} \dfrac{1}{\sqrt{2}} \\ 0 \\ -\dfrac{1}{\sqrt{2}} \end{bmatrix} \quad \lambda_3 = 0; u_3 = \begin{bmatrix} \dfrac{1}{\sqrt{3}} \\ -\dfrac{1}{\sqrt{3}} \\ \dfrac{1}{\sqrt{3}} \end{bmatrix}$$

利用 $\boldsymbol{A}v_i = \theta_i u_i, i = 1, 2$ 求奇异值。

$$\begin{bmatrix} 0 & 1 \\ 1 & 1 \\ 1 & 0 \end{bmatrix} \begin{bmatrix} \dfrac{1}{\sqrt{2}} \\ \dfrac{1}{\sqrt{2}} \end{bmatrix} = \theta_1 \begin{bmatrix} \dfrac{1}{\sqrt{6}} \\ \dfrac{2}{\sqrt{6}} \\ \dfrac{1}{\sqrt{6}} \end{bmatrix} \Rightarrow \theta_1 = \sqrt{3} \quad \begin{bmatrix} 0 & 1 \\ 1 & 1 \\ 1 & 0 \end{bmatrix} \begin{bmatrix} -\dfrac{1}{\sqrt{2}} \\ \dfrac{1}{\sqrt{2}} \end{bmatrix} = \theta_2 \begin{bmatrix} \dfrac{1}{\sqrt{2}} \\ 0 \\ -\dfrac{1}{\sqrt{2}} \end{bmatrix} \Rightarrow \theta_2 = 1$$

同样利用前面第二种方法 $\theta_i = \sqrt{\lambda_i}$ 直接求出奇异值 $\sqrt{3}$ 和 1。

最终得到矩阵 $\boldsymbol{A}$ 的完全奇异值分解为:

$$\boldsymbol{A} = \boldsymbol{U}\boldsymbol{\Sigma}\boldsymbol{V}^{\mathrm{T}} = \begin{bmatrix} \dfrac{1}{\sqrt{6}} & \dfrac{1}{\sqrt{2}} & \dfrac{1}{\sqrt{3}} \\ \dfrac{2}{\sqrt{6}} & 0 & -\dfrac{1}{\sqrt{3}} \\ \dfrac{1}{\sqrt{6}} & -\dfrac{1}{\sqrt{2}} & \dfrac{1}{\sqrt{3}} \end{bmatrix} \begin{bmatrix} \sqrt{3} & 0 \\ 0 & 1 \\ 0 & 0 \end{bmatrix} \begin{bmatrix} \dfrac{1}{\sqrt{2}} & \dfrac{1}{\sqrt{2}} \\ -\dfrac{1}{\sqrt{2}} & \dfrac{1}{\sqrt{2}} \end{bmatrix}$$

14.2.3 紧奇异值分解与截断奇异值分解

奇异值分解 矩阵的奇异值分解是指将一个非零的 $m \times n$ 实矩阵 $\boldsymbol{A}$ 能够表示为三个实矩阵相乘的形式,即进行矩阵的因子分解:

$$\boldsymbol{A} = \boldsymbol{U}\boldsymbol{\Sigma}\boldsymbol{V}^{\mathrm{T}} \tag{14.8}$$

其中 $\boldsymbol{U}$ 为 m 阶正交矩阵，$\boldsymbol{V}$ 为 n 阶正交矩阵，$\boldsymbol{\Sigma}$ 是由降序排列的非负对角线元素组成的 $m \times n$ 矩形对角矩阵。

前面所讲的奇异值分解的定义又可以称为完全奇异值分解，但在实际的应用中常用的是奇异值分解的紧凑形式和截断形式。紧奇异值分解是与原始矩阵等秩的奇异值分解，截断奇异值分解则是比原矩阵低秩的奇异值分解。

紧奇异值分解　设有 $m \times n$ 实矩阵 $\boldsymbol{A}$，其 $\mathrm{rank}(\boldsymbol{A}) = r, r \leqslant \min(m, n)$，则称 $\boldsymbol{U}_r \boldsymbol{\Sigma}_r \boldsymbol{V}_r^{\mathrm{T}}$ 为 $\boldsymbol{A}$ 的紧奇异值分解。

$$\boldsymbol{A} = \boldsymbol{U}_r \boldsymbol{\Sigma}_r \boldsymbol{V}_r^{\mathrm{T}} \tag{14.9}$$

其中 $\boldsymbol{U}_r$ 是 $m \times r$ 矩阵，$\boldsymbol{V}_r$ 是 $n \times r$ 矩阵，$\boldsymbol{\Sigma}_r$ 是 r 阶对角矩阵。

例 14.2　由例 14.1 给出的矩阵 $\boldsymbol{A}$ 的秩 $r = 2$，

$$\boldsymbol{A} = \begin{bmatrix} 0 & 1 \\ 1 & 1 \\ 1 & 0 \end{bmatrix}$$

$\boldsymbol{A}$ 的紧奇异值分解为：

$$\boldsymbol{A} = \boldsymbol{U}_r \boldsymbol{\Sigma}_r \boldsymbol{V}_r^{\mathrm{T}}$$

其中：

$$\boldsymbol{U}_r = \begin{bmatrix} \dfrac{1}{\sqrt{6}} & \dfrac{1}{\sqrt{2}} \\[2mm] \dfrac{2}{\sqrt{6}} & 0 \\[2mm] \dfrac{1}{\sqrt{6}} & -\dfrac{1}{\sqrt{2}} \end{bmatrix}, \quad \boldsymbol{\Sigma}_r = \begin{bmatrix} \sqrt{3} & 0 \\ 0 & 1 \end{bmatrix}, \quad \boldsymbol{V}_r^{\mathrm{T}} = \begin{bmatrix} \dfrac{1}{\sqrt{2}} & \dfrac{1}{\sqrt{2}} \\[2mm] -\dfrac{1}{\sqrt{2}} & \dfrac{1}{\sqrt{2}} \end{bmatrix}$$

截断奇异值分解　在矩阵的奇异值分解中，只取最大的 k 的奇异值 ($k < r, r$ 为矩阵的秩) 对应的部分，就得到矩阵的截断奇异值分解。一般情况下，若在实际应用中提到矩阵的奇异值分解时，通常指的是截断奇异值分解。

设 $m \times n$ 实矩阵 $\boldsymbol{A}$，其秩为 $\mathrm{rank} = r$，且 $0 < k < r$，则称 $\boldsymbol{U}_k \boldsymbol{\Sigma}_k \boldsymbol{V}_k^{\mathrm{T}}$ 为矩阵 $\boldsymbol{A}$ 的截断奇异值分解：

$$\boldsymbol{A} \approx \boldsymbol{U}_k \boldsymbol{\Sigma}_k \boldsymbol{V}_k^{\mathrm{T}} \tag{14.10}$$

其中 $\boldsymbol{U}_k$ 是 $m \times k$ 矩阵，$\boldsymbol{V}_k$ 是 $n \times k$ 矩阵，$\boldsymbol{\Sigma}_k$ 是 k 阶对角矩阵。

例 14.3　由例 14.1 给出的矩阵 $\boldsymbol{A}$ 的秩 $r = 2$，

$$\boldsymbol{A} = \begin{bmatrix} 0 & 1 \\ 1 & 1 \\ 1 & 0 \end{bmatrix}$$

若取 $k = 1$ 则其截断奇异值分解是

$$\boldsymbol{A} \approx A_1 = \boldsymbol{U}_1 \boldsymbol{\Sigma}_1 \boldsymbol{V}_1^{\mathrm{T}}$$

其中：

$$\boldsymbol{U}_1 = \begin{bmatrix} \dfrac{1}{\sqrt{6}} \\[2mm] \dfrac{2}{\sqrt{6}} \\[2mm] \dfrac{1}{\sqrt{6}} \end{bmatrix}, \quad \boldsymbol{\Sigma}_1 = \begin{bmatrix} \sqrt{3} \end{bmatrix} \boldsymbol{V}_1^{\mathrm{T}} = \begin{bmatrix} \dfrac{1}{\sqrt{2}} & \dfrac{1}{\sqrt{2}} \end{bmatrix}$$

在实际应用中，常需要对矩阵的数据进行压缩处理，将其近似表示，奇异值分解 SVD 提供了一个思路方法。奇异值分解是在平方损失意义下对矩阵的最优近似，紧奇异值分解对应无损压缩，截断奇异值分解对应有损压缩。实际应用提到的奇异值分解时，一般指的是截断奇异值分解。

如果想要进一步了解奇异值分解及相关内容可以参考线性代数教材，例如文献 [101, 102]。在计算机上奇异值分解通常用数值计算方法进行，奇异值分解的数值计算方法可以参考文献 [103, 104]。

14.3　应用实例

14.3.1　观影数据的生成

使用代码随机生成 100 名评影人士对某家电影院的 10 部电影评分数据，数据中的每条记录表示每位评影人士对每部电影的观影评分 (0 代表从未看过这部电影，1~5 代表星数)。

```
In[1]:  import random
        def ran():
            fr = open('data.txt', 'a')

            # 总共100位观影人
            for i in range(0, 100):
                scores = []
                for j in range(10):
                    # 随机生成每位观影人对电影评分
                    score = random.randrange(0, 6)
                    scores.append(str(score))
                for num in scores:
                    fr.write(num)
                    fr.write(' ')
                fr.write('\n')
```

```
In[2]:   if __name__ == '__main__':
             ran()
```

上述代码的功能是随机生成 100 位评影人士对 10 部电影的观影评分，并将评分数据保存在 data.txt 中。

14.3.2　基于协同过滤的推荐引擎

近年来，人们的生活中已经出现了大量的推荐系统。如淘宝会根据用户的历史浏览记录以及历史购买记录向用户推荐他们可能感兴趣的商品，新闻网站会向用户推荐新闻报道，网易云音乐会根据用户的音乐类型爱好，向用户推荐他们可能喜欢的风格音乐歌曲。推荐系统无处不在，甚至可以说推荐系统比我们自己更为了解我们自己。有很多方法可以实现推荐功能，但在这里将使用一种协同过滤 (Collaborative Filtering) 的方法，通过将用户和其他用户的数据进行对比来实现推荐功能。

这里的数据采用矩阵形式，因为当数据采用这种方式进行组织时，就可以比较用户或物品之间的相似度。当知道两个用户或两个物品之间的相似度，可以利用已有的数据来预测未知用户的喜好。回到前面所获取的数据，可以试图对某个评影人士喜欢的电影进行预测，推荐引擎就会发现有一部电影该用户还没有看过。然后它就会计算该电影与评影人士看过的电影之间的相似度，如果相似度很高，推荐算法就会认为该评影人士会喜欢这部电影。

在上述场景下，唯一所需要的数学方法就是相似度的计算。接下来，将首先讨论物品之间的相似度计算，然后再讨论基于物品和基于用户的相似度计算之间的不同。

相似度计算

通常情况下我们希望找到一些物品之间相似度的定量方法。第一种方法可以使用欧氏距离来计算物品之间的相似度。以菜肴评级矩阵为例：

$$\begin{array}{c} \text{Janson} \\ \text{John} \\ \text{Sam} \end{array} \begin{bmatrix} 2 & 0 & 0 & 4 & 4 \\ 5 & 5 & 5 & 3 & 3 \\ 2 & 4 & 2 & 1 & 2 \end{bmatrix}$$

计算一下第 4 种和第 5 种菜品之间的相似度。使用第一种方法欧氏距离来计算相似度。第 4 种和第五种菜品的欧式距离为：

$$\sqrt{(4-4)^2 + (3-3)^2 + (2-1)^2} = 1$$

而第 5 种和第 1 种菜品之间的欧氏距离为：

$$\sqrt{(4-2)^2 + (3-5)^2 + (2-2)^2} = 2.83$$

在该数据中，第 5 种菜和第 4 种菜之间的距离小于第 5 种菜和第 1 种菜之间的距离，因此第 5 种菜与第 4 种菜比第 1 种菜更为相似。在后续的处理中，更希望相似度值在 0 到 1 之间变化，并且物品越相似它们的相似度值也就越大。因此可以用"相似度 =1/(1+

距离)" 来将相似度归一化到 0 到 1。当距离为 0 时，相似度为 1。如果距离非常大时，其相似度也就趋近于 0。

第二种方法则是利用皮尔逊相关系数 (Pearson Correlation)，它是用来度量两个向量之间的相似度。该方法对于欧式距离的一个优势在于，它对于用户评级的量级并不敏感。在 Numpy 中，皮尔逊的相关系数的取值范围从 +1 到 −1，一般通过 $0.5 + 0.5 \times \text{corrcoef}()$ 这个函数计算，并且把其取值范围归一化到 0 到 1 之间。

第三种计算相似度的距离计算方法是余弦相似度，其计算的是两个向量夹角的余弦值。如果夹角为 90°，则相似度为 0；如果两个向量的方向相同，则相似度为 1.0。同皮尔逊相关系数一样，余弦相似度的取值范围也在 −1 到 +1 之间，也可将其归一化到 0 到 1 之间。向量 A 和 B 夹角的余弦相似度计算公式如下：

$$\cos \theta = \frac{A \cdot B}{\|A\| \|B\|}$$

其中 $\|A\|, \|B\|$ 表示向量 A, B 的 L2 范数（L2 范数定义为向量所有元素的平方和的开平方）。

14.3.3 基于物品的相似度和基于用户的相似度

计算两个餐厅菜品之间的距离称为基于物品的相似度。另外一种是基于不同用户之间距离的方法称为基于用户的相似度。以前面的矩阵为例，行与行之间比较的是基于用户的相似度，列与列之间比较的则是基于物品的相似度。那么问题来了，到底选择哪一种相似度效果更好些？这取决于用户或者物品的数目。无论是基于物品相似度的计算还是基于用户相似度的计算，计算时间都会随着其数目的增加而增加。

接下来应用 SVD 来提高电影推荐效果。

14.3.4 示例：电影推荐引擎

推荐系统的工作过程是：给定一个评影人士，系统就会为其推荐并返回 N 部最好看的电影。为了实现这一点，需要做到：

（1）寻找到没有评分的电影，即在评影人士—电影矩阵中 0 的值；

（2）在评影人士没有评分的电影中，对每部电影预计一个可能的评分；

（3）对这些电影的评分从高到低进行降序排列，返回前 N 部电影。

1. 读取数据

```
In[1]:  from numpy import *
        from numpy import linalg as la

        def loadDataset(filename):
            dataMat = []
            fr = open(filename)
            for line in fr.readlines():
```

```
                lineArr = line.strip().split(' ')
                dataMat.append(list(map(int, lineArr)))
            return mat(dataMat)
```

2. 基于物品相似度的推荐引擎

```
In[2]:    # 余弦相似度
          def cosSim(inA, inB):
              num = float(inA.T * inB)
              denom = la.norm(inA) * la.norm(inB)
              return 0.5 + 0.5*(num/denom)
```

```
In[3]:    def recommend(dataMat, user, N=3, simMeas=cosSim, estMeathod=""):
              unratedItems = nonzero(dataMat[user, :].A == 0)[1]
              # 寻找未评级的物品
              if len(unratedItems) == 0:
                  return 'you rated everything'
              itemScores = []
              for item in unratedItems:
                  estimatedScore = estMeathod(dataMat, user, simMeas, item)
                  itemScores.append((item, estimatedScore))
              return sorted(itemScores, key=lambda jj: jj[1], reverse=True)[:N]
```

函数 recommend() 会产生最高的 N 个推荐结果。

3. 利用 SVD 提高推荐结果——基于 SVD 的评分估计

```
In[4]:    def svdEst(dataMat, user, simMeas, item):
              n = shape(dataMat)[1]
              simTotal = 0.0
              ratSimTotal = 0.0
              U, Sigma, VT = la.svd(dataMat)
              Sig4 = mat(eye(4)*Sigma[:4])
              xformedItems = dataMat.T * U[:, :4] * Sig4.I
              for j in range(n):
                  n = shape(dataMat)[1]
                  simTotal = 0.0
                  ratSimTotal = 0.0
                  U, Sigma, VT = la.svd(dataMat)
                  Sig4 = mat(eye(4) * Sigma[:4])  # arrange Sig4 into a diagonal
      matrix
                  xformedItems = dataMat.T * U[:, :4] * Sig4.I  # create
      transformed items
```

```
                    for j in range(n):
                        userRating = dataMat[user, j]
                        if userRating == 0 or j == item: continue
                        similarity = simMeas(xformedItems[item, :].T, xformedItems[
            j, :].T)

                        print('the %d and %d similarity is: %f' % (item, j,
            similarity))

                        simTotal += similarity
                        ratSimTotal += similarity * userRating
                    if simTotal == 0:
                        return 0
                    else:
                        return ratSimTotal / simTotal
```

svdEst() 函数会对给定评影人士给定电影构建一个评分估计值。

4. 测试

```
In[5]:   if __name__ == '__main__':
             U, Sigma, VT=la.svd(loadDataset('data.txt'))
             Sig2 = Sigma**2
             myMat = loadDataset('data.txt')
             print(recommend(myMat, 28, estMeathod=svdEst))

Out[5]:  the 6 and 0 similarity is: 0.719693
         the 6 and 1 similarity is: 0.343473
         the 6 and 2 similarity is: 0.330978
         the 6 and 3 similarity is: 0.682235
         the 6 and 4 similarity is: 0.508092
         the 6 and 5 similarity is: 0.905518
         the 6 and 7 similarity is: 0.763505
         the 6 and 9 similarity is: 0.345904
         the 8 and 0 similarity is: 0.389689
         the 8 and 1 similarity is: 0.402955
         the 8 and 2 similarity is: 0.572109
         the 8 and 3 similarity is: 0.487698
         the 8 and 4 similarity is: 0.785466
         the 8 and 5 similarity is: 0.935671
         the 8 and 7 similarity is: 0.823104
         the 8 and 9 similarity is: 0.726495
         [(8, 2.970481321681363), (6, 2.79204544730033)]
```

从上面的运行结果可以知道，评影人士 28 对编号为 8 的第 9 部电影的预测评分是 2.970481321681363，对编号为 6 的第 7 部电影的评分是 2.79204544730033。

14.4 习题

（1）求取矩阵

$$A = \begin{bmatrix} 1 & 2 & 0 \\ 2 & 0 & 2 \end{bmatrix}$$

的奇异值分解。

（2）基于 SVD 的协同过滤算法能够通过分析用户产生用户-产品的评分矩阵，来对空白评分进行预测，然后根据预测结果对用户进行产品推荐。给定一个用户-菜肴矩阵，其中很多物品都没有评分，利用 Python 编程实现基于物品相似度方法来构建推荐系统。从左往右依次代表的菜品是：鳗鱼饭、日式炸鸡、寿司饭、烤牛肉、三文鱼汉堡、三明治、印度烤鸡、麻婆豆腐、宫保鸡丁、咖喱牛肉、俄式汉堡。

Brett	2	0	0	4	4	0	0	0	0	0	0
Bob	0	0	0	0	0	0	0	0	0	0	5
Jack	0	0	0	0	0	0	0	1	0	4	0
Scott	3	3	4	0	3	0	0	2	2	0	0
Mary	5	5	5	0	0	0	0	0	0	0	0
Brent	0	0	0	0	0	0	5	0	0	5	0
Kyle	4	0	4	0	0	0	0	0	0	0	5
Sara	0	0	0	0	0	4	0	0	0	0	4
Shaney	0	0	0	0	0	0	5	0	0	5	0
Tom	0	0	0	3	0	0	0	0	4	5	0
Alice	1	1	2	1	1	2	1	0	4	5	0

第 15 章

综合实例

在前面的各章中，对机器学习的常见算法进行了一些简单介绍。在本章将引入四个综合实例，一个是基于线性回归、随机森林、支持向量回归等数学模型进行疫情现状分析的综合实例，一个是关于基于用户的协同过滤算法的个性化推荐综合实例，另外两个则是利用百度深度学习框架 (PaddlePaddle) 实现的基于深度学习的个性化电影推荐算法以及一个使用 DQN 网络的强化学习模型。

15.1 综合实例一

本节将介绍第一个综合实例——基于线性回归、随机森林、支持向量回归等数学模型进行疫情现状分析。该项目通过分析过往 52 天的疫情数据，将确诊病例数、死亡人数、康复人数在国家与地区两个维度上进行了可视化显示，该项目利用支持向量回归、随机森林、线性回归模型对未来三天的确诊人数进行预测，通过本项目，可以学习到如何使用 matplotlib 绘制折线图、直方图、饼图，如何通过使用 sklearn 库建立相应的数学模型。

给定截至 2020 年 3 月 10 号的疫情数据，一共有三个 csv 数据文件，分别是记录了新型肺炎患者确诊情况的 time_series_19-covid-Confirmed.csv，记录了新型肺炎患者死亡情况的 time_series_19-covid-Deaths.csv 以及记录了新型肺炎患者康复情况的 time_series_19-covid-Recovered.csv。本项目主要使用 Numpy、Matplotlib、pandas、sklearn 等库进行分析。

首先来介绍一下 SVR，SVR 是支持向量回归 (Support Vector Regression) 的英文缩写。在前面的章节中只介绍了基于分类的支持向量机，没有介绍支持向量回归，SVR 是支持向量机 (SVM) 的重要的应用分支。scikit-learn 中提供了基于 libsvm 的 SVR 解决方案。libsvm 是台湾大学林智仁教授等人开发设计的一个简单、易于使用和快速有效的

SVM 模式识别与回归的软件包。

导入分析所需要的库

```
In[1]:   import numpy as np
         import matplotlib.pyplot as plt
         import matplotlib.colors as mcolors
         import pandas as pd
         import random
         import math
         import time
         from sklearn.linear_model import LinearRegression # 线性回归
         from sklearn.ensemble import RandomForestRegressor # 随机森林
         from sklearn.model_selection import RandomizedSearchCV,
     train_test_split #调参
         from sklearn.svm import SVR # 支持向量回归
         from sklearn.metrics import mean_squared_error, mean_absolute_error #
     度量标准
         import datetime
         %matplotlib inline
```

读取数据

```
In[2]:   confirmed_df = pd.read_csv('time_series_19-covid-Confirmed.csv')
         deaths_df = pd.read_csv('time_series_19-covid-Deaths.csv')
         recoveries_df = pd.read_csv('time_series_19-covid-Recovered.csv')
         confirmed_df.head()
```

前五行数据展示如图 15.1 所示。

	Province/State	Country/Region	Lat	Long	1/22/20	1/23/20	1/24/20	1/25/20	1/26/20	1/27/20	...	3/10/20	3/11/20
0	Anhui	Mainland China	31.8257	117.2264	1	9	15	39	60	70	...	990	NaN
1	Beijing	Mainland China	40.1824	116.4142	14	22	36	41	68	80	...	429	NaN
2	Chongqing	Mainland China	30.0572	107.8740	6	9	27	57	75	110	...	576	NaN
3	Fujian	Mainland China	26.0789	117.9874	1	5	10	18	35	59	...	296	NaN
4	Gansu	Mainland China	36.0611	103.8343	0	2	2	4	7	14	...	125	0.0

5 rows×54 columns

图 15.1　前五行数据

查看新型肺炎患者康复情况。

```
In[3]:   recoveries_df.head(3)
```

查看前三行患者康复数据，如图 15.2 所示。

可以看到记录时间从 2020 年 1 月 22 日到 2020 年 3 月 11 日，Province/State 表示

省份，Country/Region 表示国家/地区，Lat，Long 分别表示经纬度，后面每一列分别表示具体日期。

	Province/State	Country/Region	Lat	Long	1/22/20	1/23/20	1/24/20	1/25/20	1/26/20	1/27/20	...	3/10/20	3/11/20
0	Anhui	Mainland China	31.8257	117.2264	0	0	0	0	0	0	...	984	NaN
1	Beijing	Mainland China	40.1824	116.4142	0	0	1	2	2	2	...	320	NaN
2	Chongqing	Mainland China	30.0572	107.8740	0	0	0	0	0	0	...	547	NaN

3 rows×54 columns

图 15.2　患者康复数据展示

把确诊病例数、死亡人数、康复人数记录的列拿出来，建立 sum 列表来保存将对应日期的数据求和后的结果，并且看看 3 月 10 日、11 日这两天的情况。

```
In[4]:  confirmed_cases = confirmed_df.loc[:, cols[4]:cols[-1]]
        deaths_cases = deaths_df.loc[:, cols[4]:cols[-1]]
        recoveries_cases = recoveries_df.loc[:, cols[4]:cols[-1]]
        # 建立对应日期列表
        dates = confirmed_cases.keys()
        world_cases = []
        total_deaths_cases = []
        mortality_rate = []
        total_recovered_cases = []
        # 分别对对应日期的确诊病例数、死亡人数、康复人数记录求和
        for i in dates:
            confirmed_sum = confirmed_cases[i].sum()
            death_sum = deaths_cases[i].sum()
            recovered_sum = recoveries_cases[i].sum()
            world_cases.append(confirmed_sum)
            total_deaths_cases.append(death_sum)
            mortality_rate.append(death_sum/confirmed_sum)
            total_recovered_cases.append(recovered_sum)
        days_since_1_22 = np.array([i for i in range(len(dates))]).reshape(-1,
1)
        world_cases = np.array(world_cases).reshape(-1, 1)
        total_deaths_cases = np.array(total_deaths_cases).reshape(-1, 1)
        total_recovered_cases = np.array(total_recovered_cases).reshape(-1, 1)
        print("截至10日总计确诊:",str(int(world_cases[-2][0])),"人")
        print("截至10日总计死亡:",str(int(total_deaths_cases[-2][0])),"人")
        print("截至10日总计治愈:",str(int(total_recovered_cases[-2][0])),"人")
        print("截至11日总计确诊:",str(int(world_cases[-1][0])),"人")
        print("截至11日总计死亡:",str(int(total_deaths_cases[-1][0])),"人")
        print("截至11日总计治愈:",str(int(total_recovered_cases[-1][0])),"人")

Out[4]:  截至10日总计确诊：119303 人
```

截至10日总计死亡：4290 人
截至10日总计治愈：64411 人
截至11日总计确诊：125865 人
截至11日总计死亡：4615 人
截至11日总计治愈：67003 人

接着使用支持向量回归模型来预测一下未来三天的确诊人数变化情况。在进行预测之前，先来说说调参，机器学习避免不了的一个问题就是调参，选择迭代多少轮次、设置怎样的初始值、参数空间等，参数的选择好坏对最后的结果影响很大，幸运的是机器学习自动调参库也有很多，在这里使用的是 sklearn 库，使用其封装好的函数 GridSearchCV 与 RandomizedSearchCV 进行调参。

eg: grid = RandomizedSearchCV(clf,param_dist,cv = 3,scoring = 'neg_log_loss', n_iter=100,n_jobs = −1)，表 15.1 对 RandomizedSearchCV 中的参数进行了说明：

表 15.1　参数说明

参数	描述
clf	设置训练的学习器
param_dist 字典类型	放入参数搜索范围
scoring = 'neg_log_loss'	精度评定方式设定为 neg_log_loss
n_iter = 100	训练 100 次，数值越大获得的参数精度越高，但搜索时间越长
n_jobs = −1	使用所有的 CPU 进行训练，默认为 1，表示使用 1 个 CPU

首先使用 RandomSearchCV 随机搜索超参空间，使用均方误差来作为评价指标，训练 30 轮次建立支持向量回归模型。

```
In[5]:  days_in_future = 3
        future_forcast = np.array([i for i in range(len(dates)+days_in_future)
    ]).reshape(-1, 1)
        start = '1/22/2020'
        start_date = datetime.datetime.strptime(start, '%m/%d/%Y')
        future_forcast_dates = []
        for i in range(len(future_forcast)):
            future_forcast_dates.append((start_date + datetime.timedelta(days=i
    )).strftime('%m/%d/%Y'))
        #print(future_forcast_dates)

        adjusted_dates = future_forcast_dates[:-3]
        # 我们将从1月22号的人员确诊数据分成0.9的训练集，0.1的测试集，因为从1月22日
    至今已有52天，
        # 所以后面看到的预测结果和实际对比的图片的横坐标为0-4 共5天
```

```
    X_train_confirmed, X_test_confirmed, y_train_confirmed,
y_test_confirmed = train_test_split \
                                (days_since_1_22, world_cases, test_size
=0.1, shuffle=False)
    # SVR的核函数，它必须是'linear', 'poly', 'rbf', 'sigmoid', 'precomputed'
或者callable之一。
    # 如果没有给出，将使用'rbf'。
    kernel = ['linear', 'rbf']
    # c是错误的惩罚参数C.默认1
    c = [0.01, 0.1, 1, 10]
    # gamma是'rbf', 'poly'和'sigmoid'的核系数。默认是'auto'
    gamma = [0.01, 0.1, 1]
    # Epsilon在epsilon-SVR模型中。它指定了epsilon-tube，其中训练损失函数中没
有惩罚与在实际值的
    # 距离epsilon内预测的点。默认值是0.1
    epsilon = [0.01, 0.1, 1]
    # shrinking指明是否使用收缩启发式。默认为True
    shrinking = [True, False]
    svm_grid = {'kernel': kernel, 'C': c, 'gamma' : gamma, 'epsilon':
epsilon, 'shrinking' : shrinking}
    # 建立支持向量回归模型
    svm = SVR()
    # 使用随机搜索进行超参优化
    svm_search = RandomizedSearchCV(svm, svm_grid, scoring='
neg_mean_squared_error', cv=3, \
                                return_train_score=True, n_jobs=-1,
n_iter=30, verbose=1)
    svm_search.fit(X_train_confirmed, y_train_confirmed)

Out[5]: RandomizedSearchCV(cv=3, error_score='raise-deprecating',
                    estimator=SVR(C=1.0, cache_size=200, coef0=0.0,
degree=3,
                                epsilon=0.1, gamma='auto_deprecated',
                                kernel='rbf', max_iter=-1, shrinking=
True,
                                tol=0.001, verbose=False),
                    iid='warn', n_iter=30, n_jobs=-1,
                    param_distributions={'C': [0.01, 0.1, 1, 10],
                                        'epsilon': [0.01, 0.1, 1],
                                        'gamma': [0.01, 0.1, 1],
                                        'kernel': ['linear', 'rbf'],
                                        'shrinking': [True, False]},
                    pre_dispatch='2*n_jobs', random_state=None, refit=
True,
```

```
                              return_train_score=True, scoring='
         neg_mean_squared_error',
                              verbose=1)
```

接着我们来看看训练后支持向量回归模型超参空间中的最优参数组合。

```
In[6]:   svm_search.best_params_

Out[6]:  {'shrinking': False, 'kernel': 'linear', 'gamma': 0.1, 'epsilon': 1, 'C
         ': 10}
```

利用该组参数,应用到模型进行预测。

```
In[7]:   svm_confirmed = svm_search.best_estimator_
         svm_pred = svm_confirmed.predict(future_forcast)
         # check against testing data
         svm_test_pred = svm_confirmed.predict(X_test_confirmed)
         plt.plot(svm_test_pred,'g')
         plt.plot(y_test_confirmed,'r')
```

模型预测结果如图 15.3 所示。

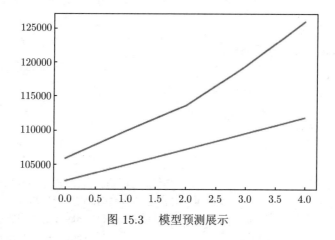

图 15.3　模型预测展示

红色表示真实值,绿色表示预测值,可以看到预测的结果比实际值要小一些。

接着再建立随机森林模型,继续使用 RandomSearchCV 随机搜索超参空间,使用均方误差来作为评价指标,训练 10 轮次建立支持向量回归模型。

```
In[8]:   ensemble_grid =  {'n_estimators': [(i+1)*10 for i in range(20)],
                           'criterion': ['mse', 'mae'],
                           'bootstrap': [True, False],
                           }
                 ensemble = RandomForestRegressor()
```

```
                    ensemble_search = RandomizedSearchCV(ensemble,
    ensemble_grid, \
                                  scoring='neg_mean_squared_error', cv
    =3, return_train_score=True,\
                                  n_jobs=-1, n_iter=10, verbose=1)
                    ensemble_search.fit(X_train_confirmed,
    y_train_confirmed)

Out[8]: RandomizedSearchCV(cv=3, error_score='raise-deprecating',
                    estimator=RandomForestRegressor(bootstrap=True,
                                           criterion='mse',
                                           max_depth=None,
                                           max_features='auto
    ',
                                           max_leaf_nodes=None
    ,
    min_impurity_decrease=0.0,
                                           min_impurity_split=
    None,
                                           min_samples_leaf=1,
                                           min_samples_split
    =2,
    min_weight_fraction_leaf=0.0,
                                           n_estimators='warn
    ',
                                           n_jobs=None,
    oob_score=False,
                                           random_state=None,
    verbose=0,
                                           warm_start=False),
                    iid='warn', n_iter=10, n_jobs=-1,
                    param_distributions={'bootstrap': [True, False],
                                 'criterion': ['mse', 'mae'],
                                 'n_estimators': [10, 20, 30,
    40, 50, 60,
                                            70, 80, 90,
    100, 110,
                                            120, 130, 140,
    150,
                                            160, 170, 180,
    190,
                                            200]},
```

```
                          pre_dispatch='2*n_jobs', random_state=None, refit=
True,
                          return_train_score=True, scoring='
neg_mean_squared_error',
                          verbose=1)
```

接着看一下训练后随机森林超参空间中的最优参数组合，并将该组参数应用到随机森林模型进行预测。

```
In[9]:   ensemble_search.best_params_
Out[9]:  {'n_estimators': 20, 'criterion': 'mae', 'bootstrap': False}


In[10]:  ensemble_confirmed = ensemble_search.best_estimator_
         ensemble_pred = ensemble_confirmed.predict(future_forcast)
         # check against testing data
         ensemble_test_pred = ensemble_confirmed.predict(X_test_confirmed)
         plt.plot(ensemble_test_pred,'r')
         plt.plot(y_test_confirmed,'b')
```

将最优参数应用到随机森林模型进行预测的效果如图 15.4 所示。

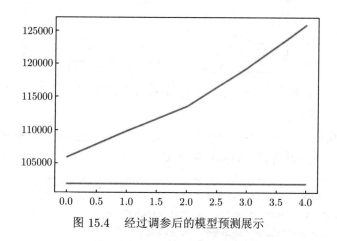

图 15.4　经过调参后的模型预测展示

红色代表真实值，该绿色代表预测值，可以看到预测的结果比实际值小很多，而且几乎不变，说明该模型并不好，暂时不能使用。

接着建立线性回归模型，并且打印其中的平均绝对误差，均方误差。

```
In[11]: linear_model = LinearRegression(fit_intercept=False, normalize=True)
        linear_model.fit(X_train_confirmed, y_train_confirmed)
        test_linear_pred = linear_model.predict(X_test_confirmed)
        linear_pred = linear_model.predict(future_forcast)
        print('MAE:', mean_absolute_error(test_linear_pred, y_test_confirmed))
        print('MSE:',mean_squared_error(test_linear_pred, y_test_confirmed))
```

```
Out[11]:MAE: 3939.9151174667873
        MSE: 27848345.845692504
```

再来看看回归系数，并将回归系数应用到线性回归模型进行预测。

```
In[12]: linear_model.coef_
Out[12]:array([[2365.54085802]])


In[13]: plt.plot(y_test_confirmed,'r')
        plt.plot(test_linear_pred,'g')
```

使用线性回归模型进行预测的结果如图 15.5 所示。

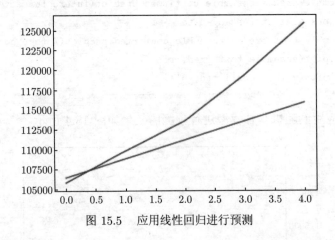

图 15.5　应用线性回归进行预测

红色是表示真实值，绿色表示预测值，可以看到预测的结果变化率比实际值小。

接着把过去五十二天的确诊数据打印出来。

```
In[14]: plt.figure(figsize=(16,8))
        plt.plot(adjusted_dates, world_cases)
        plt.xlabel('Time in Days', size=30)
        plt.ylabel('# confirmed Cases', size=30)
        plt.xticks(rotation=50, size=15)
        plt.show()
```

过去 52 天确诊数据如图 15.6 所示。

接着把实际值和使用上面三种模型得到的结果进行绘图，对比一下三种模型的情况。

```
In[15]: plt.figure(figsize=(16,8))
        plt.plot(adjusted_dates, world_cases)
        plt.plot(future_forcast_dates, svm_pred, linestyle='dashed')
        plt.plot(future_forcast_dates, ensemble_pred, linestyle='dashed')
```

```
        plt.plot(future_forcast_dates, linear_pred, linestyle='dashed')
        plt.title('#confirmed Coronavirus Cases Over Time', size=30)
        plt.xlabel('Time in Days', size=30)
        plt.ylabel('# confirmed Cases', size=30)
        plt.legend(['Confirmed Cases', 'SVM predictions', 'Random Forest
    predictions', 'Linear Regression'])
        plt.xticks(rotation=50, size=15)
        plt.show()
```

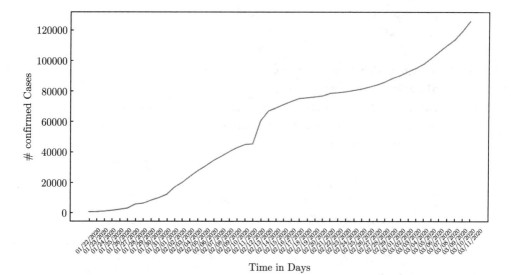

图 15.6　过去 52 天确诊数据

比对结果如图 15.7 所示。

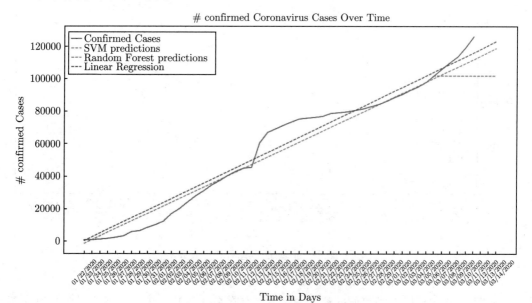

图 15.7　来自三种模型的结果对比

可以看到随机森林模型预测结果不是很理想，与基于 SVR 和 LR 建立的模型比起来
效果差很多，只有 5 天的预测数据。

接下来将打印过去 52 天的死亡数据、患者感染的致死率。

```
In[16]: plt.figure(figsize=(18,8))
        plt.plot(adjusted_dates, total_deaths, color='red')
        plt.title('# Coronavirus Deaths Over Time', size=30)
        plt.xlabel('Time', size=30)
        plt.ylabel('# Deaths', size=30)
        plt.xticks(rotation=50, size=15)
        plt.show()

In[17]: mean_mortality_rate = np.mean(mortality_rate)
        plt.figure(figsize=(18, 8))
        plt.plot(adjusted_dates, mortality_rate, color='orange')
        plt.axhline(y = mean_mortality_rate,linestyle='--', color='black')
        plt.title('# Mortality Rate of Coronavirus Over Time', size=30)
        plt.legend(['mortality rate', 'y='+str(mean_mortality_rate)])
        plt.xlabel('Time', size=30)
        plt.ylabel('# Mortality Rate', size=30)
        plt.xticks(rotation=50, size=15)
        plt.show()
```

输出结果如图 15.8 和图 15.9 所示。

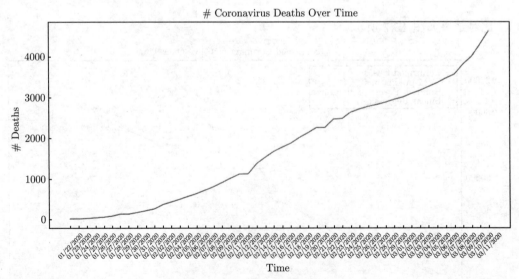

图 15.8　过去 52 天患者死亡人数

从图 15.9 中可以看到致死率在 2 月初的时候降到了最低，在 2 月底的时候快速升高，
在 3 月初的时候又一次升高。这种情况很可能是在一些地区病毒传播速度加快、医疗资

源不足、病毒发生变异等多种因素导致的。

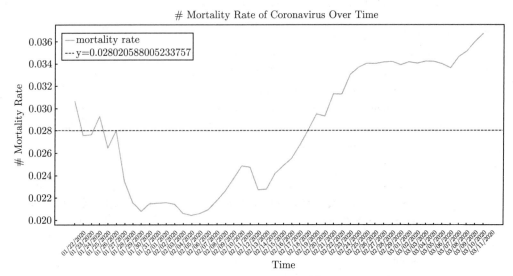

图 15.9　过去 52 天患者感染致死率

接着对比一下死亡人数和康复人数。

```
In[18]: plt.figure(figsize=(20,6))
        plt.plot(adjusted_dates, total_deaths_cases, color='red')
        plt.plot(adjusted_dates, total_recovered_cases, color='green')
        plt.legend(['death', 'recoveries'], loc='best', fontsize=20)
        plt.title('# Coronavirus Cases', size=30)
        plt.xlabel('Time', size=30)
        plt.ylabel('# Cases', size=30)
        plt.xticks(rotation=50, size=15)
        plt.show()
```

输出结果如图 15.10 所示。

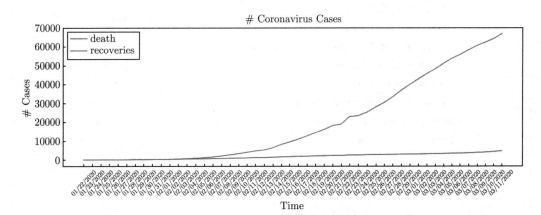

图 15.10　过去 52 天患者康复人数与死亡人数对比

从图 15.10 中可以看出来后期的新冠治疗效果越来越显著，从侧面也反映了医务人员对这新型病毒的认识越来深入，治疗效果越来越显著。

国家和地区的确诊人数

```
In[19]: latest_confirmed = confirmed_df[dates[-1]]
        latest_deaths = deaths_df[dates[-1]]
        latest_recoveries = recoveries_df[dates[-1]]
        unique_countries =  list(confirmed_df['Country/Region'].unique())
        country_confirmed_cases = []
        no_cases = []
        for i in unique_countries:
            cases = latest_confirmed[confirmed_df['Country/Region']==i].sum()
            if cases > 0:
                country_confirmed_cases.append(cases)
            else:
                no_cases.append(i)

        for i in no_cases:
            unique_countries.remove(i)
        # number of cases per country/region
        for i in range(len(unique_countries)):
            print(f'{unique_countries[i]}: {country_confirmed_cases[i]} cases')

Out[19]:Thailand: 59.0 cases
        Japan: 639.0 cases
        US: 1281.0 cases
        Singapore: 178.0 cases
        France: 2284.0 cases
        Nepal: 1.0 cases
        Malaysia: 149.0 cases
        Canada: 108.0 cases
        Australia: 128.0 cases
        Cambodia: 3.0 cases
        Sri Lanka: 2.0 cases
        Germany: 1908.0 cases
        Finland: 59.0 cases
        United Arab Emirates: 74.0 cases
        Philippines: 49.0 cases
        India: 62.0 cases
        ......
        China: 80921.0 cases
        Iran: 9000.0 cases
        Korea, South: 7755.0 cases
        Cruise Ship: 696.0 cases
```

```
            United Kingdom: 459.0 cases
            Czechia: 91.0 cases
            Vietnam: 38.0 cases
            Russia: 20.0 cases
            Moldova: 3.0 cases
            Bolivia: 2.0 cases
            Honduras: 2.0 cases
            Congo (Kinshasa): 1.0 cases
            Cote d'Ivoire: 1.0 cases
            Jamaica: 1.0 cases
            Reunion: 1.0 cases
            Turkey: 1.0 cases
```

再来绘制国家和地区的饼图:

```
In[20]: c = random.choices(list(mcolors.CSS4_COLORS.values()),k = len
    (unique_countries))
        plt.figure(figsize=(20,20))
        plt.pie(country_confirmed_cases, colors=c)
        plt.legend(unique_countries, loc='best')
        plt.show()
```

输出结果如图 15.11 所示。

15.2　综合实例二

在第一个实例中利用线性回归、随机森林、支持向量回归等数学模型对过去 51 天的疫情数据进行了分析。本节将使用一个基于用户的协同过滤算法来实现图书的个性化推荐。在前面的第 14 章中，介绍过基于协同过滤的推荐引擎。协同过滤指的是通过将用户和其他用户的数据进行对比来实现推荐的。这里的数据处理成矩阵的形式。当数据采用这种组织方式时，便可以比较用户或物品之间的相似度了。由于在前一章中已经介绍了基于物品的相似度和用户相似度的计算，故不赘述。

协同过滤算法无须对信息资源的信息内涵进行分析，仅根据读者的阅读行为以及特征进行挖掘，便可得到包含读者潜在兴趣在内的多种个性化信息需求，因协同过滤算法的较低复杂度以及其较高的挖掘质量，所以它在个性化推荐服务中得到广泛应用。该实例使用的数据集为豆瓣用户的评分数据 douban.dat 以及相应的图书标签数据集 bookdata.dat，根据用户所关注的话题以及曾经读过的书籍的评分来对用户特征进行刻画，找到相似特征的用户从而完成图书推荐。

豆瓣用户的评分数据来源于北大开放研究数据平台。该数据集中包含了 38 万名用户对 8 万本图书共计约 365 万条评分数据，数据格式为 UserID::BookID::Score。该数据集下载地址为 http://opendata.pku.edu.cn/dataset.xhtml?persistentId=doi:10.18170/DVN/

LA9GRH。

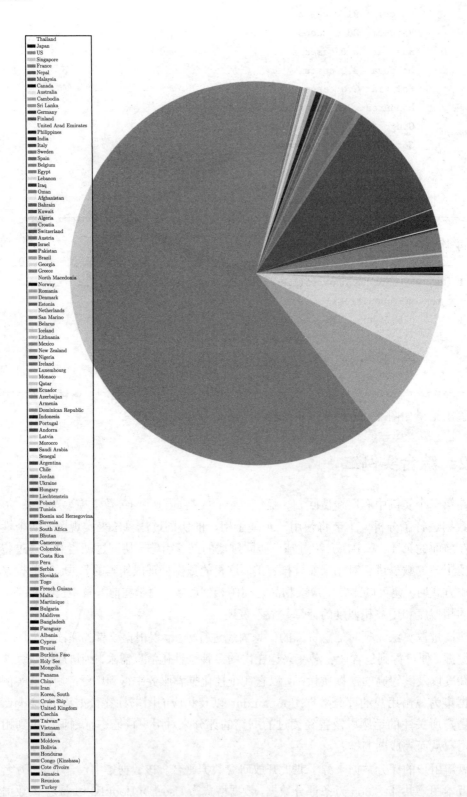

图 15.11　地方饼状图

豆瓣图书标签数据集通过豆瓣图书利用爬虫爬取得到，该数据集包含了 7 万本图书的标签数据，数据格式为 BookID::BookName::Tags。

整个实例的训练过程：

（1）数据的收集及处理，以及对无效数据进行清洗；

（2）提取数据来刻画用户特征；

（3）对用户进行聚类，相似度接近的用户放入一个群组；

（4）计算与用户最近的几个群组中用户的相似度，找到相似用户；

（5）依据相似用户的相似度以及所读书籍评分加权排序作为推荐度，依照推荐度推荐。

该个性化书籍推荐通过用户的相似度以及相似用户的图书评分进行加权计算，作为推荐度。

配置文件，包含用户的一些信息，tags 表示用户感兴趣的一些话题，books 表示用户阅读过的一些书籍，会根据读过的书籍自动计算对不同话题感兴趣的程度，两项信息至少需要填写一项。

```
In[1]:  class Const:
            class ConstError(TypeError) : pass
            class ConstCaseError(ConstError):pass

            def __init__(self):
                self.CLUSTER_NUMBER = 300
                self.PATH_BOOK_DATA_RAW = 'bookdata.dat'
                self.PATH_BOOK_DATA      = 'bookdata.pkl'
                self.PATH_USER_DATA_RAW = 'douban.dat'
                self.PATH_USER_DATA     = 'userdata.pkl'
                self.PATH_CLUSTER_DATA  = 'clusters.pkl'

                self.TOP_CLUSTER_NUM = 5     # 选取最近邻群组数量
                self.TOP_USER_NUM = 100      # 相似用户的数量上限
                self.TOP_BOOK_NUM = 100      # 推荐书籍的数量上限

                self.USER_MIN_BOOKS = 5      # 有效用户的最小有评分书籍的数量(大于
        这个数值视为有效用户)

            def __setattr__(self, name, value):
                if name in self.__dict__:
                    raise(self.ConstError, "Can't change const value!")
                if not name.isupper():
                    raise(self.ConstCaseError, 'const "%s" is not all letters
        are capitalized' %name)
                self.__dict__[name] = value

    config = Const()
```

```
# coding=utf-8
# 用户信息
profile = {
        "tags": ['科幻', '弗诺·文奇', '科幻小说', '赛博朋克', '美国',
'小说', '世界科幻大师丛书', '经典'],
            # 这里填入感兴趣的一些话题
        "books":[]   # 这里填入一些已读过的书籍，会根据读过的书籍自动计算
对不同话题感兴趣的程度
        }
```

数据加载、处理过程，用户群组的分类，向量之间距离的计算以及书籍的推荐过程。

```
In[2]:  # coding=utf-8
        import re
        import pickle
        import json
        import time
        import math
        import os
        # import traceback
        import logging
        import numpy as np
        from sklearn.cluster import KMeans, MiniBatchKMeans


        logging.basicConfig(level=logging.INFO, datefmt='%Y/%m/%d %H:%M:%S',
        format='%(levelname)s \
                        - %(filename)s:%(lineno)d:%(funcName)s - %(message)
        s')
        logger = logging.getLogger(__name__)


        # 参与评分的标签，选自所有图书标签中频数最大的1000个（由于篇幅有限所以未列
        出完整的1000个标签）
        TOP_TAGS = ['', '1', '2008', '2009', '2010', '80后', 'AI',
        'AgathaChristie', 'Analysis', \
                        'Architecture', 'Art', 'BL', 'BLコミック', 'BL小说
        ', 'BL漫画
        ', 'C', 'C#', 'C++', \
                        'C/C++', 'CLAMP', 'Comic', 'DIY', 'Design', 'Economics',
        'English', 'Fantasy', \
                        'Finance', 'HarryPotter', 'IT', 'J.K.罗琳', 'Java',
        'JavaScript', 'LP', 'Linux',\
                        'LonelyPlanet','Math', 'Mathematics', 'Music', 'O&#39;
        Reilly', 'Photography', \
                        'Programming', 'Psychology', 'SF', 'Travel', 'UI', 'Web',
```

```
                'Web开发', 'architecture', \
                    'art', 'bl', 'bl小说', 'business', 'comic', 'css','design',
        'economics', 'fashion',\
                    ......
                    '青春', '青春小说', '青春文学', '青春校园', '革命', '韩国',
        '韩寒', '音乐', '音乐史', \
                    '音乐学','音乐理论', '音乐','项目管理', '领导力', '风弄', '食
        物', '食谱', '饮食', '饮食文化', \
                    '饶雪漫', '香港', '香港文学', '香港文学', '香港电影', '马克
        思', '马克思主义', '高中', '高等教育',\
                    '魏晋南北朝','魏晋南北朝史', '魔幻', '鲁迅', '鲁迅研究', '黑
        格尔', '黑白', '黑色幽默']
        TOP_TAGS_INDEXS = {i:TOP_TAGS.index(i) for i in TOP_TAGS}
        # 用户群组，保存为Python字典形式
        USER_CLUSTERS = {}
        # 将读者的评分数据以及图书标签数据进行处理，保存成Python字典形式
        BOOK_DICT = {}
        USER_DICT = {}
        # 保存最终推荐结果
        out_fp = open (r'./output.txt','w', encoding='utf-8')


        # 保存文件
        def save_pickle(path, data):
            with open(path, 'wb') as fp:
                pickle.dump(data, fp)


        def load_pickle(path):
            with open(path, "rb") as fp:
                return pickle.load(fp)


        def save_json(path, data):
            with open(path, 'w') as fp:
                json.dump(data, fp)


        def load_json(path):
            with open(path, "r") as fp:
                return json.load(fp)


        def save_file(path, data):
            with open(path, "w", encoding="utf-8") as f:
                f.write(data)


        def load_file(path):
            with open(path, "r", encoding="utf-8") as f:
```

```
            return f.read()


    def process_book_data():
        '''
        对图书数据进行处理，保存为Python中的字典形式。bookid为每本书的ID，
        保存的内容为书名以及标签
        原格式：[bookid]::[bookname]::[tags]
        处理后：{
            bookid: {
                "bookname": bookname,
                "tags": tags
            }
            ...
        }
        '''
        path = config.PATH_BOOK_DATA_RAW
        data = load_file(path).strip()

        books_dict = {}
        for line in data.split('\n'):
            bookid, bookname, tags = line.split('::', 2)
            bookname = bookname.strip()
            tags = tags.split()
            books_dict[bookid] = {"bookname":bookname,"tags":tags}
            books_dict[bookname] = {"bookid":bookid,"tags":tags}
            # books_dict2[bookname] = tags

        path = config.PATH_BOOK_DATA
        save_pickle(path, books_dict)
        BOOK_DICT = books_dict

    def process_user_data():
        '''
        对用户评分数据进行处理，feature 为用户特征向量，由读过的书籍计算得出，
并保存为Python
        字典形式。userid为每个用户的ID，review为用户的评分内容为二元数组，
feature为用户的特征
        向量采用的稀疏存储的形式，存储的内容为对应的维度以及权重
        原格式：[userid]::[bookid]::[score]
        处理后：{
            userid: {
                "review": [(bookid1, score1), (bookid2, score2), ... ],
                "feature": {feature1:weight1, feature2:weight2, ...}
```

```
        }
        ...
    }
    '''
    path = config.PATH_USER_DATA_RAW
    data = load_file(path)
    data = data.split()
    data = [i.split('::') for i in data]

    bookcount = {}
    users_dict = {}

    for userid, bookid, score in data:
        try:
            bookcount[userid] += 1
        except:
            bookcount[userid] = 0


    for userid, bookid, score in data:
        if bookcount[userid] < config.USER_MIN_BOOKS:
            continue
        try:
            users_dict[userid]['review'].append((bookid, score))
        except:
            users_dict[userid] = {'review':[(bookid, score)]}

    top_tags = set(TOP_TAGS)
    books_dict = load_books_data()
    # users_dict = load_user_data()
    usercnt = 0
    for userid in users_dict:
        dic = {}
        bookcnt = 0
        for bookid, score in users_dict[userid]['review']:
            if bookid not in books_dict:
                continue
            book_tags = set(books_dict[bookid]['tags'])

            bookcnt += 1
            tags = book_tags & top_tags

            for t in tags:
                try:
```

```
                        dic[t] += 1
                except:
                        dic[t] = 1

            dic = {i:math.sqrt(dic[i]/bookcnt) for i in dic}
            coefficient = math.sqrt(sum([dic[i]**2 for i in dic]))  # 归一
化，使向量模长为1
            dic = {i:dic[i]/coefficient for i in dic}

            users_dict[userid]['feature'] = dic
            usercnt += 1
            if usercnt % 1000 == 0:
                logger.info("processed {}/{}".format(usercnt, len
(users_dict)))

        path = config.PATH_USER_DATA
        save_pickle(path, users_dict)
        USER_DICT = users_dict


    def classify_user():
        '''
        运用 K-Means 算法先对用户进行分组，每组取质心作为组特征向量，计算时先
找到与用户特征向量近的用户组，降低计算量
        '''
        users_dict = load_user_data()
        u = list(users_dict.keys())
        X = np.array([dic2vec(users_dict[i]['feature']) for i in u])
        '''
        由于数据量很大，使用K-Means聚类算法聚类收敛速度比较慢，因此采用了一种
改进的聚类算法MiniBatchKMeans。在牺牲一定精度的情况下大大提升算法的效率。Mini-
 BatchKMeans使用了一种叫作Mini Batch的方法对数据点之间的距离进行计算，计算过程
中未使用到所有的数据样本，而是从不同类别的样本中抽取一部分样本来代表各自类型进
行计算。由于计算样本量在一定程度上的减少，所以在一定程度上会相应地减少运行时间
        '''
        y = MiniBatchKMeans(n_clusters=config.CLUSTER_NUMBER, random_state
=0, verbose=True,\
                        max_no_improvement=100,init_size=3*config.
CLUSTER_NUMBER).fit_predict(X)

        clusters = [{} for _ in range(config.CLUSTER_NUMBER)]
        for i in range(config.CLUSTER_NUMBER):
            users = [u[j] for j in range(len(y)) if y[j]==i]
            vects = [X[j] for j in range(len(y)) if y[j]==i]
            centroid = sum(vects)/len(vects)
```

```
            clusters[i]['users'] = users
            clusters[i]['centroid'] = centroid


        path = config.PATH_CLUSTER_DATA
        save_pickle(path, clusters)
        USER_CLUSTERS = clusters



    def load_books_data():
        print("正在加载书籍数据...")
        print("正在加载书籍数据...", file=out_fp)
        global BOOK_DICT
        if not BOOK_DICT:
            BOOK_DICT = load_pickle(config.PATH_BOOK_DATA)
        return BOOK_DICT

    def load_user_data():
        print("正在加载用户数据...")
        print("正在加载用户数据...", file=out_fp)
        global USER_DICT
        if not USER_DICT:
            USER_DICT = load_pickle(config.PATH_USER_DATA)
        return USER_DICT



    def load_cluster_data():
        print("正在加载用户聚类数据...")
        print("正在加载用户聚类数据...", file=out_fp)
        global USER_CLUSTERS
        if not USER_CLUSTERS:
            USER_CLUSTERS = load_pickle(config.PATH_CLUSTER_DATA)
        return USER_CLUSTERS

    def calc_euclidean_distance(vector1, vector2):
        # 计算两向量的欧几里得距离
        vector1 = np.array(vector1)
        vector2 = np.array(vector2)
        res = np.linalg.norm(vector1-vector2)
        return res

    def calc_cosine_distance(vector1, vector2):
        # 计算两向量的余弦距离
        vector1 = np.array(vector1)
        vector2 = np.array(vector2)
```

```
    res = np.dot(vector1,vector2)/(np.linalg.norm(vector1)*(np.linalg.
norm(vector2)))
        return res



    def dic2vec(features):
        res = [0] * len(TOP_TAGS_INDEXS)
        for i in features:
            if i in TOP_TAGS_INDEXS:
                res[TOP_TAGS_INDEXS[i]] = features[i]
        return res



    def tags2vec(dic):
        coefficient = math.sqrt(sum([dic[i]**2 for i in dic]))  # 归一化,
使向量模长为1
        dic = {i:dic[i]/coefficient for i in dic}

        v = np.array(dic2vec(dic))
        return v


    def show_user(users_dict, books_dict, userid):
        u = users_dict[userid]
        b = [books_dict[bookid]['bookname'] for (bookid, score) in u
['review'] if bookid in books_dict]
        _ = [(val, key) for (key, val) in u['feature'].items()]
        _.sort(reverse=True)

        t = ["{}({})".format(tag,str(score)[:5]) for (score, tag) in _]
        t = ', '.join(t)
        print("[{}] - [{}] - [{}]\n".format(userid, b, t))
        print("[{}] - [{}] - [{}]\n".format(userid, b, t), file=out_fp)


    def recommend_by_feature(vector):
        # 根据用户特征向量进行匹配

        clusters = load_cluster_data()
        books_dict = load_books_data()
        users_dict = load_user_data()
        clu_dist = [(calc_euclidean_distance(vector, clusters[index]
['centroid']), index) for index,\
                    item in enumerate(clusters)]
        clu_dist.sort()
        clu_dist = clu_dist[:config.TOP_CLUSTER_NUM]
```

```
        similar_users = []
        for _, i in clu_dist:
            clu = clusters[i]
            similar_users.extend(clu['users'])

        similar_users = [(calc_euclidean_distance(vector, dic2vec
    (users_dict[item]['feature'])), item) \
                         for index, item in enumerate(similar_users)]
        similar_users.sort()
        similar_users = similar_users[:config.TOP_USER_NUM]

        similar_users = [i for i in similar_users if i[0]>0.5][:20]
        # print(similar_users[:100])
        # for s,n in similar_users[:100][::-1]:
        #     print((n, s))

        recommend_books = []
        for k, u in similar_users:
            books = [(int(score)*k, bookid)  for (bookid, score) in
    users_dict[u]['review']]
            recommend_books.extend(books)

        d = {}
        for score, bookid in recommend_books:
            if bookid in d:
                d[bookid] += score
            else:
                d[bookid] = score

        recommend_books = list(d.items())
        recommend_books.sort(reverse=True,key=lambda x: x[1])
        recommend_books = recommend_books[:100]

        return recommend_books, similar_users


    def process_data():
        if not os.path.exists(config.PATH_BOOK_DATA):
            if not os.path.exists(config.PATH_BOOK_DATA_RAW):
                print("未找到图书数据: {}".format(config.PATH_BOOK_DATA_
    RAW))
                print("未找到图书数据: {}".format(config.PATH_BOOK_DATA_
    RAW),file=out_fp)
```

```
                                exit()
                    print("正在处理图书数据：{}".format(config.PATH_BOOK_DATA_RAW))
                    print("正在处理图书数据：{}".format(config.PATH_BOOK_DATA_RAW),
file=out_fp)
                    process_book_data()
            if not os.path.exists(config.PATH_USER_DATA):
                if not os.path.exists(config.PATH_USER_DATA_RAW):
                    print("未找到用户评分数据：{}".format(config.
PATH_USER_DATA_RAW))
                    print("未找到用户评分数据：{}".format(config.
PATH_USER_DATA_RAW),file=out_fp)
                    exit()
                print("正在处理用户评分数据：{}".format(config.
PATH_USER_DATA_RAW))
                print("正在处理用户评分数据：{}".format(config.
PATH_USER_DATA_RAW),file=out_fp)
                process_user_data()
            if not os.path.exists(config.PATH_CLUSTER_DATA):
                print("正在对用户进行聚类...")
                print("正在对用户进行聚类...",file=out_fp)
                classify_user()
            pass


    # 书籍的推荐，通过用户的相似度以及相似用户的图书的评分进行加权计算并作为书
籍的推荐度
        def recommend(profile):
            top_tags = set(TOP_TAGS)
            books_dict = BOOK_DICT
            dic = {}
            bookcnt = 0
            for bookname in profile['books']:
                if bookname not in books_dict:
                    continue
                book_tags = set(books_dict[bookname]['tags'])
                bookcnt += 1
                tags = book_tags & top_tags
                for t in tags:
                    try:
                        dic[t] += 1
                    except:
                        dic[t] = 1

            for t in profile['tags']:
                try:
```

```
                    dic[t] += (bookcnt // 2) if bookcnt >=2 else 1
                except:
                    dic[t] = (bookcnt // 2) if bookcnt >=2 else 1

            dic = {i:math.sqrt(dic[i]/(bookcnt if bookcnt > 0 else 1)) for i in
    dic}
            coefficient = math.sqrt(sum([dic[i]**2 for i in dic]))   # 归一化,
    使向量模长为1
            dic = {i:dic[i]/coefficient for i in dic}
            vector = tags2vec(dic)
            return recommend_by_feature(vector)


        def load_data():
            load_cluster_data()
            load_books_data()
            load_user_data()
            print("数据加载完成")
            print("数据加载完成",file=out_fp)


        process_data()
        load_data()
Out[2]: 正在加载用户聚类数据...
        正在加载书籍数据...
        正在加载用户数据...
        数据加载完成
```

测试推荐

```
In[3]: recommend_books, similar_users = recommend(profile)

       books_dict = BOOK_DICT
       users_dict = USER_DICT

       print("与您阅读兴趣相似的用户: ")
       print("与您阅读兴趣相似的用户: ",file=out_fp)
       for sim, user in similar_users[::-1]:
           print("UserID: {} 相似度: {:.3}".format(user, sim))
           print("UserID: {} 相似度: {:.3}".format(user, sim),file=out_fp)
           books = [(books_dict[i[0]]['bookname']+"  评分: {}".format(i[1]))
       for i in users_dict[user]['review']\
                       if i[0] in books_dict]
           print("Ta 读过的书: \n    {}".format("\n    ".join(books)))
           print("Ta 读过的书: \n    {}".format("\n    ".join(books)),file=
```

```
out_fp)

        print("\n为您推荐的书籍: ")
        print("\n为您推荐的书籍: ",file=out_fp)

        # 显示推荐内容，格式为 [推荐指数, bookname, booktags]
        for bookid, val in recommend_books:
            if bookid not in books_dict:
                continue
            item = books_dict[bookid]
            if item['bookname'] in profile['books']:
                continue
            print('推荐度[{:.4}] - [{}] - [{}]'.format(val, item['bookname'],
    item['tags']))
            print('推荐度[{:.4}] - [{}] - [{}]'.format(val, item['bookname'],
    item['tags']),file=out_fp)
```

Out[3]: 正在加载用户聚类数据\cdots

正在加载书籍数据\cdots

正在加载用户数据\cdots

与您阅读兴趣相似的用户:

UserID: flotufox 相似度: 0.516

Ta 读过的书:

    魔法之源　评分: 5

    安珀九王子　评分: 3

    宾克的魔法　评分: 4

    严厉的月亮　评分: 5

    魔法的颜色　评分: 4

    外星屠异　评分: 3

    双星　评分: 3

    红色海洋　评分: 5

    银河系公民　评分: 4

    莱博维茨的赞歌　评分: 3

    被毁灭的人　评分: 4

    Shadow of the Hegemon　评分: 4

    迟暮鸟语　评分: 5

    红火星　评分: 5

    海伯利安　评分: 5

UserID: 35262819 相似度: 0.515

Ta 读过的书:

雪崩　评分: 3

为和平而战　评分: 5

实时放逐　评分: 4

弗诺·文奇科幻小说集　评分: 5

彩虹尽头　评分: 5

飞城　评分：5

环形世界　评分：4

宇宙尽头的餐馆　评分：5

带上她的眼睛　评分：4

拜拜，多谢你们的鱼　评分：5

宿主　评分：4

生命、宇宙以及一切　评分：5

火星编年史　评分：4

十字　评分：5

光明王　评分：4

基本上无害　评分：5

时间足够你爱　评分：4

......

UserID：3566321　相似度：0.501

Ta 读过的书：

科幻之路（第四卷）　评分：5

星丛　评分：5

科幻之路（第一卷）　评分：4

科幻之路（第六卷）　评分：5

星云：格兰格尔5号　评分：4

战争学徒　评分：4

沙丘救世主　评分：5

沙丘之子　评分：5

金羊毛　评分：5

贵族们的游戏　评分：4

为您推荐的书籍：

推荐度[15.37] - [银河系公民] - [['科幻', '海因莱因', '罗伯特·海因莱因', '小说', '科幻小说',
'世界科幻大师丛书', '银河系公民', '太空歌剧']]

推荐度[12.73] - [迟暮鸟语] - [['科幻', '反乌托邦', '迟暮鸟语', '雨果奖', '小说', '美国',
'世界科幻大师丛书', '科幻小说']]

推荐度[11.72] - [光明王] - [['科幻', '罗杰·泽拉兹尼', '奇幻', '美国', '小说', '科幻小说', '新浪潮',
'世界科幻大师丛书']]

推荐度[10.19] - [基地与帝国] - [['科幻', '阿西莫夫', '基地系列', '小说', '科幻小说', '美国',
'经典', '基地']]

推荐度[9.222] - [时间足够你爱] - [['科幻', '海因莱因', '罗伯特·A·海因莱因', '小说', '科幻小说', '美国',
'时间足够你爱', '世界科幻大师丛书']]

......

推荐度[2.576] - [弗诺·文奇科幻小说集] - [['科幻', '弗诺·文奇', '科幻小说', '小说', '美国', '赛博朋克',

```
     '世界科幻大师丛书', '无政府主义']]
     推荐度[2.576] - [十字] - [['科幻', '王晋康', '中国', '科幻小说', '小说',
 '中国科幻', '十字', '基石系列']]
```

同时把上述的书籍推荐结果保存到 output.txt 文件中。

15.3　综合实例三

在综合实例二中我们实现了一个基于用户的协同过滤算法，本节将利用百度的深度学习框架飞桨（PaddlePaddle）来继续实现基于深度学习的个性化电影推荐算法。在 8.4.3 节"飞桨概述——深度学习开源平部 PaddlePaddle"已经对飞桨进行了概述，本节就不再赘述飞桨框架的细节。我们将使用深度神经网络模型提取用户数据、电影特征的特征向量，然后计算这些向量的相似度，利用相似度的大小实现推荐算法。

本节将使用 GroupLens Research 的 ml-1m 电影推荐数据集来训练我们的模型，ml-1m 从 MovieLens 网站上抓取了 6000 多位用户对近 3900 部电影的共 100 万条评分数据，评分均为 1~5 的整数，其中每部电影都有超过 20 条评分数据。ml-1m 数据集可从 https://grouplens.org/datasets/movielens/1m/ 处下载。解压数据集可得到 3 个文件：

（1）users.dat，存储用户属性信息的文本格式文件；

（2）movies.dat，存储电影属性信息的文本格式文件；

（3）ratings.dat，存储电影评分信息的文本格式文件。

在模型训练之前，我们需要对数据集进行预处理。分别将数据集中的用户数据、电影数据和评分数据存储到字典中，将各个字典中的数据拼接，形成数据读取器。

1. 数据集准备

用户数据文件 user.dat 中的数据格式为：UserID::Gender::Age::Occupation::Zip-code。每一行表示一个用户的数据，以: 隔开，第一列到最后一列分别表示 UserID、Gender、Age、Occupation、Zip-code。本实验中，数据处理分为如下几步：

（1）读取用数据，存到字典；

（2）读取电影数据，存到字典；

（3）读取评分数据，存到字典；

（4）读取海报数据，存到字典；

（5）将各个字典中的数据拼接，形成数据读取器；

（6）划分训练集和验证集，生成迭代器，每次提供一个批次的数据。

首先导入相关包，并定义一个类来执行数据处理的操作：

```
In[1]:  import random
        import numpy as np
        from PIL import Image


        class MovieLen(object):
```

```python
def __init__(self, use_poster):
    self.use_poster = use_poster
    # 声明每个数据文件的路径
    usr_info_path = "./data/data19736/ml-1m/users.dat"
    if use_poster:
        rating_path = "./data/data19736/ml-1m/new_rating.txt"
    else:
        rating_path = "./data/data19736/ml-1m/ratings.dat"

    movie_info_path = "./data/data19736/ml-1m/movies.dat"
    self.poster_path = "./data/data19736/ml-1m/posters/"
    # 得到电影数据
    self.movie_info, self.movie_cat, self.movie_title = self.
get_movie_info(movie_info_path)
    # 记录电影的最大ID
    self.max_mov_cat = np.max([self.movie_cat[k] for k in self.
movie_cat])
    self.max_mov_tit = np.max([self.movie_title[k] for k in self.
movie_title])
    self.max_mov_id = np.max(list(map(int, self.movie_info.
keys())))
    # 记录用户数据的最大ID
    self.max_usr_id = 0
    self.max_usr_age = 0
    self.max_usr_job = 0
    # 得到用户数据
    self.usr_info = self.get_usr_info(usr_info_path)
    # 得到评分数据
    self.rating_info = self.get_rating_info(rating_path)
    # 构建数据集
    self.dataset = self.get_dataset(usr_info=self.usr_info,
                                    rating_info=self.rating_info,
                                    movie_info=self.movie_info)
    # 划分数据集，获得数据加载器
    self.train_dataset = self.dataset[:int(len(self.dataset)*0.9)]
    self.valid_dataset = self.dataset[int(len(self.dataset)*0.9):]
    print("##Total dataset instances: ", len(self.dataset))
    print("##MovieLens dataset information: \nusr num: {}\n"
          "movies num: {}".format(len(self.usr_info),len(self.
movie_info)))
```

在数据处理类中，定义 3 个数据处理函数，分别处理 3 个数据文件：

```
In[2]:    # 得到电影数据
       def get_movie_info(self, path):
           # 打开文件，编码方式选择ISO-8859-1，读取所有数据到data中
           with open(path, 'r', encoding="ISO-8859-1") as f:
               data = f.readlines()
           # 建立三个字典，分别用户存放电影所有信息，电影的名字信息、类别信息
           movie_info, movie_titles, movie_cat = {}, {}, {}
           # 对电影名字、类别中不同的单词计数
           t_count, c_count = 1, 1

           count_tit = {}
           # 按行读取数据并处理
           for item in data:
               item = item.strip().split("::")
               v_id = item[0]
               v_title = item[1][:-7]
               cats = item[2].split('|')
               v_year = item[1][-5:-1]

               titles = v_title.split()
               # 统计电影名字的单词，并给每个单词一个序号，放在movie_titles中
               for t in titles:
                   if t not in movie_titles:
                       movie_titles[t] = t_count
                       t_count += 1
               # 统计电影类别单词，并给每个单词一个序号，放在movie_cat中
               for cat in cats:
                   if cat not in movie_cat:
                       movie_cat[cat] = c_count
                       c_count += 1
               # 补0使电影名称对应的列表长度为15
               v_tit = [movie_titles[k] for k in titles]
               while len(v_tit)<15:
                   v_tit.append(0)
               # 补0使电影种类对应的列表长度为6
               v_cat = [movie_cat[k] for k in cats]
               while len(v_cat)<6:
                   v_cat.append(0)
               # 保存电影数据到movie_info中
               movie_info[v_id] = {'mov_id': int(v_id),'title': v_tit,
       'category': v_cat,
                                   'years': int(v_year)}
           return movie_info, movie_cat, movie_titles
```

```python
# 得到用户数据
def get_usr_info(self, path):
    # 性别转换函数，M-0，F-1
    def gender2num(gender):
        return 1 if gender == 'F' else 0
        # 打开文件，读取所有行到data中
    with open(path, 'r') as f:
        data = f.readlines()
    # 建立用户信息的字典
    use_info = {}

    max_usr_id = 0
    #按行索引数据
    for item in data:
        # 去除每一行中和数据无关的部分
        item = item.strip().split("::")
        usr_id = item[0]
        # 将字符数据转成数字并保存在字典中
        use_info[usr_id] = {'usr_id': int(usr_id),
                            'gender': gender2num(item[1]),
                            'age': int(item[2]),
                            'job': int(item[3])}
        self.max_usr_id = max(self.max_usr_id, int(usr_id))
        self.max_usr_age = max(self.max_usr_age, int(item[2]))
        self.max_usr_job = max(self.max_usr_job, int(item[3]))
    return use_info
    # 得到评分数据
def get_rating_info(self, path):
    # 读取文件里的数据
    with open(path, 'r') as f:
        data = f.readlines()
    # 将数据保存在字典中并返回
    rating_info = {}
    for item in data:
        item = item.strip().split("::")
        usr_id,movie_id,score = item[0],item[1],item[2]
        if usr_id not in rating_info.keys():
            rating_info[usr_id] = {movie_id:float(score)}
        else:
            rating_info[usr_id][movie_id] = float(score)
    return rating_info
```

在获取并处理数据之后，利用这些数据制作一个数据读取函数，整合得到的数据，方便后续调用。

```
In[3]:   def load_data(self, dataset=None, mode='train'):
            use_poster = False
            # 定义数据迭代Batch大小
            BATCHSIZE = 256

            data_length = len(dataset)
            index_list = list(range(data_length))
            # 定义数据迭代加载器
            def data_generator():
                # 训练模式下，打乱训练数据
                if mode == 'train':
                    random.shuffle(index_list)
                # 声明每个特征的列表
                usr_id_list,usr_gender_list,usr_age_list,usr_job_list = [], [],
        [], []

                mov_id_list,mov_tit_list,mov_cat_list,mov_poster_list = [], [],
        [], []

                score_list = []
                # 索引遍历输入数据集
                for idx, i in enumerate(index_list):
                    # 获得特征数据保存到对应特征列表中
                    usr_id_list.append(dataset[i]['usr_info']['usr_id'])
                    usr_gender_list.append(dataset[i]['usr_info']['gender'])
                    usr_age_list.append(dataset[i]['usr_info']['age'])
                    usr_job_list.append(dataset[i]['usr_info']['job'])

                    mov_id_list.append(dataset[i]['mov_info']['mov_id'])
                    mov_tit_list.append(dataset[i]['mov_info']['title'])
                    mov_cat_list.append(dataset[i]['mov_info']['category'])
                    mov_id = dataset[i]['mov_info']['mov_id']

                    if use_poster:
                        # 不使用图像特征时，不读取图像数据，加快数据读取速度
                        poster = Image.open(self.poster_path+'mov_id{}.jpg'.
        format(str(mov_id[0])))
                        poster = poster.resize([64, 64])
                        if len(poster.size) <= 2:
                            poster = poster.convert("RGB")

                        mov_poster_list.append(np.array(poster))

                    score_list.append(int(dataset[i]['scores']))
                    # 如果读取的数据量达到当前的batch大小，就返回当前批次
```

```
                    if len(usr_id_list)==BATCHSIZE:
                        # 转换列表数据为数组形式，reshape到固定形状
                        usr_id_arr = np.array(usr_id_list)
                        usr_gender_arr = np.array(usr_gender_list)
                        usr_age_arr = np.array(usr_age_list)
                        usr_job_arr = np.array(usr_job_list)

                        mov_id_arr = np.array(mov_id_list)
                        mov_cat_arr = np.reshape(np.array(mov_cat_list),
    [BATCHSIZE, 6]).astype(np.int64)
                        mov_tit_arr = np.reshape(np.array(mov_tit_list), \
                                            [BATCHSIZE, 1, 15]).astype(np.
    int64)

                        if use_poster:
                            mov_poster_arr = np.reshape(np.array
    (mov_poster_list)/127.5 - 1, \
                                                [BATCHSIZE, 3, 64, 64]).
    astype(np.float32)
                        else:
                            mov_poster_arr = np.array([0.])

                        scores_arr = np.reshape(np.array(score_list), [-1, 1]).
    astype(np.float32)

                        # 放回当前批次数据
                        yield [usr_id_arr, usr_gender_arr, usr_age_arr,
    usr_job_arr], \
                                [mov_id_arr, mov_cat_arr, mov_tit_arr,
    mov_poster_arr], scores_arr

                        # 清空数据
                        usr_id_list, usr_gender_list, usr_age_list,
    usr_job_list = [], [], [], []
                        mov_id_list, mov_tit_list, mov_cat_list, score_list =
    [], [], [], []
                        mov_poster_list = []
            return data_generator
```

下面来验证数据集处理函数的正确性：

```
In[4]:  # 声明数据读取类
        dataset = MovieLen(False)
        # 定义数据读取器
```

```
        train_loader = dataset.load_data(dataset=dataset.train_dataset, mode=
    'train')
            # 迭代的读取数据， Batchsize = 256
            for idx, data in enumerate(train_loader()):
                usr, mov, score = data
                print("打印用户ID, 性别，年龄，职业数据的维度: ")
                for v in usr:
                print(v.shape)
            print("打印电影ID, 名字，类别数据的维度: ")
            for v in mov:
                print(v.shape)
            break
```

```
Out[4]: ##Total dataset instances: 1000209
        ##MovieLens dataset information:
        usr num: 6040
        movies num: 3883
        打印用户ID, 性别，年龄，职业数据的维度:
        (256,)
        (256,)
        (256,)
        (256,)
        打印电影ID, 名字，类别数据的维度:
        (256,)
        (256, 6)
        (256, 1, 15)
        (1,)
```

2. 模型的构建

我们设计一个神经网络模型，使用全连接层和卷积层来提取数据集特征，计算特征向量的相似度，根据相似度来完成推荐任务。网络结构如下：

（1）输入层：提取用户特征和电影特征。

（2）Embedding 层：将用户 ID 映射为向量表示，输入全连接层。

（3）全连接层提取电影特征，映射为向量表示。

（4）得到用户和电影的向量表示后，计算二者的余弦相似度。最后，用该相似度和用户真实评分的均方差作为该回归模型的损失函数。

首先导入相关的包：

```
In[5]:  import random
        import numpy as np
        from PIL import Image
        import paddle.fluid as fluid
```

```
import paddle.fluid.dygraph as dygraph
from paddle.fluid.dygraph import Linear, Embedding, Conv2D, Pool2D
```

构建模型:

```
In[6]:  class Model(dygraph.layers.Layer):
            def __init__(self, use_poster, use_mov_title, use_mov_cat,
        use_age_job):
                super(Model, self).__init__()

                # 将传入的name信息和bool型参数添加到模型类中
                self.use_mov_poster = use_poster
                self.use_mov_title = use_mov_title
                self.use_usr_age_job = use_age_job
                self.use_mov_cat = use_mov_cat

                # 获取数据集的信息,并构建训练和验证集的数据迭代器
                Dataset = MovieLen(self.use_mov_poster)
                self.Dataset = Dataset
                self.trainset = self.Dataset.train_dataset
                self.valset = self.Dataset.valid_dataset
                self.train_loader = self.Dataset.load_data(dataset=self.
        trainset, mode='train')
                self.valid_loader = self.Dataset.load_data(dataset=self.valset,
         mode='valid')

                """ define network layer for embedding usr info """
                USR_ID_NUM = Dataset.max_usr_id + 1
                # 对用户ID做映射,并紧接着一个Linear层
                self.usr_emb = Embedding([USR_ID_NUM, 32], is_sparse=False)
                self.usr_fc = Linear(32, 32)

                # 对用户性别信息做映射,并紧接着一个Linear层
                USR_GENDER_DICT_SIZE = 2
                self.usr_gender_emb = Embedding([USR_GENDER_DICT_SIZE, 16])
                self.usr_gender_fc = Linear(16, 16)

                # 对用户年龄信息做映射,并紧接着一个Linear层
                USR_AGE_DICT_SIZE = Dataset.max_usr_age + 1
                self.usr_age_emb = Embedding([USR_AGE_DICT_SIZE, 16])
                self.usr_age_fc = Linear(16, 16)

                # 对用户职业信息做映射,并紧接着一个Linear层
                USR_JOB_DICT_SIZE = Dataset.max_usr_job + 1
```

```python
        self.usr_job_emb = Embedding([USR_JOB_DICT_SIZE, 16])
        self.usr_job_fc = Linear(16, 16)

        # 新建一个Linear层，用于整合用户数据信息
        self.usr_combined = Linear(80, 200, act='tanh')
        """ define network layer for embedding usr info """
        # 对电影ID信息做映射，并紧接着一个Linear层
        MOV_DICT_SIZE = Dataset.max_mov_id + 1
        self.mov_emb = Embedding([MOV_DICT_SIZE, 32])
        self.mov_fc = Linear(32, 32)

        # 对电影类别做映射
        CATEGORY_DICT_SIZE = len(Dataset.movie_cat) + 1
        self.mov_cat_emb = Embedding([CATEGORY_DICT_SIZE, 32],
is_sparse=False)
        self.mov_cat_fc = Linear(32, 32)

        # 对电影名称做映射
        MOV_TITLE_DICT_SIZE = len(Dataset.movie_title) + 1
        self.mov_title_emb = Embedding([MOV_TITLE_DICT_SIZE, 32],
is_sparse=False)
        self.mov_title_conv = Conv2D(1, 1, filter_size=(3, 1), stride
=(2,1), padding=0, act='relu')
        self.mov_title_conv2 = Conv2D(1, 1, filter_size=(3, 1), stride
=1, padding=0, act='relu')

        # 新建一个FC层，用于整合电影特征
        self.mov_concat_embed = Linear(96, 200, act='tanh')

    # 定义计算用户特征的前向运算过程
    def get_usr_feat(self, usr_var):
        """ get usr features"""
        # 获取到用户数据
        usr_id, usr_gender, usr_age, usr_job = usr_var
        # 将用户的ID数据经过embedding和Linear计算，得到的特征保存在
feats_collect中
        feats_collect = []
        usr_id = self.usr_emb(usr_id)
        usr_id = self.usr_fc(usr_id)
        usr_id = fluid.layers.relu(usr_id)
        feats_collect.append(usr_id)

        # 计算用户的性别特征，并保存在feats_collect中
        usr_gender = self.usr_gender_emb(usr_gender)
```

```
            usr_gender = self.usr_gender_fc(usr_gender)
            usr_gender = fluid.layers.relu(usr_gender)
            feats_collect.append(usr_gender)
            # 选择是否使用用户的年龄-职业特征
            if self.use_usr_age_job:
                # 计算用户的年龄特征，并保存在feats_collect中
                usr_age = self.usr_age_emb(usr_age)
                usr_age = self.usr_age_fc(usr_age)
                usr_age = fluid.layers.relu(usr_age)
                feats_collect.append(usr_age)
                # 计算用户的职业特征，并保存在feats_collect中
                usr_job = self.usr_job_emb(usr_job)
                usr_job = self.usr_job_fc(usr_job)
                usr_job = fluid.layers.relu(usr_job)
                feats_collect.append(usr_job)

            # 将用户的特征级联，并通过Linear层得到最终的用户特征
            usr_feat = fluid.layers.concat(feats_collect, axis=1)
            usr_feat = self.usr_combined(usr_feat)
            return usr_feat

            # 定义电影特征的前向计算过程
    def get_mov_feat(self, mov_var):
        """ get movie features"""
        # 获得电影数据
        mov_id, mov_cat, mov_title, mov_poster = mov_var
        feats_collect = []
        # 获得batchsize的大小
        batch_size = mov_id.shape[0]
        # 计算电影ID的特征，并存在feats_collect中
        mov_id = self.mov_emb(mov_id)
        mov_id = self.mov_fc(mov_id)
        mov_id = fluid.layers.relu(mov_id)
        feats_collect.append(mov_id)

        # 如果使用电影的种类数据，计算电影种类特征的映射
        if self.use_mov_cat:
            # 计算电影种类的特征映射，对多个种类的特征求和得到最终特征
            mov_cat = self.mov_cat_emb(mov_cat)
            mov_cat = fluid.layers.reduce_sum(mov_cat, dim=1, keep_dim=
False)

            mov_cat = self.mov_cat_fc(mov_cat)
            feats_collect.append(mov_cat)
```

```
            if self.use_mov_title:
                # 计算电影名字的特征映射，对特征映射使用卷积计算最终的特征
                mov_title = self.mov_title_emb(mov_title)
                mov_title = self.mov_title_conv2(self.mov_title_conv(
mov_title))
                mov_title = fluid.layers.reduce_sum(mov_title, dim=2,
keep_dim=False)
                mov_title = fluid.layers.relu(mov_title)
                mov_title = fluid.layers.reshape(mov_title, [batch_size,
-1])
                feats_collect.append(mov_title)

            # 使用一个全连接层，整合所有电影特征，映射为一个200维的特征向量
            mov_feat = fluid.layers.concat(feats_collect, axis=1)
            mov_feat = self.mov_concat_embed(mov_feat)
            return mov_feat

        # 定义个性化推荐算法的前向计算
        def forward(self, usr_var, mov_var):
            # 计算用户特征和电影特征
            usr_feat = self.get_usr_feat(usr_var)
            mov_feat = self.get_mov_feat(mov_var)
            # 根据计算的特征计算相似度
            res = fluid.layers.cos_sim(usr_feat, mov_feat)
            # 将相似度扩大范围到和电影评分相同数据范围
            res = fluid.layers.scale(res, scale=5)
            return usr_feat, mov_feat, res
```

3. 训练模型

模型训练之前我们需要设置好训练参数，我们选择在 CPU 上训练，优化器使用 Adam，学习率设置为 0.01，一共训练 5 个 epoch。我们使用均方差损失函数来训练网络模型。

```
In[7]:  def train(model):
            # 配置训练参数
            use_gpu = True
            lr = 0.01
            Epoches = 10
            place = fluid.CUDAPlace(0) if use_gpu else fluid.CPUPlace()
            with fluid.dygraph.guard(place):
                # 启动训练
                model.train()
                # 获得数据读取器
```

```
            data_loader = model.train_loader
            # 使用adam优化器，学习率使用0.01
            opt = fluid.optimizer.Adam(learning_rate=lr, parameter_list=
model.parameters())
            for epoch in range(0, Epoches):
                for idx, data in enumerate(data_loader()):
                # 获得数据，并转为动态图格式
                usr, mov, score = data
                usr_v = [dygraph.to_variable(var) for var in usr]
                mov_v = [dygraph.to_variable(var) for var in mov]
                scores_label = dygraph.to_variable(score)
                # 计算出算法的前向计算结果
                _, _, scores_predict = model(usr_v, mov_v)
                # 计算loss
                loss = fluid.layers.square_error_cost(scores_predict,
scores_label)
                avg_loss = fluid.layers.mean(loss)
                if idx % 500 == 0:
                    print("epoch: {}, batch_id: {}, loss is: {}".format(
epoch, idx, avg_loss.numpy())))

                # 损失函数下降，并清除梯度
                avg_loss.backward()
                opt.minimize(avg_loss)
                model.clear_gradients()
            # 每个epoch 保存一次模型
            fluid.save_dygraph(model.state_dict(), './checkpoint/epoch'+str
(epoch))
```

启动训练：

```
In[8]:  # 启动训练
        with dygraph.guard():
            use_poster, use_mov_title, use_mov_cat, use_age_job = False, True,
    True, True
            model = Model(use_poster, use_mov_title, use_mov_cat, use_age_job)
            train(model)
```

我们在验证集上分别使用评分预测精度 ACC 和评分预测误差 MAE 来对模型进行
评估：

```
In[9]:  def evaluation(model, params_file_path):
            use_gpu = False
            place = fluid.CUDAPlace(0) if use_gpu else fluid.CPUPlace()
```

```
        with fluid.dygraph.guard(place):

            model_state_dict, _ = fluid.load_dygraph(params_file_path)
            model.load_dict(model_state_dict)
            model.eval()
            acc_set = []
            avg_loss_set = []
            for idx, data in enumerate(model.valid_loader()):
                usr, mov, score_label = data
                usr_v = [dygraph.to_variable(var) for var in usr]
                mov_v = [dygraph.to_variable(var) for var in mov]
                _, _, scores_predict = model(usr_v, mov_v)
                pred_scores = scores_predict.numpy()
                avg_loss_set.append(np.mean(np.abs(pred_scores -
    score_label)))

                diff = np.abs(pred_scores - score_label)
                diff[diff>0.5] = 1
                acc = 1 - np.mean(diff)
                acc_set.append(acc)
            return np.mean(acc_set), np.mean(avg_loss_set)

    param_path = "./checkpoint/epoch"
    for i in range(10):
        acc, mae = evaluation(model, param_path+str(i))
        print("ACC:", acc, "MAE:", mae)
```
```
Out[7]: ACC: 0.2849828647497373 MAE: 0.7953058
        ACC: 0.28075971465844374 MAE: 0.8054555
        ACC: 0.2809302799212627 MAE: 0.8084845
        ACC: 0.287380808362594 MAE: 0.8033229
        ACC: 0.27486086388429004 MAE: 0.8064251
        ACC: 0.2836801825425564 MAE: 0.8014577
        ACC: 0.28654566659377173 MAE: 0.8000826
        ACC: 0.2932197832144224 MAE: 0.8060177
        ACC: 0.2940029351375042 MAE: 0.7995302
        ACC: 0.2947292012281907 MAE: 0.7958158
```

将提取出来的代表用户和电影的特征向量保存至本地，基于这两个向量构建推荐系统：

```
In[8]: from PIL import Image
       # 加载第三方库Pickle，用来保存Python数据到本地
       import pickle
```

```python
# 定义特征保存函数
def get_usr_mov_features(model, params_file_path, poster_path):
    use_gpu = False
    place = fluid.CUDAPlace(0) if use_gpu else fluid.CPUPlace()
    usr_pkl = {}
    mov_pkl = {}

    # 定义将list中每个元素转成variable的函数
    def list2variable(inputs, shape):
        inputs = np.reshape(np.array(inputs).astype(np.int64), shape)
        return fluid.dygraph.to_variable(inputs)

    with fluid.dygraph.guard(place):
        # 加载模型参数到模型中，设置为验证模式eval（）
        model_state_dict, _ = fluid.load_dygraph(params_file_path)
        model.load_dict(model_state_dict)
        model.eval()
        # 获得整个数据集的数据
        dataset = model.Dataset.dataset

        for i in range(len(dataset)):
            # 获得用户数据，电影数据，评分数据
            # 本用例只转换所有在样本中出现过的user和movie，实际中可以使用
# 业务系统中的全量数据
            usr_info, mov_info, score = dataset[i]['usr_info'], dataset
[i]['mov_info'],dataset[i]['scores']
            usrid = str(usr_info['usr_id'])
            movid = str(mov_info['mov_id'])

            # 获得用户数据，计算得到用户特征，保存在usr_pkl字典中
            if usrid not in usr_pkl.keys():
                usr_id_v = list2variable(usr_info['usr_id'], [1])
                usr_age_v = list2variable(usr_info['age'], [1])
                usr_gender_v = list2variable(usr_info['gender'], [1])
                usr_job_v = list2variable(usr_info['job'], [1])
                usr_in = [usr_id_v, usr_gender_v, usr_age_v, usr_job_v]
                usr_feat = model.get_usr_feat(usr_in)
                usr_pkl[usrid] = usr_feat.numpy()

            # 获得电影数据，计算得到电影特征，保存在mov_pkl字典中
            if movid not in mov_pkl.keys():
                mov_id_v = list2variable(mov_info['mov_id'], [1])
                mov_tit_v = list2variable(mov_info['title'], [1, 1,
15])
```

```
                              mov_cat_v = list2variable(mov_info['category'], [1, 6])
                              mov_in = [mov_id_v, mov_cat_v, mov_tit_v, None]
                              mov_feat = model.get_mov_feat(mov_in)
                              mov_pkl[movid] = mov_feat.numpy()

                   print(len(mov_pkl.keys()))
                   # 保存特征到本地
                   pickle.dump(usr_pkl, open('./usr_feat.pkl', 'wb'))
                   pickle.dump(mov_pkl, open('./mov_feat.pkl', 'wb'))
                   print("usr / mov features saved!!!")


            param_path = "./checkpoint/epoch7"
            poster_path = "./work/ml-1m/posters/"
            get_usr_mov_features(model, param_path, poster_path)
```

4. 电影推荐

```
In[9]:  import pickle
        import numpy as np
        import paddle.fluid as fluid
        import paddle.fluid.dygraph as dygraph

        mov_feat_dir = 'mov_feat.pkl'
        usr_feat_dir = 'usr_feat.pkl'
        usr_feats = pickle.load(open(usr_feat_dir, 'rb'))
        mov_feats = pickle.load(open(mov_feat_dir, 'rb'))
        usr_id = 2
        usr_feat = usr_feats[str(usr_id)]


        mov_id = 1
        # 通过电影ID索引到电影特征
        mov_feat = mov_feats[str(mov_id)]
        # 电影特征的路径
        movie_data_path = "./work/ml-1m/movies.dat"
        mov_info = {}
        # 打开电影数据文件，根据电影ID索引到电影信息
        with open(movie_data_path, 'r', encoding="ISO-8859-1") as f:
            data = f.readlines()
            for item in data:
                item = item.strip().split("::")
                mov_info[str(item[0])] = item
        usr_file = "./work/ml-1m/users.dat"
        usr_info = {}
```

```python
# 打开文件，读取所有行到data中
with open(usr_file, 'r') as f:
    data = f.readlines()
    for item in data:
        item = item.strip().split("::")
        usr_info[str(item[0])] = item


print("当前的用户是: ")
print("usr_id:", usr_id, usr_info[str(usr_id)])
print("对应的特征是: ", usr_feats[str(usr_id)])


print("\n当前电影是: ")
print("mov_id:", mov_id, mov_info[str(mov_id)])
print("对应的特征是: ")
print(mov_feat)


# 根据用户ID获得该用户的特征
usr_ID = 2
# 读取保存的用户特征
usr_feat_dir = 'usr_feat.pkl'
usr_feats = pickle.load(open(usr_feat_dir, 'rb'))
# 根据用户ID索引到该用户的特征
usr_ID_feat = usr_feats[str(usr_ID)]


# 记录计算的相似度
cos_sims = []
# 记录下与用户特征计算相似的电影顺序
with dygraph.guard():
    # 索引电影特征，计算和输入用户ID的特征的相似度
    for idx, key in enumerate(mov_feats.keys()):
        mov_feat = mov_feats[key]
        usr_feat = dygraph.to_variable(usr_ID_feat)
        mov_feat = dygraph.to_variable(mov_feat)

        # 计算余弦相似度
        sim = fluid.layers.cos_sim(usr_feat, mov_feat)
        # 打印特征和相似度的形状
        if idx==0:
            print("电影特征形状: {}, 用户特征形状: {}, 相似度结果形状: \
{}, 相似度结果: {}".format \
                    (mov_feat.shape, usr_feat.shape, sim.numpy().shape,
 sim.numpy()))
        # 从形状为（1, 1）的相似度sim中获得相似度值sim.numpy()[0][0]，并
添加到相似度列表cos_sims中
```

```
                    cos_sims.append(sim.numpy()[0][0])

        # 3. 对相似度排序，获得最大相似度在cos_sims中的位置
        index = np.argsort(cos_sims)
        # 打印相似度最大的前topk个位置
        topk = 5
        print("相似度最大的前{}个索引是{}\n对应的相似度是：{}\n".format(topk,
index[-topk:], [cos_sims[k] \
                for k in index[-topk:]]))

        for i in index[-topk:]:
            print("对应的电影分别是：movie:{}".format(mov_info[list(mov_feats.
keys())[i]]))
```

Out[9]: 当前的用户是：

　　　usr_id: 2 ['2', 'M', '56', '16', '70072']

　　　推荐可能喜欢的电影是：

　　　mov_id: 3468 ['3468', 'Hustler, The (1961)', 'Drama']

　　　mov_id: 3089 ['3089', 'Bicycle Thief, The (Ladri di biciclette) (1948)
', 'Drama']

　　　mov_id: 3730 ['3730', 'Conversation, The (1974)', 'Drama|Mystery']

　　　mov_id: 3134 ['3134', 'Grand Illusion (Grande illusion, La) (1937)', '
Drama|War']

　　　mov_id: 3853 ['3853', 'Tic Code, The (1998)', 'Drama']

　　　mov_id: 1263 ['1263', 'Deer Hunter, The (1978)', 'Drama|War']

15.4　综合实例四

　　本节将使用飞桨实现一个使用 DQN 网络的强化学习模型。强化学习在自动驾驶、连续控制等领域表现优异，大名鼎鼎的阿尔法狗、王者荣耀对抗 AI 等均通过强化学习算法实现。

　　本节构建一个 DQN 网络模型作为代理，实现对经典游戏 CartPole-v1 的控制。CartPole-v1 是强化学习的开发套件，包含了多个强化学习的应用场景。在 CartPole-v1 中，当代理观察环境的当前状态并选择一个动作时，环境会转换为新状态，并返回指示该动作后果的奖励。在此任务中，每增加一个时间步长，奖励 +1；如果杆子掉落得太远或手推车离中心的距离超过 2.4 个单位，则环境终止。

　　DQN 网络全称为 Deep Q Network，结合了 Q-Learning 算法和神经网络，将 Q-Learning 的 Q 表变成了 Q-Network。DQN 的伪代码如下：

Algorithm 1 Deep Q-learning with experience replay

Initialize replay memory D to capacity N
Initialize action-value function Q with random weights θ
Initialize target action-value function $\hat{Q}$ with weights $\theta^- = \theta$
for episode $1, M$ **do** Initialize sequence $s_1 = \{x_1\}$ and preprocessed sequence $\phi_1 = \phi(s_1)$
    for $t = 1, T$ **do**
        With probability ε select a random action a_t
        otherwise select $a_t = \arg\max_a Q(\phi(s_t), a; \theta)$
        Execute action a_t in the emulator and observe reward r_t and image x_{t+1}
        Set $s_{t+1} = s_t, a_t, x_{t+1}$ and preprocess $\phi_{t+1} = \phi(s_{t+1})$
        Store experience $(\phi_t, a_t, r_t, \phi_{t+1})$ in D
        Sample random minibatch of experiences $(\phi_j, a_j, r_j, \phi_{j+1})$ from D
        Set $y_j = \begin{cases} r_j & \text{if episode terminates at step } j+1 \\ r_j + \gamma \max_{a'} \hat{Q}(\phi_{j+1}, a'; \theta^-) & \text{otherwise} \end{cases}$
        Perform a gradient descent step on $(y_j - Q(\phi_j, a_j; \theta))^2$ with respect to the weights θ
        Every C steps reset $\hat{Q} = Q$
    end for
end for

首先导入模型构建所需的相关包:

```
In[1]:    import numpy as np
          import paddle.fluid as fluid
          import random
          import gym
          from collections import deque
          from paddle.fluid.param_attr import ParamAttr
```

定义一个四层的全连接层,并制定参数名称:

```
In[2]:    def DQNetWork(ipt, variable_field):
              fc1 = fluid.layers.fc(input=ipt,
                            size=24,
                            act='relu',
                            param_attr=ParamAttr(name='{}_fc1'.format(
    variable_field)),
                            bias_attr=ParamAttr(name='{}_fc1_b'.format(
    variable_field)))
              fc2 = fluid.layers.fc(input=fc1,
                            size=24,
                            act='relu',
                            param_attr=ParamAttr(name='{}_fc2'.format(
    variable_field)),
                            bias_attr=ParamAttr(name='{}_fc2_b'.format(
    variable_field)))
              out = fluid.layers.fc(input=fc2,
                            size=2,
                            param_attr=ParamAttr(name='{}_fc3'.format(
```

```
                    variable_field)),
                                            bias_attr=ParamAttr(name='{}_fc3_b'.format(
            variable_field)))
                        return out
```

为了完成模型更新，定义一个函数来更新参数：

```
In[3]:  # 定义更新参数程序
        def _build_sync_target_network():
            # 获取所有的参数
            vars = list(fluid.default_main_program().list_vars())
            # 把两个网络的参数分别过滤出来
            policy_vars = list(filter(lambda x: 'GRAD' not in x.name and '
        policy' in x.name, vars))
            target_vars = list(filter(lambda x: 'GRAD' not in x.name and '
        target' in x.name, vars))
            policy_vars.sort(key=lambda x: x.name)
            target_vars.sort(key=lambda x: x.name)

            # 从主程序中克隆一个程序用于更新参数
            sync_program = fluid.default_main_program().clone()
            with fluid.program_guard(sync_program):
                sync_ops = []
                for i, var in enumerate(policy_vars):
                    sync_op = fluid.layers.assign(policy_vars[i], target_vars[i
        ])
                    sync_ops.append(sync_op)
            # 修剪第二个的参数，完成更新参数
            sync_program = sync_program._prune(sync_ops)
            return sync_program
```

设置输入和输出层的训练参数：

```
In[4]:  # 定义输入数据
        state_data=fluid.layers.data(name='state', shape=[4], dtype='float32')
        action_data=fluid.layers.data(name='action', shape=[1], dtype='int64')
        reward_data=fluid.layers.data(name='reward', shape=[], dtype='float32')
        next_state_data = fluid.layers.data(name='next_state', shape=[4], dtype
        ='float32')
        done_data = fluid.layers.data(name='done', shape=[], dtype='float32')

        # 定义训练的参数
        batch_size = 32
        num_episodes = 300
```

```
num_exploration_episodes = 100
max_len_episode = 1000
learning_rate = 1e-3
gamma = 1.0
initial_epsilon = 1.0
final_epsilon = 0.01
```

创建游戏实例，将网络模型设置为代理，定义损失函数并进行初始化：

```
In[4]:   # 实例化一个游戏环境，参数为游戏名称
         env = gym.make("CartPole-v1")
         replay_buffer = deque(maxlen=10000)

         # 获取网络
         state_model = DQNetWork(state_data, 'policy')
         # 克隆预测程序
         predict_program = fluid.default_main_program().clone()

         # 定义损失函数
         action_onehot = fluid.layers.one_hot(action_data, 2)
         action_value = fluid.layers.elementwise_mul(action_onehot, state_model)
         pred_action_value = fluid.layers.reduce_sum(action_value, dim=1)

         targetQ_predict_value = DQNetWork(next_state_data, 'target')
         best_v = fluid.layers.reduce_max(targetQ_predict_value, dim=1)
         best_v.stop_gradient = True
         target = reward_data + gamma * best_v * (1.0 - done_data)

         cost = fluid.layers.square_error_cost(pred_action_value, target)
         avg_cost = fluid.layers.reduce_mean(cost)

         # 获取更新参数程序
         _sync_program = _build_sync_target_network()

         # 定义优化方法
         optimizer = fluid.optimizer.AdamOptimizer(learning_rate=learning_rate,
     epsilon=1e-3)
         opt = optimizer.minimize(avg_cost)

         # 创建执行器并进行初始化
         place = fluid.CPUPlace()
         exe = fluid.Executor(place)
         exe.run(fluid.default_startup_program())
         epsilon = initial_epsilon
```

开始执行训练：

```
In[5]:  update_num = 0
        # 开始玩游戏
        for epsilon_id in range(num_episodes):
            # 初始化环境，获得初始状态
            state = env.reset()
            epsilon = max(initial_epsilon * (num_exploration_episodes -
        epsilon_id) / num_exploration_episodes,\
                          final_epsilon)
            for t in range(max_len_episode):
                # 显示游戏界面
                # env.render()
                state = np.expand_dims(state, axis=0)
                # epsilon-greedy 探索策略
                if random.random() < epsilon:
                # 以 epsilon 的概率选择随机下一步动作
                    action = env.action_space.sample()
                else:
                    # 使用模型预测作为结果下一步动作
                    action = exe.run(predict_program,
                                feed={'state': state.astype('float32')},
                                fetch_list=[state_model])[0]
                    action = np.squeeze(action, axis=0)
                    action = np.argmax(action)
                # 让游戏执行动作，获得执行完动作的下一个状态，动作的奖励，游戏是否
        已结束以及额外信息
                next_state, reward, done, info = env.step(action)
                # 如果游戏结束，就进行惩罚
                reward = -10 if done else reward
                # 记录游戏输出的结果，作为之后训练的数据
                replay_buffer.append((state, action, reward, next_state, done))
                state = next_state
                # 如果游戏结束，就重新玩
                if done:
                    print('Pass:%d, epsilon:%f, score:%d' % (epsilon_id,
        epsilon, t))
                    break
                # 如果收集的数据大于Batch的大小，就开始训练
                if len(replay_buffer) >= batch_size:
                    batch_state, batch_action, batch_reward, \
                    batch_next_state, batch_done = [np.array(a, np.float32) for
        a in zip(*random.sample( \
                                                    replay_buffer,batch_size))]
```

```
# 更新参数
if update_num % 200 == 0:
    exe.run(program=_sync_program),
update_num += 1

# 调整数据维度
batch_action = np.expand_dims(batch_action, axis=-1)
batch_next_state = np.expand_dims(batch_next_state, axis=1)

# 执行训练
exe.run(program=fluid.default_main_program(),
            feed={'state': batch_state,
            'action': batch_action.astype('int64'),
            'reward': batch_reward,
            'next_state': batch_next_state,
            'done': batch_done})
```

由于篇幅的限制，仅显示部分训练输出结果：

```
Out[5]: ...
        Pass:136, epsilon:0.010000, score:218
        Pass:137, epsilon:0.010000, score:215
        Pass:138, epsilon:0.010000, score:230
        Pass:139, epsilon:0.010000, score:211
        Pass:140, epsilon:0.010000, score:309
        Pass:141, epsilon:0.010000, score:220
        Pass:142, epsilon:0.010000, score:292
        Pass:143, epsilon:0.010000, score:324
        Pass:144, epsilon:0.010000, score:229
        Pass:145, epsilon:0.010000, score:480
        Pass:146, epsilon:0.010000, score:228
        Pass:147, epsilon:0.010000, score:216
        Pass:148, epsilon:0.010000, score:209
        Pass:149, epsilon:0.010000, score:288
        Pass:150, epsilon:0.010000, score:318
        Pass:151, epsilon:0.010000, score:296
        Pass:152, epsilon:0.010000, score:360
        Pass:153, epsilon:0.010000, score:304
        Pass:154, epsilon:0.010000, score:252
        Pass:155, epsilon:0.010000, score:225
        ...
```

参 考 文 献

[1] 高随祥, 文新, 马艳军, 等. 深度学习导论与应用实践 [M]. 北京: 清华大学出版社, 2019.

[2] 周志华. 机器学习 [M]. 北京: 清华大学出版社, 2017.

[3] Bishop M. Pattern recognition and machine learning[J]. Springer, 2006.

[4] Friedman N, Koller, D. Probabilistic graphical models: principles and techniques[M]. Cambridge: MIT Press, 2009.

[5] Bengio Y, Goodfellow I, Courville A. Deep learning[M]. Cambridge: MIT Press, 2016.

[6] Barto A, Sutton R,. Reinforcement learning: an introduction. Cambridge: MIT Press, 1998.

[7] Chun W J. Core Python Programming[M]. 2nd ed. Upper Saddle River: Prentice Hall, 2006.

[8] Pilgrim M. Dive Into Python 3. Berkeley: Apress, 2009.

[9] Magnus Lie Hetland. Beginning Python: From Novice to Professional[M]. 2nd ed. Berkeley: Apress, 2009.

[10] Rencher A C. Methods of Multivariate Analysis[M]. 3rd ed. Hoboken: Wiley, 2012.

[11] Erica R. Studies in the History of Probability and Statistics[J]. Biometrika, 1956, 54(1-2): 1-24.

[12] Scott W. Menard. Applied Logistic Regression: 2nd. SAGE, 2002.

[13] Gourieroux C S, Monfort A. Asymptotic properties of the maximum likelihood estimator in dichotomous logit models. Journal of Econometrics, 1981, 17(1):83-97.

[14] Stephen Boyd and Lieven Vandenberghe. Convex Optimization. Cambridge: Cambridge University Press, 2004.

[15] Berger A L, Vincent J, Della. A maximum entropy approach to natural language processing[J]. Computational Linguistics, 1996, 22(1):39-71.

[16] Gentle A. The improved iterative scaling algorithm: A gentle introduction. 02 1998.

[17] Tibshirani R, Hastie T, Friedman J. The Elements of Statistical Learning: Data Mining, Inference, and Prediction, Second Edition. Springer, 2009.

[18] Lemaréchal C. Cauchy and the Gradient Method. DOCUMENT MATH, 2012, (251-254).

[19] Hand J, Yu K. Idiot's bayes: Not so stupid after all?[J]. International Statistical Review, 2007, 05(69): 385-398.

[20] George John and Pat Langley. Estimating continuous distributions in bayesian classifiers. Proceedings of the 11th Conference on Uncertainty in Artificial Intelligence, 1, 02 2013.

[21] Norvig S. Artificial intelligence: A modern approach[J]. Prentice Hall, Englewood Cliffs, NJ, 01 2010.

[22] Mitchell T. Generative and discriminative classifiers: Naive bayes and logistic regression machine learning. 2005.

[23] Cover T, Hart P,. Nearest neighbor pattern classification[J]. IEEE Transactions on Information Theory, 13(1):21-27, 1967.

[24] N. S. Altman. An introduction to kernel and nearest-neighbor nonparametric regression. The American Statistician, 46(3):175-185, 1992.

[25] 李航. 统计学习方法 [M]. 北京: 清华大学出版社, 2012.

[26] Friedman J H. Flexible metric nearest neighbor classification[J]. 1994.

[27] Weinberger K Q, Saul L K. Distance metric learning for large margin nearest neighbor classification[J]. J. Mach. Learn. Res., 2009, (10):207-244.

[28] Samet H. The Design and Analysis of Spatial Data Structures. Boston: Addison-Wesley Longman Publishing Co., Inc., 1990.

[29] Breiman L, Friedman J H, Olshen R A, et al. Classification and regression trees. The Wadsworth statistics/probability series. Wadsworth & Brooks/Cole Advanced Books & Software, Monterey, CA, 1984.

[30] Rokach L, Maimon O. Top-down induction of decision trees classifiers - a survey[J]. IEEE Transactions on Systems, Man, and Cybernetics, Part C (Applications and Reviews), 35(4):476-487, 2005.

[31] Quinlan J R. Induction of decision trees[J]. Shavlik and Thomas G. Dietterich, editors, Readings in Machine Learning. 1986, (1):81-106.

[32] J. Ross Quinlan. C4.5: Programs for Machine Learning. San Francisco: Morgan Kaufmann Publishers Inc., 1993.

[33] Brian D. Ripley. Pattern Recognition and Neural Networks. Cambridge University Press, 1996.

[34] Liu B. Web Data Mining: Exploring Hyperlinks, Contents, and Usage Data[M]. 2nd ed. Springer Publishing Company, Incorporated, 2011.

[35] Hyafil L, Rivest R L. Constructing optimal binary decision trees is np-complete. Information Processing Letters, 1976, 5(1):15 -17.

[36] Cortes C, Vapnik V. Support-vector networks. Mach. Learn., 1995, 20(3):273-297.

[37] William Karush. Minima of functions of several variables with inequalities as side conditions. 2014.

[38] Kuhn H W, Tucker A W. Nonlinear programming. In Proceedings of the Second Berkeley Symposium on Mathematical Statistics and Probability, pages 481–492, Berkeley, Calif., 1951. University of California Press.

[39] John Platt. Fast training of support vector machines using sequential minimal optimization. Advances in Kernel Methods: Support Vector Learning, pages 185-208, 02 1999.

[40] William H. Press, Saul A. Teukolsky, William T. Vetterling, and Brian P. Flannery. Numerical Recipes 3rd Edition: The Art of Scientific Computing. Cambridge University Press, USA, 3 edition, 2007.

[41] Boser B E, Guyon I M, Vapnik V N. A training algorithm for optimal margin classifiers. In Proceedings of the Fifth Annual Workshop on Computational Learning Theory, COLT'92, page 144-152, New York, NY, USA, 1992. Association for Computing Machinery.

[42] Weston J, Watkins C. Support vector machines for multi-class pattern recognition[J]. 1999(01):219-224.

[43] Koby Crammer, Yoram Singer. On the algorithmic implementation of multiclass kernel-based vector machines[J]. J. Mach. Learn. Res., 2002(2): 265-292.

[44] Ioannis Tsochantaridis, Thorsten Joachims, Thomas Hofmann, et al. Large margin methods for structured and interdependent output variables[J]. J. Mach. Learn. Res., 2005(6):1453-1484.

[45] C.J.C. Burges and Chris J.C. Burges. A tutorial on support vector machines for pattern recognition. Data Mining and Knowledge Discovery, 2: 121-167, January 1998.

[46] Nello Cristianini and John Shawe-Taylor. An Introduction to Support Vector Machines and Other Kernel-based Learning Methods. Cambridge University Press, 2000.

[47] 邓乃扬，田英杰. 数据挖掘中的新方法——支持向量机 [M]. 北京: 科学出版社, 2009.

[48] Amir Atiya. Learning with kernels: Support vector machines, regularization, optimization, and beyond[J]. IEEE Transactions on Neural Networks, 16, 01 2005.

[49] Hebrich R. Learning Kernel Classifiers. Theory and Algorithms. 01 2002.

[50] Rumelhart D E, Hinton G E, Williams R J. Learning Representations by Back-Propagating Errors, Cambridge: MIT Press.

[51] Warren S. McCulloch and Walter Pitts. A Logical Calculus of the Ideas Immanent in Nervous Activity, page 15-27. MIT Press, Cambridge, MA, USA, 1988.

[52] Alex K, Ilya S, Hg E. Imagenet classification with deep convolutional neural networks[J]. Proceedings of NIPS, IEEE, Neural Information Processing System Foundation, 2012(01): 1097-1105.

[53] Paul Werbos. The roots of backpropagation: From ordered derivatives to neural networks and political forecasting. 01 1994.

[54] Sunanda Mitra. Adaptive pattern recognition by self-organizing neural networks. page 1031209, 06 1994.

[55] Kohonen T. Self-organised formation of topologically correct feature map. Biological Cybernetics, 43:59-69, 01 1982.

[56] Fahlman S, Lebiere C. The cascade-correlation learning architecture[J]. Advances in Neural Information Processing Systems, 2, 10 1997.

[57] Fernando Pineda. Generalization of back-propagation to recurrent neural networks[J]. Physical Review Letters, 59, 11 1987.

[58] Jeffrey Elman. Finding structure in time, pages 289-312. 02 2020.

[59] Lecun Y, Bottou L, Bengio Y, et al. Gradient-based learning applied to document recognition. Proceedings of the IEEE, 86: 2278-2324, 12 1998.

[60] Bengio Y, Lecun Y. Convolutional networks for images, speech, and time-series. 11 1997.

[61] Simonyan K, Zisserman A. Very deep convolutional networks for large-scale image recognition, 2014.

[62] Zheng Y F, Yang C, Merkulov A. Breast cancer screening using convolutional neural network and follow-up digital mammography. page 4, 05 2018.

[63] He K M, Zhang X Y, Ren SH Q, et al. Deep residual learning for image recognition, 2015.

[64] David Rumelhart, Geoffrey Hinton, and Ronald Williams. Learning representations by back propagating errors[J]. Nature, 323:533-536, 10 1986.

[65] D Optiz and R MacLin. Popular ensemble methods: An empirical study. Journal of Artificial Intelligence Research, 11:169-198, 01 1999.

[66] Robi Polikar. Polikar, r.: Ensemble based systems in decision making. ieee circuit syst. mag. 6, 21-45. Circuits and Systems Magazine, IEEE, 6:21-45, 10 2006.

[67] Lior Rokach. Ensemble-based classifiers. Artif. Intell. Rev., 33:1-39, 02 2010.

[68] L. Breiman. Bagging predictors" machine learning. Machine learning, 24, 01 1996.

[69] L. Breiman. Random forests, machine learning 45. Journal of Clinical Microbiology, 2:199-228, 01 2001.

[70] Michael Shannon Kearns. Thoughts on hypothesis boosting. 1988.

[71] Yoav Freund, Robert Schapire. A decision-theoretic generalization of on-line learning and an application to boosting. 55:119-139, 12 1999.

[72] Alan Thomas. Bliss bibliographic classification[M]. 2nd ed. Cataloging & Classification Quarterly, 15:3-17, 01 1992.

[73] A Short. A short introduction to boosting. 10 1999.

[74] Yoav Freund and Robert Schapire. A decision-theoretic generalization of on-line learning and an application to boosting. 55:119-139, 12 1999.

[75] Jerome Friedman, Trevor Hastie, and Robert Tibshirani. Additive logistic regression: A statistical view of boosting. The Annals of Statistics, 28:337-407, 04 2000.

[76] Robert E. Schapire and Yoram Singer. Improved boosting algorithms using confidence-rated predictions. December 1999.

[77] Michael Collins, Robert Schapire, and Yoram Singer. Logistic regression, adaboost and bregman distances. Machine Learning, 48, 08 2001.

[78] Wu X D, Kumar V, Ross Quinlan R et al., Top 10 algorithms in data mining. Knowledge and Information Systems, 14, 12 2007.

[79] J. McQueen. Some methods for classification and analysis of multivariate observations. Computer and Chemistry, 4:257-272, 01 1967.

[80] Anil Jain and Richard Dubes. Algorithms for Clustering Data, volume 32. 01 1988.

[81] Charu Aggarwal and Chandan Reddy. DATA CLUSTERING Algorithms and Applications. 08 2013.

[82] J. McQueen. Some methods for classification and analysis of multivariate observations. Computer and Chemistry, 4:257-272, 01 1967.

[83] Rakesh Agrawal and Ramakrishnan Srikant. Fast algorithms for mining association rules in large databases. pages 487-499, 01 1994.

[84] 郑琪, 蒋盛益, 李霞. 数据挖掘原理与实践 [M]. 北京: 电子工业出版社, 2011.

[85] Gregory Piatetsky-Shapiro. Discovery, Analysis, and Presentation of Strong Rules, pages 229-248. 01 1991.

[86] Jiawei Han and Micheline Kamber. Data Mining: Concepts and Techniques. 01 2000.

[87] Jiawei Han, Jian Pei, and Yiwen Yin. Mining frequent patterns without candidate generation. volume 29, pages 1-12, 06 2000.

[88] Haoyuan Li, Yi Wang, Dong Zhang, et al. Pfp: parallel fp-growth for query recommendation. pages 107-114, 01 2008.

[89] Harrington P. Machine Learning in Action. 2012.

[90] Borgelt C. An implementation of the fp-growth algorithm[J]. Proceedings of the 1st International Workshop on Open Source Data Mining: Frequent Pattern Mining Implementations, 01 2010.

[91] Shivam Sidhu, Upendra Meena, Aditya Nawani, et al. Fp growth algorithm implementation[J]. International Journal of Computer Applications, 93:6-10, 05 2014.

[92] Wang K, Tang L, Han J W, et al. Top down fp-growth for association rule mining[J]. 2002.

[93] Pearson K. On lines and planes of closest fit to points in space[J]. Philosophical Magazine, 1900, 11(2):559-572.

[94] Abdi H, Williams W J. Principal component analysis[J]. WIREs Comput. Stat., 2010, 2(4):433-459.

[95] Miranda A, Borgne Y, Bontempi G. New routes from minimal approximation error to principal components[J]. Neural Processing Letters, 2008, 27:197-207.

[96] 方开泰. 实用多元统计分析 [M]. 上海: 华东师范大学出版社, 1989.

[97] Jolliffe I. Principle component analysis[J]. 2002, 01(24):417-441.

[98] Shlens J. A tutorial on principal component analysis[J]. Educational, 51, 04 2014.

[99] Hardoon D, Szedmak S, Taylor J. Canonical correlation analysis: An overview with application to learning methods[J]. Neural computation, 2005, 01(16):2639-2664.

[100] Mio Matsueda and Hiroshi Tanaka. Eof and svd analyses of the low-frequency variability of the barotropic component of the atmosphere[J]. Journal of The Meteorological Society of Japan- J METEOROL SOC JPN, 2005, 08(83): 517-529.

[101] Horn R Johnson C R. Topics in Matrix Analysis[J]. 1994.

[102] Leon S J. Linear algebra with applications. New York: Pearson, 2009.

[103] Strang G. Introduction to linear algebra. Wellesley-Cambridge Press, 2009.

[104] 徐树房. 矩阵计算的理论与方法 [M]. 北京: 北京大学出版社, 1995.

[105] Cline A K, Dhillon I S. Computation of the singular value decomposition, Handbook of linear algebra. CRC Press, 2006.

图书资源支持

感谢您一直以来对清华版图书的支持和爱护。为了配合本书的使用，本书提供配套的资源，有需求的读者请扫描下方的"书圈"微信公众号二维码，在图书专区下载，也可以拨打电话或发送电子邮件咨询。

如果您在使用本书的过程中遇到了什么问题，或者有相关图书出版计划，也请您发邮件告诉我们，以便我们更好地为您服务。

我们的联系方式：

清华大学出版社计算机与信息分社网站：https://www.SHUIMUSHUHUI.com/

地　　址：	北京市海淀区双清路学研大厦 A 座 714
邮　　编：	100084
电　　话：	010-83470236　　010-83470237
客服邮箱：	2301891038@qq.com
QQ：	2301891038（请写明您的单位和姓名）

资源下载：关注公众号"书圈"下载配套资源。

资源下载、样书申请

书圈

图书案例

清华计算机学堂

观看课程直播